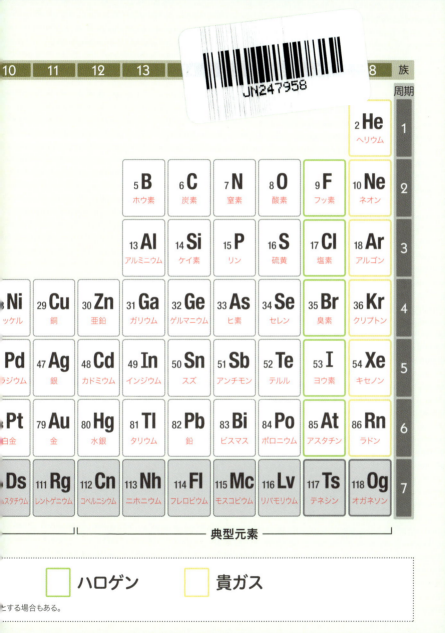

大学受験 一問一答シリーズ

化学基礎一問一答【完全版】

2nd edition

東進ハイスクール・東進衛星予備校　講師

橋爪健作

🎜 **東進ブックス**

第1部：理論化学①
——物質の構成——

物質の分類 `01`
原子・イオン `02`
分子や原子からできている物質 `03`
〈発展〉金属・非金属の単体と化合物 `04`
物質量と化学反応式 `05`

第2部：理論化学②
——物質の変化——

酸と塩基 `06`
酸化・還元 `07`
酸化還元反応 `08`

第3部：化学と人間生活

人間生活の中の化学 `09`
化学の発展と実験における基本操作 `10`

`01`
`02`
`03`
`04`
`05`
`06`
`07`
`08`
`09`
`10`

はしがき

　本書の前身である『化学基礎一問一答【完全版】』を出版し，6年が経過しました。この6年間の入試の変化として目立つのは，思考力を試す問題を出題することで問題の分量が増えた大学が多くなったことです（受験生にとって厳しい変化ですね）。そこで，時代の変化に対応した改訂を行いました。大きく改訂したのは，次の2点です。

　　(1)　入試問題に対する即答力がつくこと
　　(2)　思考力が自然と身につくこと

　これらは，本書を繰り返し演習することで達成できます。加えて，皆さんが本書に特に期待してくれている「化学と人間生活」についてはさらなる充実を図りました。

　また，『化学一問一答【完全版】2nd edition』とあわせて使っていただけると「化学基礎・化学」を完全にカバーするパーフェクトな一問一答になるようにも工夫して執筆しました（化学基礎と化学で重複している分野は，違う問題を扱っています）。

　本書の執筆については，次のように行いました。

~~~~~~

　まず，約80校の大学（共通テストや旧センター試験を含む）の過去問を多年度にわたって取得し，問題を分野別に並べ，用語問題を中心にデータベース化し，その中から頻出問題を中心に抽出しました。

　次に，データに基づき選んだ問題の中からベスト問題を選び，このベスト問題をただ並べるのではなく，意味をもたせた問題配列にしました。意味をもたせるというのは，問題に答えながら入試に必要な用語が身につくようにするだけでなく，問題文を読み，問題を解く中で思考過程も身につくような問題配列にしました。

~~~~~~

　そして，次の方針の下，「暗記だけではない一問一答」を作成しました。

▼本書の方針

① 入試問題をそのまま収録することで，実戦力がつくようにする。

② 厳選したベスト問題を余すところなく有効に利用する。

③ 問題演習により，教科書や参考書を熟読する効果が得られる。

④ わかりやすさを追求するため，計算問題は数値と単位を併記し，計算過程を省略しないようにする。

⑤ 計算問題はもちろんのこと，用語問題も思考過程をマスターできる工夫をする。

⑥ 暗記しなければいけない用語は，反復学習により確実に覚えられるような構成を目指す。

　電車・バスの通学時間や学校・塾の休み時間など，すきまの時間を有効活用して，本書を繰り返し演習してください。そうすれば，必要とされる思考力や用語知識が身につき，柔軟に入試問題に対応できるようになり，試験本番でどのような問題が出題されても自信をもって解答できるようになるはずです。

　勉強をしていると，その途中にはつらいことがたくさんあると思います。そのつらさを乗り越えて最後まで頑張ることで，皆さんが目標とする「共通テストでの高得点」や「第一志望校合格」に確実に近づきます。最後の最後まであきらめず，自信をもって試験に臨んでください。応援しています。

　最後になりましたが，執筆について適切なアドバイスをくださった東進ブックスの中島亜佐子さん，松尾朋美さんには，この場をお借りして感謝いたします。

2021 年 8 月

橋爪健作

本書の使い方

　本書は，下図のような**一問一答式**（空欄1つにつき解答は1つ）の問題集である。大学入試に必要な『化学基礎』の知識（用語の知識など）を，全3部（全10章）に分け，余すところなくすべて収録している。

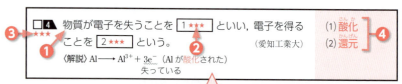

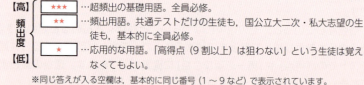

- **❶**…**問題文**。膨大な大学入試問題をデータベース化し，一問一答式に適した問題を厳選して収録。問題文はできる限り**そのままの形**で収録していますが，抜粋時の都合や解きやすさを考えて改編したところもあります。問題文のあとには出題された**大学名**を表示。なお，問題文の下には**解説**が入る場合もあります。

  ※入試問題は，『化学基礎』の分野で旧課程時のものを含みます。

- **❷**…**空欄（＋頻出度）**。重要な用語や知識が空欄になっています。空欄内の★印は，大学入試における頻出度を3段階で表したもので，★印が多いものほど頻出で重要な用語となります。また，同じ用語で★印の数が異なる場合は，その用語の問われ方の頻出度のちがいです。なお，数字など用語以外で★印のものは，同内容の問題の頻出度を表します。

  【高】頻出度【低】
  - ★★★ …超頻出の基礎用語。全員必修。
  - ★★ …頻出用語。共通テストだけの生徒も，国公立大二次・私大志望の生徒も，基本的に全員必修。
  - ★ …応用的な用語。「高得点（9割以上）は狙わない」という生徒は覚えなくてもよい。

  ※同じ答えが入る空欄は，基本的に同じ番号（1～9など）で表示されています。

- **❸**…**問題の頻出度（平均）**。各空欄の頻出度の平均を表示。★は0.1～0.9を表し，★＜★★＜★★＜★★★＜★★★と★印が多いものほど頻出で重要な問題です。

- **❹**…**正解**。問題の正解です。正解は赤シートで隠し，1つ1つずらしながら解き進めることもできます。問題に特に指定がない場合は，物質の名称と元素記号・化学式などを併記し，どちらで問われても対応できるようにしました。

【その他の記号】

- 発展 ….**発展マーク**。「化学基礎」と「化学」の橋渡しになる内容。共通テスト化学基礎の試験対策のみで使う人は，必要に応じて学習してください。章や節全体が発展の内容を扱っている場合には，章・節タイトルにのみ〈発展〉と入れています。

- 応用 ….**応用マーク**。国公立二次試験などに必要な応用的知識であるという意味。

- [別] …**別解マーク**。直前にある正解の「別解」として考えられる解答。

使い方はいろいろ。工夫して使ってほしい。

1 ふつうの一問一答集として使う

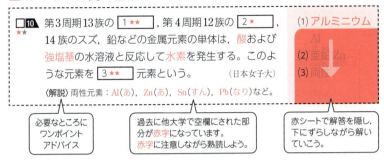

2 1つの問題を効果的に利用する

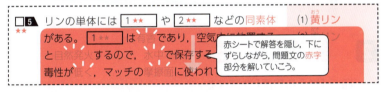

3 計算問題は，赤シートを上から下，左から右へずらして思考過程をマスターする

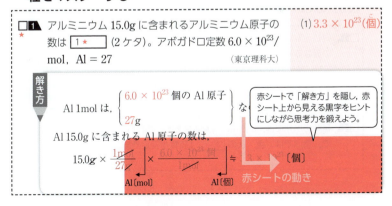

本書の特長

1 必要な知識を完全網羅!!

テーマ別に配列し，入試に必要な知識を完全収録。体系的な理解（流れをつかむ）ができる構成で，教科書を熟読する効果＆反復学習の効果が得られる。

2 短期間で最大の効果をあげる!!

! ★印で「覚える用語」を選べる
頻出度を3段階の★印で表示。どれを重点的に覚えればよいかがわかる。

! テーマごとに，「基礎→応用」という流れで問題を配列
読み進めていくだけで，応用力が身につく。

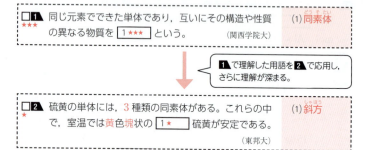

3 「試験に出る」形で覚えられる!!

❗ 入試問題をそのまま収録
実際の試験でどのように問われるのかがわかり，実戦力がつく。

❗ 入試で問われる図が満載。しかもキレイ！

> 図で理解すると忘れにくい！

4 詳しい解説だから徹底的に理解できる!!

❗ 覚えにくい内容にはゴロ合わせを紹介

〈解説〉両性酸化物には，Al_2O_3，ZnO，SnO，PbO などがある。
　　　　　　　　　　　あ　　あ　　すん　なり

> 暗記しやすいように工夫

❗ 計算問題の「解き方」には単位を併記，わかりやすさを追求

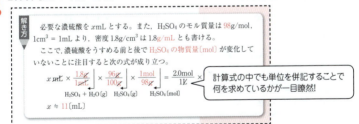

> 計算式の中でも単位を併記することで何を求めているかが一目瞭然!

❗ 「考え方」で思考方法を紹介
化学的思考力が身につき，さまざまな問題に応用が可能。

5 圧倒的な入試カバー率

共通テスト(旧センター試験)や国立大学,私立大学の入試に出題された『化学基礎』用語を,本書に収録されている『化学基礎』用語がどのくらいカバーしているのかを表したのが「カバー率」です。

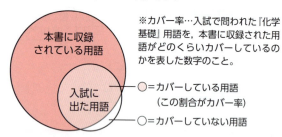

※カバー率…入試で問われた『化学基礎』用語を,本書に収録された用語がどのくらいカバーしているのかを表した数字のこと。

○=カバーしている用語
（この割合がカバー率）

○=カバーしていない用語

例えば,大学入試で「貴ガス」「イオン化傾向」など,『化学基礎』用語が合計100語出題されたとします。その100語のうち98語が本書に収録されてあった(残りの2語は収録されていなかった)とすれば,カバー率は98％となります。入試に出た用語の98％を本書はカバーしているという意味です。

◆カバー率の集計方法

カバー率の集計作業は下記の通りに行いました。そして,共通テスト(旧センター試験),主要な国立大学,私立大学の入試問題について,この方法で用語のカバー率を算出し,一覧にしたのが右ページの表です。

❶ 共通テスト（旧センター試験）・主要国立・私立大学の入試から,カバー率の対象となる『化学基礎』用語（以下参照）を抜き出す。
・選択肢にあるすべての用語（正解含む）
・設問文で問われている用語
・問題文中の下線が引かれてある用語
・その他,正解のキーワードとなる用語
これらの用語（=対象用語）を抜き出す
※つまり,「その用語の知識があれば正解がわかる（絞り込める）」という用語を抜き出す。

❷ 対象用語と本書の用語データをコンピュータで照合する。
対象用語が { 本書の用語データにある→◎（カバーしている） / 本書の用語データにない→×（カバーしていない）

❸ 「◎の数÷対象用語の数=カバー率」という計算でカバー率を出す。
例：「対象用語=65語 ◎=60語 ×=5語」のとき,60÷65≒92.3% ←カバー率

▼大学入試別カバー率一覧表

		大学名	学部	カバー語数／総語数	カバー率
共テ・センター	1	共通テスト (本試)	2021 年度	58 ／ 58	100.0%
	2	センター試験 (本試)	2020 年度	79 ／ 79	100.0%
	3	〃	2019 年度	100 ／ 100	100.0%
	4	〃	2018 年度	87 ／ 87	100.0%
	5	〃	2017 年度	76 ／ 76	100.0%
国立大学	6	東京大学	理科一類, 二類, 三類	48 ／ 48	100.0%
	7	京都大学	理系学部全体	48 ／ 48	100.0%
	8	北海道大学	理系学部全体	88 ／ 89	98.9%
	9	東北大学	理系学部全体	90 ／ 92	97.8%
	10	東京工業大学	全学院	68 ／ 69	98.6%
	11	名古屋大学	理系学部全体	63 ／ 63	100.0%
	12	大阪大学	理系学部全体	61 ／ 61	100.0%
	13	神戸大学	理系学部全体	38 ／ 38	100.0%
	14	九州大学	理系学部全体	64 ／ 64	100.0%
	15	筑波大学	理系学部全体	45 ／ 45	100.0%
	16	千葉大学	理系学部全体	49 ／ 51	96.1%
	17	金沢大学	理系学部全体	53 ／ 54	98.2%
	18	静岡大学	理系学部全体	52 ／ 53	98.1%
	19	三重大学	理系学部全体	76 ／ 78	97.4%
	20	岡山大学	理系学部全体	72 ／ 73	98.6%
	21	広島大学	理 ほか	77 ／ 78	98.7%
	22	熊本大学	理系学部全体	66 ／ 66	100.0%
私立大学	23	早稲田大学	基幹理工 ほか	71 ／ 72	98.6%
	24	慶應義塾大学	理工	47 ／ 47	100.0%
	25	上智大学	理工	46 ／ 46	100.0%
	26	東京理科大学	理工 (数 ほか)	61 ／ 62	98.4%
	27	明治大学	理工	47 ／ 47	100.0%
	28	青山学院大学	理工	40 ／ 40	100.0%
	29	立教大学	理 (化 ほか)	56 ／ 57	98.3%
	30	中央大学	理工	47 ／ 47	100.0%
	31	関西大学	化学生命工 ほか	82 ／ 84	97.6%
	32	関西学院大学	理 ほか	54 ／ 54	100.0%
	33	同志社大学	理工 (機械理工 ほか) ほか	78 ／ 78	100.0%
	34	立命館大学	理工 ほか	79 ／ 79	100.0%
	35	近畿大学	理工 ほか	46 ／ 47	97.9%

＊「理系学部全体」は，化学の試験を課している理系学部を指します。
＊国立大学，私立大学は 2021 年度の試験問題を対象としています。
＊「総語数」とは，左ページにある「対象用語」の総語数です。

目次

第1部 理論化学① ——物質の構成——

第01章 物質の分類
1. 単体と化合物 …… 14
2. 同素体 …… 15
3. 純物質と混合物 …… 16
4. 物質の分離 …… 17
5. 元素の検出 …… 20
6. 物質の三態 …… 22

第02章 原子・イオン
1. 原子の構造 …… 28
2. 同位体 …… 30
3. 放射性同位体 …… 32
4. 電子配置 …… 35
5. イオン …… 38
6. イオン結合とイオン結晶 …… 40
7. 原子の大きさ・イオン化エネルギー・電子親和力 …… 45

第03章 分子や原子からできている物質
1. 元素の周期表 …… 48
2. 共有結合・構造式 …… 50
3. 分子からなる物質 …… 52
4. 高分子化合物 …… 54
5. 共有結合の結晶 …… 57
6. 配位結合／錯イオン …… 60
7. 電気陰性度／結合の極性と分子の極性 …… 64
8. 〈発展〉分子間にはたらく力 …… 68
9. 分子結晶 …… 71
10. 金属結合と金属結晶 …… 74
11. 化学結合・結晶のまとめ …… 80

第04章 〈発展〉金属・非金属の単体と化合物
1. 金属の単体と化合物 …… 82
2. 非金属元素の単体と化合物 …… 88

第05章 物質量と化学反応式
1. 原子量・分子量・式量 …… 94
2. 有効数字・単位と単位変換 …… 96
3. 物質量とアボガドロ定数 …… 98
4. 物質量の計算 …… 103
5. 溶液の濃度 …… 105
6. 化学反応式 …… 111
7. 化学反応式と物質量 …… 113

第2部

理論化学②
——物質の変化——

第06章 酸と塩基
1. 酸と塩基の性質 …………… 118
2. 酸・塩基の価数と電離度 … 120
3. 水の電離とpH …………… 122
4. pHの求め方 ……………… 123
5. 中和反応・中和滴定 ……… 126
6. 滴定に関する器具 ………… 132
7. 滴定曲線 …………………… 134
8. 塩の分類と塩の液性 ……… 138
9. 塩の性質 …………………… 145

第07章 酸化・還元
1. 酸化・還元 ………………… 147
2. 酸化数 ……………………… 149
3. 酸化剤・還元剤とそのはたらき
   ……………………………… 152
4. 酸化還元の反応式 ………… 156
5. 酸化還元滴定 ……………… 158

第08章 酸化還元反応
1. 金属のイオン化傾向 ……… 162
2. 電池・ボルタ電池・ダニエル電池
   ……………………………… 167
3. 〈発展〉鉛蓄電池・燃料電池 … 172
4. 〈発展〉さまざまな電池 …… 176
5. 〈発展〉陽極と陰極の反応 … 180
6. 〈発展〉電気分解と電気量 … 185

7. 電気分解の応用／金属の製錬／
   ハロゲン …………………… 189

第3部

化学と人間生活

第09章 人間生活の中の化学
1. 物質を構成する成分 ……… 200
2. 金属とその利用 …………… 204
3. セラミックス ……………… 210
4. プラスチック ……………… 212
5. 繊維 ………………………… 217
6. 化学肥料／洗剤／環境問題／
   リサイクル ………………… 221
7. 現代社会を支える化学技術 … 229
8. 染料／食品／食品の保存／医薬品
   ……………………………… 230

第10章 化学の発展と実験における基本操作
1. 化学史 ……………………… 233
2. 実験の基本操作 …………… 237

巻末 索引 …………………………… 239

第1部

理論化学①
——物質の構成——
THEORETICAL CHEMISTRY

01 ▶ P.14
物質の分類

02 ◀ P.28
原子・イオン

03 ▶ P.48
分子や原子からできている物質

04 ◀ P.82
〈発展〉金属・非金属の単体と化合物

05 ▶ P.94
物質量と化学反応式

【第1部】

第01章

物質の分類

1 単体と化合物

▼ ANSWER

□1 物質を構成している基本的な成分を ⬜1★★ といい，現在約 120 種類が知られている。　　　　（名城大）

(1) 元素

□2 太陽系をつくる元素は水素が最も多く，これに次ぐ ⬜1★ を合わせると質量で約 99 %にもなる。（富山大）

(1) ヘリウム He

□3 純物質の中には，1 種類の元素のみからなる ⬜1★★★ と複数の元素からなる ⬜2★★★ がある。　（早稲田大）

(1) 単体
(2) 化合物

□4 ⬜1★★★ のうち，2 種類以上の元素からできているものを化合物といい，1 種類の元素からできていてそれ以上分けられないものを ⬜2★★★ という。　（甲南大）

(1) 純物質
(2) 単体

□5 次の①〜⑤のうち，単体でない物質は ⬜1★★ である。
① アルゴン　② オゾン　③ ダイヤモンド
④ マンガン　⑤ メタン　　　　　（センター）

〈解説〉① Ar　② O_3　③ C　④ Mn　⑤ CH_4

(1) ⑤

□6 ある化合物の成分元素の質量比は，化合物のつくり方などによらず常に一定である。これは ⬜1★ の法則とよばれている。　　　　　　　　　（芝浦工業大）

(1) 定比例

□7 1 種類の元素からできている純物質を ⬜1★★★ といい，室温で気体のものとして水素や酸素など，液体のものとして ⬜2★★ と ⬜3★★ ((2)(3)順不同)，固体のものとして鉄やアルミニウムなどがある。　（富山大）

〈解説〉室温(25℃)の下，単体が液体のものは臭素 Br_2 と水銀 Hg のみ。

(1) 単体
(2) 臭素 Br_2
(3) 水銀 Hg

□8 ダイヤモンドは ⬜1★★ のみからなる ⬜2★★★ であり，石英は ⬜3★ と ⬜4★ ((3)(4)順不同)からなる ⬜5★★ である。同じ元素からなる ⬜2★★★ で構造や性質の異なるものも存在し，これらを互いに同素体という。　　　　　　　　（早稲田大）

(1) 炭素 C
(2) 単体
(3) ケイ素 Si
(4) 酸素 O
(5) 化合物

14

2 同素体

▼ANSWER

□1 同じ元素でできた単体であり，互いにその構造や性質
の異なる物質を ┃1★★★┃ という。　　　　(関西学院大)

〈解説〉同素体の存在する元素は，S，C，O，P など。
　　　　　　　　　　　　　　　　　スコップ

(1) 同素体

□2 硫黄の単体には，3 種類の同素体がある。これらの中
で，室温では黄色塊状の ┃1★┃ 硫黄が安定である。
┃1★┃ 硫黄を 120℃に熱して融解したのち冷やすと
淡黄色針状の ┃2★┃ 硫黄 が 得 ら れ る。ま た，
┃1★┃ 硫黄を約 250℃まで熱して液体とし，これを
冷水に注いで急冷すると，黄〜褐色の ┃3★★┃ 硫黄が
得られる。　　　　　　　　　　　　　　(東邦大)

(1) 斜方
(2) 単斜
(3) ゴム状

□3 炭素の代表的な ┃1★★★┃ は 3 種類存在する。あらゆる
物質の中で最も硬い ┃2★★★┃ は，多数の炭素原子がす
べて ┃3★★┃ 結合で結合した結晶構造をしている。
┃4★★★┃ は金属光沢のある灰黒色結晶で薄くはがれや
すく，鉛筆の芯などに使用される。さらに，中空球状
構造をもつ ┃5★┃ がある。┃5★┃ の代表的なもの
は炭素原子 ┃6★┃ 個からなり，サッカーボールの形
をしている。　　　　　　　　　　　　　(弘前大)

〈解説〉無定形炭素やカーボンナノチューブも炭素の同素体。
　　　　また，フラーレン C_{70} はだ円体である。

(1) 同素体
(2) ダイヤモンド
(3) 共有
(4) 黒鉛（グラファイト）
(5) フラーレン
(6) 60

□4 オゾンは酸素の ┃1★★★┃ であり，成層圏では有害な
┃2★┃ 線を吸収して，地球上の生物を守っている。従
来，冷蔵庫などに使用されてきた ┃3★┃ は成層圏で
オゾンを分解するため，それに代わる物質の開発が進
められている。オゾンは酸素中での ┃4★┃ や酸素へ
の ┃2★┃ 線の照射により生成する。　　　(法政大)

(1) 同素体
(2) 紫外
(3) フロン
(4) (無声)放電

□5 リンの単体には ┃1★★┃ や ┃2★★┃ などの同素体が
ある。┃1★★┃ は有害であり，空気中に放置すると自
然発火するので，水中で保存する。┃2★★┃ は毒性が
低く，マッチの摩擦面に使われている。　　(新潟大)

(1) 黄リン
(2) 赤リン

3 純物質と混合物

▼ANSWER

1 空気や海水などのように2種類以上の物質が混じり合ったものを ①★★★ といい，これに対し混じりのない単一の物質を ②★★★ という。　(甲南大)

(1) 混合物
(2) 純物質

2 空気や土といった2種類以上の物質からなるものは ①★★★ とよばれる。　(北海道大)

(1) 混合物

3 地球の乾燥した空気は，体積組成が約78%の ①★★ ，約21%の ②★★ ，約1%の ③★ 等からなる。　(富山大)

(1) 窒素 N_2
(2) 酸素 O_2
(3) アルゴン Ar

〈解説〉乾燥空気の体積組成

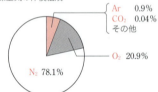

Ar　0.9%
CO_2　0.04%
その他
O_2　20.9%
N_2　78.1%

4 混合物から純物質を取り出すことを ①★ という。　(早稲田大)

(1) 分離

5 混合物から，さまざまな分離操作によって ①★★★ を取り出し，さらに取り出した ①★★★ に含まれる元素を特定することもできる。　(甲南大)

(1) 純物質

6 次の①〜⑤のうち，純物質でないものは ①★★ である。

① ナフサ　② ミョウバン　③ ダイヤモンド
④ 氷　⑤ 硫酸銅(II)五水和物　(センター)

(1) ①

解き方

① 原油 ─分留→
- ナフサ（粗製ガソリン）〈沸点30〜180℃〉…ガソリン原料
- 灯油〈沸点170〜250℃〉
- 軽油〈沸点240〜350℃〉

それぞれ沸点が一定でない。つまり，混合物。

② $AlK(SO_4)_2 \cdot 12H_2O$　③ C　④ H_2O　⑤ $CuSO_4 \cdot 5H_2O$

純物質

4 物質の分離

▼ANSWER

■1 何種類かの成分物質がいろいろな割合で混じり合った物質を [1★★★] という。これに対して，ただ1種類の成分物質からなるものを [2★★★] という。[1★★★] から目的とする成分を取り出す操作を [3★] という。また，取り出した物質から不純物を取り除き，より高純度の物質を得る操作は [4★] とよばれる。(弘前大)

(1) 混合物
(2) 純物質
(3) 分離
(4) 精製

■2 [1★★] は液体とその液体に溶けない固体の混合物をこし分ける方法である。(日本女子大)

(1) ろ過

■3 混合溶液の溶媒とは混じらない液体を使って特定の成分を [1★★] とよばれる操作により分離することができる。(愛媛大)

(1) 抽出

■4 緑茶をつくる場合，茶葉にお湯を注ぎ，味，香りや色の成分をお湯に溶かし出す。この例のような分離操作を [1★★] という。(横浜国立大)

(1) 抽出

■5 ベンゼンは水とはほとんど混じり合わないが，多くの種類の有機化合物をよく溶かす。ある化合物が水と混合しているとき，その化合物が水よりもベンゼンによく溶ければ，ベンゼンを加えてよく振り混ぜることで，その化合物を水層からベンゼン層へ移動させることができる。このような操作を [1★★] という。(同志社大)

(1) 抽出

■6 ヨウ化カリウムとヨウ素の混合物から，[1★★] によりヨウ素を取り出す。(宮崎大)

(1) 昇華

〈解説〉① 抽出

② 昇華による分離

コーヒーの抽出

【第1部】理論化学①-物質の構成- 01 物質の分類

□7 固体のカフェインを加熱していくと液体の状態を経ずに直接気体になる。このような現象は [1★★] とよばれる。この気体を冷却することにより，カフェインが精製される。　　　　　　　　　　　　　　(弘前大)

(1) 昇華

□8 インクに含まれる複数の色素を，[1★★] によりそれぞれ分離する。　　　　　　　　　　　　　　(センター)

(1) クロマトグラフィー

□9 クロマトグラフィーは物質に対する [1★] 力の違いを利用して微量な成分の分離や物質の精製に適用されている。　　　　　　　　　　　　　　(愛媛大)

(1) 吸着

〈解説〉いろいろなクロマトグラフィー

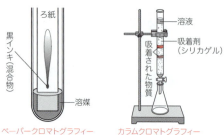

ペーパークロマトグラフィー　　カラムクロマトグラフィー

□10 シリカゲルなどの固体をつめたガラス管に，2種類以上の物質を含む溶液を流し，溶媒とともに固体中を移動させると，固体に対する物質の [1★] の違いによって移動速度が異なってくる。この移動速度の違いを利用して分離・精製する操作が [2★★] である。　　　　　　　　　　　　　　(群馬大)

(1) 吸着力
(2) (カラム)クロマトグラフィー

□11 2種以上の成分からなる液体状の混合物を加熱すると，沸点の低い方の成分が [1★★] しやすいので，この蒸気を冷却して分離する方法を [2★★] 法という。特に，いくつかの液体成分の混合物を沸点の差を利用して沸点の低い成分から順に分離する方法は [3★★] 法とよばれ，石油の精製などに用いられる。　(北里大)

(1) 蒸発
(2) 蒸留
(3) 分留(分別蒸留)

4 物質の分離

□**12** 海水を加熱することで生じる水蒸気を冷却することにより、海水から純粋な水を分離できる。このような分離操作を ① という。また、地中から採掘した原油は炭素原子の数が異なる多種の炭化水素の混合物であり、石油精製工場で軽油、灯油、ナフサなどに分離する操作を行う。炭化水素は炭素原子の数や分子構造によって ② が異なり、その性質の違いを利用して行う分離操作を分留という。 （横浜国立大）

(1) 蒸留（法）
(2) 沸点

〈解説〉蒸留（法）

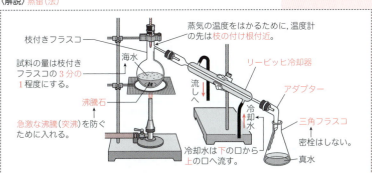

□**13** 溶質が溶媒に溶けて均一な溶液になる現象を溶解といい、溶解しうる最大量の溶質が溶けている溶液を ① 溶液という。溶質が固体の場合、溶媒 100g に溶かすことのできる溶質の最大質量をグラム単位の数値で表したものを溶解度という。溶解度は溶液の温度や溶質の種類により異なる。温度を下げるなどの方法で溶質の量が溶解しうる最大量を超えた場合、過剰の溶質は結晶として析出する。溶質どうしの溶解度の違いを利用して不純物の混入した固体を精製する方法を ② という。 （立命館大）

(1) 飽和
(2) 再結晶（法）

〈解説〉再結晶（法）

5 元素の検出 ▼ANSWER

1 洗浄した ┃1★★┃ の先に $NaHCO_3$ の水溶液をつけ、バーナーの外炎に入れると、炎の色が ┃2★★★┃ 色になった。同様に、$KHCO_3$ の水溶液をつけた場合は、炎の色が ┃3★★★┃ 色になった。 (千葉大)

(1) 白金線
(2) 黄
(3) 赤紫

〈解説〉
アルカリ金属、アルカリ土類金属や銅などのイオンを含んでいる水溶液を白金線につけて、ガスバーナーの外炎に入れると、それぞれの元素に特有な炎色反応を示す。

リチウム Li	ナトリウム Na	カリウム K	銅 Cu	バリウム Ba	カルシウム Ca	ストロンチウム Sr
赤色	黄色	赤紫色	青緑色	黄緑色	橙赤色	紅色

ゴロ合わせ ▶ Li 赤 Na 黄 K 紫 Cu 緑 Ba 緑 Ca 橙 Sr 紅
リ アカー な き K 村、動 力に 馬 力 借りる とう するも くれない

2 2族元素のうち、ベリリウム Be と ┃1★★★┃ は炎色反応を示さないが、カルシウム Ca や ┃2★★★┃ はアルカリ土類金属とよばれ、それぞれ橙赤色と黄緑色の炎色反応を示す。 (星薬科大)

(1) マグネシウム Mg
(2) バリウム Ba

〈解説〉アルカリ土類金属は、Be と Mg を除く2族の元素群（ただし、2族元素すべてをアルカリ土類金属とする場合もある）。

3 物質中の元素の確認には、炎色反応や沈殿反応など、それぞれの元素に特有な反応を利用する。例えば、ある物質を燃やして発生した気体を石灰水に通じた際、┃1★★★┃ 色の沈殿物として ┃2★★┃ が生じれば、この物質中に炭素が含まれていることがわかる。 (名城大)

(1) 白
(2) 炭酸カルシウム $CaCO_3$

〈解説〉発生した気体は CO_2。

5 元素の検出

■ **4** 単一の化合物の粉末が入った試薬ビンについて，成分元素の確認実験【1】～【4】を行った。

【確認実験】
【1】水に溶解し，その中に白金線を浸し，炎色反応を行う。
【2】水溶液に硝酸銀水溶液を滴下する。
【3】図のような装置で未知化合物の粉末を加熱し，生じた気体を石灰水に通じる。
【4】加熱後，試験管の管口付近に液体がたまったので，液体を硫酸銅(Ⅱ)無水塩につける。

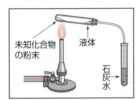

【2】の実験は ┃ 1 ★★★ ┃ という元素，
【3】の実験は ┃ 2 ★★★ ┃ という元素と酸素 O という元素，
【4】の実験は ┃ 3 ★★ ┃ という元素と酸素 O という元素を確認するために行った。

(星薬科大)

(1) 塩素 Cl
(2) 炭素 C
(3) 水素 H

〈解説〉硝酸銀 $AgNO_3$ 水溶液を加えて水に溶けにくい塩化銀 $AgCl$ の白色沈殿が生じたら，塩素 Cl という元素が含まれていたとわかる。石灰水が白濁したら，生じた気体は二酸化炭素 CO_2 とわかる。硫酸銅(Ⅱ)無水塩 $CuSO_4$ は白色の結晶で水 H_2O をつけると青色になる。

■ **5** 貝殻や卵の殻などの主成分であり，海水中にも含まれるある物質 A を炎の中に入れると橙赤色を示した。また，A を酸に溶解させて発生した気体を水酸化バリウム水溶液に通じると白色沈殿が生じた。A に含まれる元素を3種類，元素記号で示せ。┃ 1 ★★ ┃，┃ 2 ★★ ┃，┃ 3 ★★ ┃ (順不同)

(甲南大)

(1) Ca
(2) C
(3) O

〈解説〉① 炎色反応で橙赤色 ➡ カルシウム Ca が含まれている。
水酸化バリウム $Ba(OH)_2$ や水酸化カルシウム $Ca(OH)_2$ の水溶液に通じると $BaCO_3$ や $CaCO_3$ の白色沈殿を生じさせるのは，二酸化炭素 CO_2 である ➡ 炭素 C や酸素 O が含まれている。
② A は $CaCO_3$ で酸に溶解させると CO_2 を発生する。
$$CaCO_3 + 2H^+ \longrightarrow Ca^{2+} + CO_2 + H_2O$$

貝殻，卵の殻，大理石

【第1部】理論化学①－物質の構成－　01　物質の分類

6　物質の三態

▼ ANSWER

□1
★★
物質は，一般に，固体，液体，気体のいずれかの状態で存在している。これらを物質の 1★ という。物質の状態は，その構成粒子の集合状態の違いを反映しており，粒子間にはたらく 2★★ の大きさと，粒子の 3★★ の激しさの大小関係によって決まる。(信州大)

(1) 三態
(2) 分子間力
(3) 熱運動

□2
★★
物質を構成する粒子は，絶えず不規則な運動を繰り返しており，これを 1★★ という。高温であるほど 1★★ は活発になる。(琉球大)

(1) 熱運動

□3
★★★
大気圧のもとで，物質の温度が高くなると分子の熱運動エネルギーが 1★★ なるから，分子の集合状態が変わり，2★★★ →液体→気体と状態が変化していく。これを 3★★ という。気体の場合には，分子は互いに大きく離れていて，4★★ に打ちかち，空間を自由に運動している。(福岡大)

(1) 大きく
(2) 固体
(3) 状態変化
　　[⑨物理変化]
(4) 分子間力

□4
★★★
空気の組成は，地表からの高さや場所によらず，ほぼ一定の組成を示す。これは，物質を構成している粒子が絶えず 1★★ 運動をして空間に広がっていくためである。このような現象を 2★★★ とよぶ。オゾン層を破壊するフロンは空気よりはるかに重い物質であるが，それが成層圏にまで上昇するのは 2★★★ のためである。(法政大)

(1) 熱
(2) 拡散

□5
★★★
水には，固体 (氷)，液体 (水)，気体 (水蒸気) の3つの状態があり，これを三態という。この三態間の変化は，温度や圧力を変えることによっておこる。氷を加熱すると液体の水になる。さらに加熱すると水蒸気になる。逆に，水蒸気を冷却すると液体の水を経て氷になる。固体から液体への状態変化を 1★★★ ，その逆の変化を 2★★★ という。また，液体から気体への状態変化を 3★★★ ，その逆の変化を 4★★★ という。このほか，固体が直接気体になる変化を 5★★★ という。(東京理科大)

〈解説〉気体が直接固体になる変化も含めて昇華ということが多い。

(1) 融解
(2) 凝固
(3) 蒸発
(4) 凝縮
(5) 昇華

22

6

図は，氷 1mol を大気圧下（$1.013 \times 10^5 Pa$），毎分一定の熱量で加熱したときの，加熱時間と温度との関係を模式的に示している。

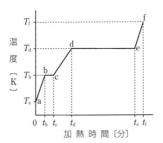

この物質の状態は ab 間では ①，bc 間では ②，cd 間では ③，de 間では ④，ef 間では ⑤ となっており，T_b は ⑥，T_d は ⑦ という。 (防衛大)

(1) すべて固体
(2) 固体と液体
(3) すべて液体
(4) 液体と気体
(5) すべて気体
(6) 融点
(7) 沸点

発展 7

純物質は，温度を上げていくと，固体から液体に変化し，これを ① という。この変化に必要な熱を ② といい，変化がおこっている間は，一定圧力では，③ は変化しない。さらに温度を上げていくと，液体から気体へと変化する。これを ④ といい，この変化に必要な熱を ⑤ という。 (名城大)

(1) 融解
(2) 融解熱
(3) 温度 [＊融点]
(4) 蒸発
(5) 蒸発熱

発展 8

すべての物質には，固体，液体，気体の 3 つの状態がある。固体中の粒子は，それぞれ決まった位置で振動といった ① をしている。今，固体状態のある物質をふたのない容器に入れる。この物質を加熱すると，粒子の ① が活発になる。温度が融点に達すると，粒子はもはやその決まった位置にとどまることができなくなり，固体は ② して液体になる。液体になると，粒子は互いに入れかわって移動する。また，激しい ① をする一部の粒子は，粒子間にはたらく力を振り切って液面から飛び出す。この現象を ③ という。さらに，温度が高くなると ① はますます激しくなり，③ する粒子の割合が増すために ④ が高くなる。 (岡山大)

(1) 熱運動
(2) 融解
(3) 蒸発
(4) 蒸気圧

【第1部】理論化学①－物質の構成－　01　物質の分類

9 物質の状態が [1★★★] の場合は，分子は激しい [2★★] を行っており，分子間の距離が大きいため，分子間の引力はほとんど影響しない。多くの物質は，冷却していくと [3★★★] になり，外から圧力をかけても簡単に形が変わったりこわれたりしない。[4★★★] は，[1★★★] と [3★★★] の中間の状態にある。融点で1molあたりの [3★★★] と [4★★★] の体積を比べると，一部例外はあるが大部分は [4★★★] の方が10%ぐらい [5★★]。これは，それぞれの状態における分子間の距離や配列の違いによる。

物質が [3★★★] の状態で，粒子が3次元的に規則正しく配列した状態を結晶という。

(名城大)

(1) 気体
(2) 熱運動
(3) 固体
(4) 液体
(5) 大きい

〈解説〉一部例外として水 H_2O を覚えておく。氷の体積＞水の体積となる。

発展 10 水をビーカーに入れて室温で放置するとやがて液面が下がる。これは，水の表面から水分子が空間に飛び出すためである。このように，液体が気体になる現象を [1★★★] という。逆に，気体が液体になる現象を [2★★★] という。

図のような真空の密閉容器に液体を入れて一定温度に保つと，液体が残っている限り容器内の圧力はある一定の値に保たれ，液体と気体は [3★] になる。この容器に液体を入れて，液体と気体が [3★] になるまで一定温度に保ち，水銀柱の高さ h を観察した。

このような水銀柱の高さ h はそのときの温度における液体の [4★] を示す。

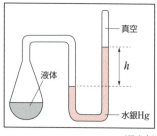

(熊本大)

(1) 蒸発
(2) 凝縮
(3) 気液平衡
　　[⑩平衡状態]
(4) (飽和)蒸気圧

6 物質の三態

01 物質の分類

発展 □11 ★★ 純物質は，その物質がおかれている温度・圧力によって，状態が決まっている。下の図は，H₂O と CO₂ が，さまざまな温度・圧力のもとでどのような状態にあるかを表したものである。図1・図2の点(a)は三重点とよばれ，固体・液体・気体のすべての状態が共存する点である。また，図1・図2の点(b)は臨界点とよばれる点である。図1の H₂O の状態は ① ★★ ，② ★★ ，③ ★★ で，図2の CO₂ の状態は ④ ★★ ，⑤ ★★ ，⑥ ★★ である。また，図1・2の(a)と(b)を結ぶ曲線を ⑦ ★★ という。

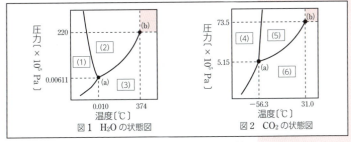

図1 H₂O の状態図　　図2 CO₂ の状態図

(山形大)

(1) 固体[例 氷]
(2) 液体[例 水]
(3) 気体[例 水蒸気]
(4) 固体[例 ドライアイス]
(5) 液体
(6) 気体
(7) 蒸気圧曲線

〈解説〉このような図を状態図という。臨界点では気体と液体の密度が等しく，臨界点以上の温度と圧力では気体と液体の区別ができない。図の■■の状態を超臨界状態という。

発展 □12 ★★ 液体と気体の境界線は蒸気圧曲線に対応し，三重点から高温・高圧側に延び，ある温度・圧力で境界線はなくなる。この点を臨界点という。臨界点では液体と気体の密度が等しくなり，それらの区別ができなくなる。臨界点よりも高い温度と圧力の状態を ① ★★ といい，その状態における物質を ② ★★ という。

(早稲田大)

(1) 超臨界状態
(2) 超臨界流体

□13 ★ 固体の中でも，構造単位の周期的な繰り返しを持たない構造を有するものがあり，それらの状態を ① ★ という。

(高知大)

(1) 非晶質[例 アモルファス，無定形]

【第1部】理論化学①－物質の構成－　**01** 物質の分類

発展 □14 以下は水の状態図である。

(1) (c)
(2) (a)
(3) (b)

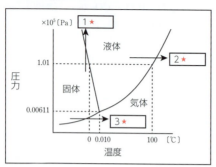

相の変化 1★ 　2★ 　3★ は次の事項のいずれにあたるか。

(a) 水を加熱すると沸騰して，水蒸気になる。
(b) 乾燥食品の製法の一つに冷凍乾燥がある。これは食品を一旦凍らせたのち，真空中で氷を昇華させて水分を除く方法である。一旦凍らせたものを真空に保ちつつ少しずつ加温する。
(c) 両端におもりをつけた鉄線を氷にかけわたすと，鉄線は氷にくいこんでいく。

(芝浦工業大)

発展 □15 温度が沸点に達すると，1★ は 2★★ に等しくなり，液面ばかりでなく，液体内部からも激しく 3★★★ がおこるようになる。この現象を 4★★★ という。

(岡山大)

(1) 蒸気圧
(2) 大気圧 [例 外圧]
(3) 蒸発
(4) 沸騰

□16 気体分子は 1★★★ によって空間を飛び回っている。気体を容器に入れると，気体分子は容器壁に衝突することで，容器壁を一定の力で押す。単位面積あたりの容器壁に一定時間に衝突する気体分子の数が 2★★ ほど，また，容器内の温度が 3★★ ほど，気体の圧力は大きくなる。

(千葉大)

(1) 熱運動
(2) 多い
(3) 高い

□17 気体分子は，熱運動によって空間をいろいろな方向に飛びまわっている。しかし，すべての分子の運動エネルギーが同じわけではない。また，分子どうしの衝突によって運動の方向や運動エネルギーは変えられるが，気体分子全体としては，図に示すように，分子の運動エネルギーの大きさは，その気体の温度に応じた一定の分布をしている。温度を高くすると分布はどのように変化するか図中にかき込め。 １★

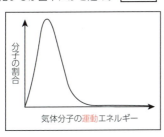

(千葉工業大)

〈解説〉気体分子の運動エネルギーは，気体分子の速さの２乗に比例する。温度を高くすると，運動エネルギーの大きな気体分子の割合が大きくなる。

□18 日常生活では ［１★］ 温度 t[℃]を使うことが多いが，-273℃は ［２★★］ が完全に停止する温度の最低限界であり，化学ではこの温度を原点とする ［３★］ 温度 T[K]を用いることも多い。Tとtには，［４★★］ の対応関係がある。また，0[K]のことを ［５★］ という。

(予想問題)

〈解説〉
セルシウス温度 t[℃]： -273℃　0℃　100℃
絶対温度 T[K]： 0K　273K　373K

(1) セルシウス
［㊙セ氏］
(2) 熱運動
(3) 絶対
(4) T[K] $= t$[℃] $+ 273$
(5) 絶対零度

□19 ドライアイスが昇華して気体の二酸化炭素 CO_2 になる温度は-78.50℃である。25.00℃の絶対温度は298.15Kであることを用いて，この温度を絶対温度で表すと ［１★］ K (5ケタ)となる。 (神奈川大)

〈解説〉$T = -78.50$[℃] $+ (298.15 - 25.00) = 194.65$[K]

(1) 194.65

【第1部】

第 **02** 章

原子・イオン

1 原子の構造

▼ **ANSWER**

□**1** 右図は原子の模型である。
★★★ 図中の (X) と (Y) はそれぞれ [1★★★] と [2★★★] である。[1★★★] の数は [3★★★] といい，それは [2★★★] の数に等しい。図は [4★] 原子を表している。

(神奈川大)

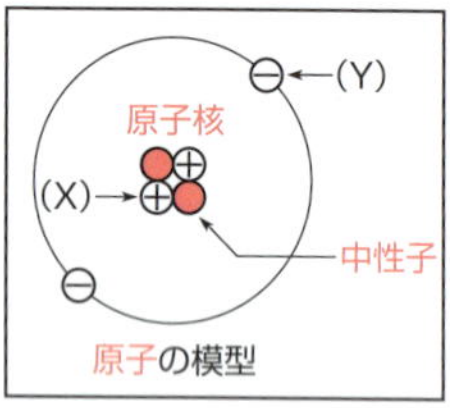

〈解説〉原子番号＝陽子の数＝電子の数
図は原子番号＝ 2 の $_2$He

(1) 陽子
(2) 電子
(3) 原子番号
(4) ヘリウム He

□**2** 原子は，[1★★★] と [2★★★] から構成されている。
★★★ [2★★★] は電荷をもつ陽子と電荷をもたない中性子からできている。また，[2★★★] の周りには [1★★★] がいくつかの [3★★★] を形成する。

(岐阜大)

(1) 電子
(2) 原子核
(3) 電子殻

□**3** 原子核に含まれる [1★★★] の数を [2★★★] という。原
★★★ 子核に含まれる [1★★★] の数は，元素ごとに決まっているので，同じ元素の原子は同じ [2★★★] をもつ。
原子核に含まれる [1★★★] の数と [3★★★] の数の和を [4★★★] という。

(横浜国立大)

〈解説〉質量数＝陽子の数＋中性子の数

(1) 陽子
(2) 原子番号
(3) 中性子
(4) 質量数

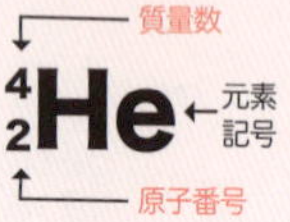

$$_2^4\text{He}$$

— 質量数
← 元素記号
— 原子番号

□**4** 原子には [1★★★] と同数の電子が含まれ，原子全体で
★★★ は電気的に [2★★] である。

(熊本大)

(1) 陽子
(2) 中性

□**5** 周期表は，元素を [1★★★] の順番に並べたものであ
★★★ る。

(鹿児島大)

(1) 原子番号
[⑩陽子の数]

28

1 原子の構造

□6 質量数 40, 陽子の数 18 の原子の原子番号は `1★`, 電子の数は `2★`, 中性子の数は `3★`, 元素記号は `4★` となる。 (慶應義塾大)

(1) 18
(2) 18
(3) 22
(4) Ar

解き方
陽子の数＝原子番号＝電子の数＝18
中性子の数＝質量数－陽子の数＝40－18＝22
原子番号 18 の元素は，アルゴン Ar である。

□7 陽子と `1★★★` の質量は，ほぼ等しい。 (北海道工業大)

(1) 中性子

□8 原子は，原子核とそのまわりに存在する `1★★★` からなる。原子核は，正電荷をもつ `2★★★` と電荷をもたない `3★★★` から構成される。また `2★★★` と `3★★★` の数の和をその原子の `4★★★` という。`1★★★` の質量は `2★★★` や `3★★★` の質量のおよそ `5★` であり，原子の質量はほとんど原子核に集中している。 (関西学院大)

(1) 電子
(2) 陽子
(3) 中性子
(4) 質量数
(5) $\dfrac{1}{1840}$

〈解説〉${}^1_1$H の原子核には，中性子は存在しない。

粒　子		電気量(C)	電荷	質量(g)	質量比
原子核	陽子	$+1.602 \times 10^{-19}$	$+1$	1.673×10^{-24}	1840
	中性子	0	0	1.675×10^{-24}	1840
電　子		-1.602×10^{-19}	-1	9.109×10^{-28}	1

□9 原子核の半径は，原子の半径に比べて `1★★★`。また，原子核の質量は，電子 1 個の質量に比べて `2★★★`。このことから，物質の質量は主として `3★★★` が，固体の体積は主として `4★★★` が決めていることになる。 (愛媛大)

(1) (きわめて)小さい
(2) (きわめて)大きい
(3) 原子核
(4) (最外殻)電子

〈解説〉水素原子

□10 原子核は非常に小さく，その直径は `1★` m 程度である。 (早稲田大)

(1) $10^{-15} \sim 10^{-14}$

【第1部】理論化学①―物質の構成― 02 原子・イオン

2 同位体

▼ANSWER

■1 ｜ 1 ★★★ ｜が同じで中性子の数の異なるものを互いに｜ 2 ★★★ ｜であるといい，これらの化学的性質は同じである。
(鹿児島大)

〈解説〉フッ素 F，ナトリウム Na，アルミニウム Al のように，天然に同位体が存在しないものもある。

(1) 原子番号
 [例 陽子の数]
(2) 同位体(アイソトープ)

■2 原子番号 8 の酸素原子には，質量数が 16, 17, 18 の｜ 1 ★★★ ｜が存在する。したがって，構成する酸素原子の｜ 1 ★★★ ｜を考慮すると，酸素分子は｜ 2 ★ ｜種類存在する。
(筑波大)

(1) 同位体(アイソトープ)
(2) 6

解き方
$^{16}O = {}^{16}O$　　$^{17}O = {}^{17}O$　　$^{18}O = {}^{18}O$
$^{16}O = {}^{17}O$　　$^{17}O = {}^{18}O$
$^{16}O = {}^{18}O$　　　　　　　　の 6 種類

■3 天然に存在する水素原子のほとんどは，原子核が｜ 1 ★★ ｜個の｜ 2 ★★★ ｜だけから構成されている ^1H（"軽水素"）である。一方，わずかではあるが原子核が｜ 3 ★★ ｜個の｜ 2 ★★★ ｜と｜ 4 ★★ ｜個の｜ 5 ★★★ ｜からなる同位体 ^2H（"重水素"）が存在する。また，その他の同位体として，原子核が｜ 6 ★★ ｜個の｜ 2 ★★★ ｜と｜ 7 ★★ ｜個の｜ 5 ★★★ ｜からなる ^3H（"三重水素"）もあるが，この同位体の存在比は極めて小さく，放射性で，半減期 12 年で｜ 8 ★★ ｜を放出して ^3He へ壊変する。
(お茶の水女子大)

(1) 1
(2) 陽子
(3) 1
(4) 1
(5) 中性子
(6) 1
(7) 2
(8) 放射線[例 β線, 電子]

〈解説〉^2H はジュウテリウム(D)，^3H はトリチウム(T)ともいう。

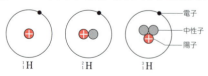

30

4 2種類の水素原子(^{1}H, ^{2}H)と3種類の酸素原子(^{16}O, ^{17}O, ^{18}O)との組合せにより， 1★ 種類の分子量の異なる水が生成しうる。

(東京農工大)

(1) 9

解き方

の9種類

 5 ^{35}Cl および ^{37}Cl の天然存在比がそれぞれ75%および25%とすると，異なる分子量を持つ塩素分子は 1★ 種類できる。また，その中で最も小さい分子量を持つ塩素分子は，塩素分子全体の 2★ %(整数)になる。

(金沢大)

(1) 3
(2) 56

解き方

^{35}Cl－^{35}Cl　　^{35}Cl－^{37}Cl　　^{37}Cl－^{37}Cl　の3種類
(分子量が最も小さい)

となり，その存在比はそれぞれ

^{35}Cl－^{35}Cl は，$\dfrac{75}{100} \times \dfrac{75}{100} \times 100 = 56.25 ≒ 56$ 〔%〕

^{35}Cl－^{37}Cl は，$\dfrac{75}{100} \times \dfrac{25}{100} \times \underset{\uparrow}{2} \times 100 = 37.5$ 〔%〕

（質量数の総和が72になる Cl$_2$ 分子の存在比は，
^{35}Cl－^{37}Cl と ^{37}Cl－^{35}Cl の2通りを考える点に注意する）

^{37}Cl－^{37}Cl は，$\dfrac{25}{100} \times \dfrac{25}{100} \times 100 = 6.25$ 〔%〕

になる。

【第1部】理論化学①-物質の構成- 02 原子・イオン

3 放射性同位体

▼ ANSWER

■1 陽子の数が同じで中性子の数が異なる原子どうしを互いに ｜ 1★★★ ｜ という。 ｜ 1★★★ ｜ の中には不安定で ｜ 2★ ｜ を出し，別の元素に変化していくものがある。それらを ｜ 3★ ｜ という。 ｜ 2★ ｜ を出す性質は ｜ 4★ ｜ とよぶ。 ｜ 3★ ｜ の固有のこわれる速さを利用して，遺跡などの ｜ 5★ ｜ を決定できる。（北海道大）

〈解説〉粒子の流れ（α線，β線）や高エネルギーの電磁波（γ線）を放射線とよぶ。

(1) 同位体（アイソトープ）
(2) 放射線
(3) 放射性同位体（ラジオアイソトープ）
(4) 放射能
(5) 年代

■2 原子がその原子核からα線（He の原子核）を放出すると，質量数は ｜ 1★ ｜ 小さくなり，原子番号は ｜ 2★ ｜ 小さくなる。 （明治大）

(1) 4
(2) 2

〈解説〉

■3 原子がその原子核からβ線（電子）を放出すると，質量数は変わらず原子番号は ｜ 1★★ ｜ 大きくなる。（明治大）

(1) 1

〈解説〉

β線：高速の電子 e⁻ の流れ
中性子1個が陽子1個と電子 e⁻（β線）1個に変わる変化が起こる。

発展 ■4 γ線は光や X 線と同様に，｜ 1★ ｜ の一種である。 （明治大）

(1) 電磁波

〈解説〉γ線は高エネルギーの電磁波（光の一種）。
　　　γ線が放出されても，原子番号や質量数は変わらない。

3 放射性同位体

5 原子番号が等しく、質量数の異なるものを互いに [1★★★] という。この中には放射能をもち、放射線を出して他の原子に変わる [2★★] がある。[2★★] について、他の原子への変化(放射壊変)の仕方は図のように規則的であり、ある原子に対して、一定時間の間に元の原子の数の半分が他の原子に変わる。この時間を半減期という。半減期は原子核の種類によって決まっている。　(関西学院大)

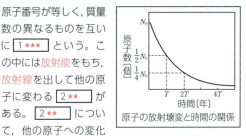

原子の放射壊変と時間の関係

(1) 同位体(アイソトープ)
(2) 放射性同位体(ラジオアイソトープ)

〈解説〉放射線を放出して、他の原子に変わることを壊変または崩壊という。半減期の例：$^{3}_{1}H$ 約 12 年、$^{14}_{6}C$ 約 5700 年

6 ^{14}C は宇宙からの放射線によって大気中で生成される。また ^{14}C は不安定な原子であり、放射線を出して別の元素の原子に変化する。大気中では、^{14}C が生じる量と壊れる量が釣りあっているため、大気中には ^{14}C は一定の割合で存在する。生きている植物中での ^{14}C の割合は、[1★★]。しかし、植物が枯れると外界からの ^{14}C の取り込みがなくなるため、^{14}C の割合は [2★★]。　(岐阜大)

(1) 一定である
(2) 減少する

〈解説〉放射性同位体は、遺跡などの年代測定や医療分野などで利用されている。

7 質量数 14 の炭素原子は放射線を放出すると [1★] が 1 個減り、[2★] が 1 個増えることによって別の元素である [3★] となる。　(防衛大)

〈解説〉$^{14}_{6}C \longrightarrow {}^{14}_{7}N + \beta$ 線
　　　　　　　　　　　　　　(e$^-$)

(1) 中性子
(2) 陽子
(3) $^{14}_{7}N$

【第1部】理論化学①－物質の構成－ 02 原子・イオン

応用 8 [1★★★] の中には，原子核が不安定で，放射線を出して他の原子に壊変する放射性 [1★★★] がある。$^{14}_{6}C$ はその一つであり，次式のように放射線（電子）を出して安定な [2★★] の原子核に変わる。

$$^{14}_{6}C \longrightarrow {}^{14}_{7}[2★★] + e^-$$

放射性 [1★★★] が壊変する速さは，[1★★★] ごとに固有の値をとる。壊変によって放射性 [1★★★] が元の量の半分の量になる時間を [3★★] と呼ぶ。$^{14}_{6}C$ の [3★★] は5730年である。　　　　　　　　（東京女子大）

(1) 同位体（どういたい）
(2) N
(3) 半減期（はんげんき）

応用 9 ^{14}C 原子の半減期（崩壊して元の原子の数の半分になる時間）は5700年である。^{14}C 原子の割合が元の $\frac{1}{8}$ になったときには [1★] 年経過している。　　（明治大）

〈解説〉^{14}C の割合：$1 \xrightarrow{5700年} \frac{1}{2} \xrightarrow{5700年} \frac{1}{4} \xrightarrow{5700年} \frac{1}{8}$
よって，$5700 \times 3 = 17100$ 年経過している。

(1) 17100

応用 10 $^{14}_{6}C$ は放射性同位体であり，原子核内の中性子1個が陽子になり，β線を放射して [1★] に変化する。この性質を利用して，$^{14}_{6}C$ は考古学で年代測定に用いられている。$^{14}_{6}C$ の半減期は5700年であり，11400年経つとその量ははじめの [2★] 倍となる。　　（早稲田大）

〈解説〉$^{14}_{6}C \longrightarrow {}^{14}_{7}N + \beta 線$
　　　　　　　　　　　　(e^-)

$^{14}_{6}C$ の割合：$1 \xrightarrow{5700年} \frac{1}{2} \xrightarrow{5700年} \frac{1}{4} \xrightarrow{5700年} \frac{1}{8} \cdots\cdots$

よって，$5700 \times 2 = 11400$ 年経つとその量ははじめの $\frac{1}{4}$ 倍となる。

(1) $^{14}_{7}N$
(2) $\frac{1}{4}$ [例 0.25]

11 1個のニホニウム Nh は，亜鉛 $^{70}_{30}Zn$ とビスマス $^{209}_{83}Bi$ の原子核を1個ずつ衝突させ，含まれている陽子数と中性子数は変わらずに1個の原子核にした後，中性子が1つ放出されることで合成される。合成されたニホニウムの陽子数は [1★]，中性子数は [2★] になる。　　　　　　　　　（北海道大）

(1) 113
(2) 165

〈解説〉
原子番号＝陽子数＝ $30 + 83 = 113$，中性子数＝ $(70 - 30) + (209 - 83) - \underset{放出}{1} = 165$，質量数＝ $113 + 165 = 278$ となり，^{278}Nh と表せる。

34

③ 放射性同位体 〜 ④ 電子配置

④ 電子配置　　　　　　　　　　　▼ ANSWER

□ **1**　原子核のまわりの電子は，いくつかの層に分かれて存
★★★　在している。この層を 1 ★★★ という。　　（新潟大）

(1) 電子殻

□ **2**　電子殻は原子核に近い内側から順に 1 ★★★ 殻，
★★★　2 ★★★ 殻，3 ★★★ 殻などとよばれる。　（法政大）

(1) K
(2) L
(3) M

□ **3**　電子殻は原子核に近いものから順に，K 殻，L 殻，M
★★　殻，N 殻と呼ばれている。それぞれの電子殻に収容で
きる電子の最大数は，原子核に近いものから順に，
1 ★★ ，2 ★★ ，3 ★★ ，4 ★★ である。
　　　　　　　　　　　　　　　　　（札幌医科大）

(1) 2
(2) 8
(3) 18
(4) 32

□ **4**　n 番目の電子殻に入ることのできる電子の最大数は自
★★　然数 n を用いて表すと 1 ★★ 個となる。（横浜国立大）

(1) $2n^2$

□ **5**　原子では，原子核の電荷が大きいほど，また内側の
★★★　1 ★★★ にある電子ほど原子核に強く引きつけられ，
エネルギーの低い安定な状態になる。このため，電子
は原則的に内側の 2 ★★★ 殻から順に外側の 1 ★★★
へと配置される。このような電子の配列のしかたを，
原子の 3 ★★ という。　　　　　　　（新潟大）

(1) 電子殻
(2) K
(3) 電子配置

□ **6**　原子では原子核にいちばん近い K 殻から電子が入り，
★★　K 殻に電子が 1 個入った原子の元素名は 1 ★★ ，2
個入れば 2 ★★ である。K 殻がいっぱいになると L
殻に電子が入り L 殻に 1 個の電子が入ると 3 ★★
となる。L 殻がいっぱいになった原子は 4 ★★ であ
り，4 ★★ に存在する電子の総数は 5 ★ 個であ
る。L 殻がいっぱいになると M 殻に電子が入り，M
殻に 2 個電子が入った原子は 6 ★★ である。アルゴ
ンの M 殻の電子数は 7 ★★ 個であり，M 殻はまだ
満たされていない。　　　　　　　　（日本女子大）

(1) 水素
(2) ヘリウム
(3) リチウム
(4) ネオン
(5) 10
(6) マグネシウム
(7) 8

〈解説〉$_{10}$Ne　K(2)L(8)
　　　　$_{12}$Mg　K(2)L(8)M(2)
　　　　$_{18}$Ar　K(2)L(8)M(8)

【第1部】理論化学①－物質の構成－　02　原子・イオン

7
★★
電子殻が収容可能な最大数の電子で満たされていると
き，その電子殻を 1 ★★ という。最外殻が 1 ★★
になった原子は安定である。　　　　　　　　（横浜国立大）

(1) 閉殻

8
★★★
原子が他の原子と結合するとき，特に重要な役割を果
たす最外殻電子を 1 ★★★ という。　　　　　　（広島大）

(1) 価電子

9
★★★
最外殻が閉殻のものや，もしくは最外殻が8個の電子
配置をもつものは 1 ★★★ とよばれ，その電子配置は
特に安定である。　　　　　　　　　　　　　　（弘前大）

〈解説〉$_2$He の最外殻電子は2個。

(1) 貴ガス(元素)

10
★★★
原子の最も外側の 1 ★★★ を最外殻という。イオンに
なったり，結合を形成したりするのに重要な働きをす
る電子は 2 ★★★ とよばれる。貴ガスの原子を除き，
最外殻に入っている電子が 2 ★★★ である。最外殻が
閉殻になっているヘリウム He やネオン Ne，最外殻
に 3 ★★ 個の電子が入っているアルゴン Ar などの
貴ガスの原子は，その電子配置が安定していて，イオ
ンになったり，他の原子と結合したりすることがまれ
である。このため， 2 ★★★ の数は 4 ★★ 個とする。
　　　　　　　　　　　　　　　　　　　　　　（群馬大）

(1) 電子殻
(2) 価電子
(3) 8
(4) 0

11
★★
炭素原子の最も外側の電子殻である 1 ★ 殻には，
2 ★ 個の電子が入っている。この最外殻電子は
3 ★★★ とよばれ，原子がイオンになったり他の原子
と結びつくときに重要なはたらきをする。炭素と
3 ★★★ 数が同じである 4 ★ 族元素のうち，最も
原子番号が近いのはケイ素である。　　　　　（岡山大）

〈解説〉$_6$C　K(2)L(4)
　　　$_{14}$Si　K(2)L(8)M(4)

(1) L
(2) 4
(3) 価電子
(4) 同 [⑩14]

12
★★
Al の全電子数は 1 ★★ 個であり，内側の電子殻にあ
る電子ほど原子核からの強い引力を受けてエネルギー
が低く，安定な状態となっている。Al では最も外側の
層（最外殻）である 2 ★ 殻に電子が 3 ★ 個存
在する。　　　　　　　　　　　　　　　　　　（岡山大）

(1) 13
(2) M
(3) 3

4 電子配置

02 原子・イオン

4 電子配置

〈解説〉$_{13}$Al　K(2)L(8)M(3)

原子の電子配置

元素名	原子	電子殻				元素名	原子	電子殻			
		K	L	M	N			K	L	M	N
水素	$_1$H	1				ナトリウム	$_{11}$Na	2	8	1	
ヘリウム	$_2$He	2				マグネシウム	$_{12}$Mg	2	8	2	
リチウム	$_3$Li	2	1			アルミニウム	$_{13}$Al	2	8	3	
ベリリウム	$_4$Be	2	2			ケイ素	$_{14}$Si	2	8	4	
ホウ素	$_5$B	2	3			リン	$_{15}$P	2	8	5	
炭素	$_6$C	2	4			硫黄	$_{16}$S	2	8	6	
窒素	$_7$N	2	5			塩素	$_{17}$Cl	2	8	7	
酸素	$_8$O	2	6			アルゴン	$_{18}$Ar	2	8	8	
フッ素	$_9$F	2	7			カリウム	$_{19}$K	2	8	8	1
ネオン	$_{10}$Ne	2	8			カルシウム	$_{20}$Ca	2	8	8	2

□13
★★★
電子配置を原子番号順に見ていくと，K殻に最初の電子が入るのはH，L殻に最初の電子が入るのは $\boxed{1 ★★}$ ，M殻に最初の電子が入るのは $\boxed{2 ★★}$ である。また，N殻に最初の電子が入るのは $\boxed{3 ★★}$ であるが，この段階でM殻は満たされていない。Scから再びM殻に電子が入りCuで完全に満たされ，これらの元素は $\boxed{4 ★★★}$ 元素と呼ばれる。各原子における最も外側の電子殻を最外殻と呼び，そこに収容される電子を最外殻電子と呼ぶ。例えば $\boxed{5 ★★}$ は最外殻がL殻で最外殻電子の数が3個である。また，Clは最外殻がM殻で最外殻電子の数が $\boxed{6 ★★}$ 個である。

(鹿児島大)

(1) リチウム Li
(2) ナトリウム Na
(3) カリウム K
(4) 遷移
(5) ホウ素 B
(6) 7

〈解説〉$_{21}$Sc　K(2)L(8)M(9)N(2)
　　　$_{29}$Cu　K(2)L(8)M(18)N(1)
　　　K(2)L(3) ➡ $_5$B，$_{17}$Cl　K(2)L(8)M(7)

37

5 イオン

▼ANSWER

1 原子は電子を失ったり受け取ったりして ① とる。 (岩手大)

(1) イオン

2 電気的に中性である原子が電子を失うと ① イオン，電子を受け取ると ② イオンになる。 (東北大)

(1) 陽
(2) 陰

3 原子がイオンになるとき放出したり受け取ったりする電子の数を，イオンの ① という。 (センター)

(1) 価数

4 ナトリウムイオンでは，ナトリウム原子の最外殻の ① 殻にある価電子 ② 個が離れ，貴ガス元素である ③ と同じ電子配置をとるので，このイオンは安定に存在する。一方，塩化物イオンでは，塩素原子の最外殻にある価電子 ④ 個にさらに電子が1個加わり，貴ガス元素である ⑤ と同じ電子配置をとるので，このイオンは安定に存在する。 (鳥取大)

(1) M
(2) 1
(3) ネオン Ne
(4) 7
(5) アルゴン Ar

5 典型元素のイオンは，原子番号が最も近い ① 族の原子と同じ電子配置を取る傾向がある。例えば，Caは ② 個の価電子を放出し，③ と同じ電子配置のイオンになる。 (群馬大)

(1) 18
(2) 2
(3) アルゴン Ar
 [⑩貴ガス]

6 イオンには，1個の原子からなる ① イオンや，2個以上の原子団からなる ② イオンがある。 (北見工業大)

(1) 単原子
(2) 多原子

7 原子が陰イオンになると，イオン半径は元の原子の半径よりも ① くなる。原子が陽イオンになると，イオン半径は元の原子の半径よりも ② くなる。また，例えば+2価の鉄イオンが酸化されて+3価になると，イオン半径は ③ くなる。 (札幌医科大)

(1) 大き
(2) 小さ
(3) 小さ

〈解説〉

Na 原子半径 0.186 nm → Na⁺ イオン半径 0.116 nm

Cl 原子半径 0.099 nm → Cl⁻ イオン半径 0.167 nm

5 イオン

□8 5種類のイオン Al^{3+}, F^-, Mg^{2+}, Na^+, O^{2-}はすべて同じ電子配置を持つ。これらと同じ電子配置を持つ原子は $\boxed{1\text{**}}$ である。同じ電子配置を持つイオンでは, $\boxed{2\text{***}}$ の $\boxed{3\text{**}}$ の電荷が大きいほど周りの $\boxed{4\text{***}}$ が $\boxed{2\text{***}}$ に, より強く引き付けられるため, イオン半径の大小関係は $\boxed{5\text{**}}$ になる。 (明治大)

(1) ネオン Ne
(2) 原子核
(3) 正
(4) 電子
(5) $O^{2-}>F^->Na^+$ $>Mg^{2+}>Al^{3+}$

解き方

同じ電子配置をとるイオン ($_8O^{2-}$, $_9F^-$, $_{11}Na^+$, $_{12}Mg^{2+}$, $_{13}Al^{3+}$) では,
→ $_{10}Ne$ K(2)L(8)と同じ電子配置
原子番号が大きくなると陽子の数が増えていくので, 原子核と電子の間の引力が大きくなり, その半径は小さくなる。

□9 電子数18, 陽子数16, 中性子数16のイオンのイオン式は $\boxed{1\text{*}}$ で質量数は $\boxed{2\text{*}}$ である。 (岩手大)

(1) S^{2-}
(2) 32

解き方

陽子数=原子番号= 16 原子番号16はSであり, 電子数が陽子数よりも2個多いので, 2価の陰イオンとわかる。
質量数=陽子数+中性子数= 16 + 16 = 32 となる。

□10 ナトリウム原子が1価の陽イオンになると電子数は $\boxed{1\text{**}}$ になる。 (東京女子大)

(1) 10 (個)

〈解説〉$_{11}Na$ K(2)L(8)M(1) $\longrightarrow$ $_{11}Na^+$ K(2)L(8)

□11 原子番号 a, 質量数 b である原子の陽イオンがある。この陽イオンの価数を c とするとき, この陽イオン1個に含まれる陽子の数は $\boxed{1\text{*}}$, 中性子の数は $\boxed{2\text{*}}$, 電子の数は $\boxed{3\text{*}}$ になる。 (群馬大)

(1) a
(2) $b - a$
(3) $a - c$

〈解説〉陽イオンは, 原子が電子を失ったもの。

□12 次の多原子イオンの中で, 陽子の数が最も少ないものは $\boxed{1\text{*}}$ である。
① CO_3^{2-} ② NO_3^- ③ SO_4^{2-} ④ OH^- (北海道工業大)

(1) ④

解き方

陽子の数=原子番号なので, $_1H$ は1, $_6C$ は6, $_7N$ は7, $_8O$ は8, $_{16}S$ は16 となる。
よって, ① $6 + 8 \times 3 = 30$　② $7 + 8 \times 3 = 31$
③ $16 + 8 \times 4 = 48$　④ $8 + 1 = 9$

【第1部】理論化学①―物質の構成― 02 原子・イオン

6 イオン結合とイオン結晶 ▼ANSWER

□1 ナトリウム Na と塩素 Cl_2 が反応すると塩化ナトリウムが生成する。この反応では，ナトリウム原子は電子を放出，一方，塩素原子はこの電子を取り込んでイオン化し，両イオンは [1★★★] により結合する。このようなイオン間の結合は [2★★★] 結合とよばれる。

(東京理科大)

(1) 静電気力（クーロン力）
(2) イオン

〈解説〉

Na· + ·C̈l̈: ⇒ Na⁺ [:C̈l̈:]⁻

□2 化学結合は，原子やイオンが集まって分子や結晶をつくるときに生じる原子やイオンの結びつきのことである。[1★★★] 結合は，陽イオンと陰イオンが静電気的な引力で結びついた結合をいう。

(千葉大)

(1) イオン

□3 イオン結晶の代表的なものに，塩化ナトリウムがある。塩化ナトリウムの結晶中の各イオンの電子数は，ナトリウムイオンでは [1★★] 個であり，塩化物イオンでは [2★★] 個である。

(島根大)

(1) 10
(2) 18

〈解説〉 ₁₁Na K(2)L(8)M(1) ⟶ ₁₁Na⁺ K(2)L(8)
₁₇Cl K(2)L(8)M(7) ⟶ ₁₇Cl⁻ K(2)L(8)M(8)

□4 イオン結晶は，イオン間の結合力が強いので，一般に融点の [1★★★] ものが多い。また，結晶では電気を通さないが，[2★★] すると電気を通す。

(金沢大)

(1) 高い
(2) 融解［⑳溶解］

□5 多数の陽イオンと陰イオンが結合してできた結晶をイオン結晶といい，融点が [1★★] く，[2★★] いが強くたたくと割れやすい。

(東京理科大)

(1) 高
(2) 硬

〈解説〉外からの大きな力で特定の面にそって割れる（→へき開）ので，もろい。

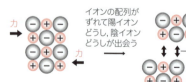

イオンの配列がずれて陽イオンどうし，陰イオンどうしが出会う → 反発する

40

6 イオン結合とイオン結晶

02
原子・イオン
6 イオン結合とイオン結晶

□ **6** 塩化ナトリウムの結晶は電気伝導性が $\boxed{1\,\text{***}}$ 。
★★★
（法政大）

(1) ない

□ **7** 塩化ナトリウムの結晶は $\boxed{1\,\text{***}}$ であり，電気を通さ
★★★ ないが，これを水に溶かしたり，$\boxed{2\,\text{**}}$ することに
よって電気を通すようになる。 （東京都市大）

(1) イオン結晶
(2) 融解

□ **8** 臭化リチウムの水溶液は電気を通す。これは，臭化リ
★★ チウムが水溶液中では陽イオンである $\boxed{1\,\text{*}}$ イオ
ンと，陰イオンである $\boxed{2\,\text{*}}$ イオンとに分かれるた
めである。物質が水に溶けてイオンに分かれる現象
を $\boxed{3\,\text{**}}$ といい，このような物質を $\boxed{4\,\text{**}}$ という。
（新潟大）

(1) リチウム Li^+
(2) 臭化物 Br^-
(3) 電離
(4) 電解質

〈解説〉臭化リチウム LiBr：$LiBr \longrightarrow Li^+ + Br^-$（電離）
スクロース（ショ糖）$C_{12}H_{22}O_{11}$ のように水に溶けても電離
しない物質を，非電解質という。

□ **9** イオン結晶は結晶全体として電気的に $\boxed{1\,\text{*}}$ であ
★ る。 （東海大）

(1) 中性

〈解説〉陽イオンのもつ電気量の大きさと陰イオンのもつ電気量の
大きさが等しくなるように，陽イオンと陰イオンの個数の比
率が決まる。

□ **10** Mg^{2+}，Al^{3+}，F^-，O^{2-} は，すべて $\boxed{1\,\text{**}}$ 原子と同
★★ じ電子配置である。これらのイオンのうち，Al^{3+} と O^{2-}
からなるイオン結晶の組成式は $\boxed{2\,\text{**}}$ である。
（東京都市大）

(1) ネオン Ne
(2) Al_2O_3

解き方 　X^{m+} と Y^{n-} の組成式は X_nY_m となるので，Al^{3+} と O^{2-} の場合は Al_2O_3
となる。
　　ただし，Ca^{2+} と O^{2-} であれば，Ca_2O_2 とはせずに最も簡単な整数比で
CaO とする。

【第1部】理論化学①−物質の構成− 02 原子・イオン

応用 ⑪ 陽イオンと陰イオンとが規則正しく配列してできた結晶を ①___ といい，隣接するイオン間の結合を ②___ という。①___ 中，陽イオンと陰イオンとの間には ③___ という力がはたらき，互いに引きつけられる。③___ は，陽イオンと陰イオンの電荷の ④__ の絶対値が ⑤_ ほど強くなり，また両イオン間の距離が ⑥_ ほど強くなる。　(群馬大)

(1) イオン結晶
(2) イオン結合
(3) 静電気力（クーロン力）
(4) 積
(5) 大きい
(6) 小さい(短い)

〈解説〉イオン結晶の融点は，静電気力(クーロン力)が強くはたらくほど，高くなる。イオン間にはたらく静電気力は，
①イオンの価数(a, b)の積の絶対値($|a \times b|$)が大きいほど強くなり，
②イオン間の距離($r^+ + r^-$)が短いほど強くなる。

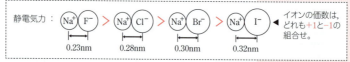

陽イオン　陰イオン
$a+$　$b-$
$r^+ + r^-$

⑫ ハロゲン単体(F_2, Cl_2, Br_2, I_2)をナトリウムと反応させて得られるハロゲン化物の融点は ①_ が最も低く，②_ ，③_ ，④_ の順に高くなる。　(九州大)

(1) ヨウ化ナトリウム NaI
(2) 臭化ナトリウム NaBr
(3) 塩化ナトリウム NaCl
(4) フッ化ナトリウム NaF

〈解説〉静電気力の強さは，イオン間の距離が短いほど強くなる。

静電気力： Na^+ F^- > Na^+ Cl^- > Na^+ Br^- > Na^+ I^- ◀ イオンの価数は，どれも+1と−1の組合せ。
0.23nm　0.28nm　0.30nm　0.32nm

⑬ 物体が固体の状態にあり，原子，分子などが規則正しく配列した状態で存在しているものを ①___ といい，原子，分子などが規則正しく配列していないものを ②_ という。　(金沢大)

(1) 結晶
(2) 非晶質[⑩アモルファス，無定形固体]

発展 ☐ 14 物質を構成している粒子が規則正しく配列してできた固体を結晶といい，規則正しく繰り返されている粒子の配列構造を ① ★ という。また，その最小の繰り返し単位を ② ★★ という。

(岐阜大)

(1) 結晶格子
(2) 単位格子

〈解説〉結晶格子と単位格子

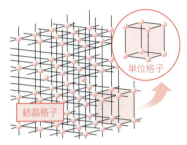

☐ 15 塩化ナトリウムの化学式は ① ★★★ と書くが，その結晶では多数の Na^+ と Cl^- が交互に配列しているので，① ★★★ 分子が存在するわけではない。

(お茶の水女子大)

(1) NaCl

発展 ☐ 16 イオン結晶には，NaCl や MgO 等がある。NaCl をイオン式で表すと Na^+Cl^- となり，同様に MgO では ① ★ となる。NaCl 結晶は図の実線で示した立方体の単位格子からなる。Na^+ と Cl^- のイオンは，単位格子あたりともに正味 ② ★★ 個ずつ存在する。

(京都大)

(1) $Mg^{2+}O^{2-}$
(2) 4

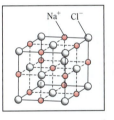

〈解説〉Na^+ ● $\dfrac{1}{4} \times 12 + 1 = 4$ 個
　　　　　　辺上の Na^+　格子内の Na^+

　　　　Cl^- ○ $\dfrac{1}{2} \times 6 + \dfrac{1}{8} \times 8 = 4$ 個
　　　　　　面上の Cl^-　頂点の Cl^-

【第1部】理論化学①－物質の構成－ 02 原子・イオン

発展 □17 図はイオン結晶 CsCl の結晶格子の最小の繰り返し単位である単位格子を示してある。CsCl の単位格子中に存在する Cs^+ の数は ┃1★★┃個で、Cl^- の数は ┃2★★┃個である。

CsCl結晶の単位格子

(予想問題)

(1) 1
(2) 1

〈解説〉Cs^+ ● 1個（格子内の Cs^+）　　Cl^- ○ $\frac{1}{8} \times 8 = 1$ 個（頂点の Cl^-）

発展 □18 図は化学組成が硫化亜鉛 (ZnS) である閃亜鉛鉱の結晶構造を示している。S^{2-} は1辺の長さ a の立方体の単位格子の各頂点と各面の中心(面心)を占める。一方、Zn^{2+} は各辺を2等分してできる8つの小立方体(体積は $\frac{a^3}{8}$)の中心を1つおきに占めている。

閃亜鉛鉱の単位格子に含まれる Zn^{2+} の数は ┃1★┃個で、S^{2-} の数は ┃2★┃個である。

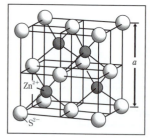

(関西学院大)

(1) 4
(2) 4

〈解説〉Zn^{2+} ● $\underline{1} \times 4 = 4$ 個（格子内の Zn^{2+}）

S^{2-} ○ $\frac{1}{8} \times 8 + \frac{1}{2} \times 6 = 4$ 個（頂点の S^{2-}　面上の S^{2-}）

44

7 原子の大きさ・イオン化エネルギー・電子親和力 ▼ANSWER

□**1** 横の方向の周期では族の番号がふえるにしたがって，原子核中の ⎣1⎦ の数が多くなり，原子核と電子の間の ⎣2⎦ による電気的引力が強くなる。その結果，周期表の左から右に行くほど原子半径は一般に ⎣3⎦ なる。

同じ族の元素では，上から下へ行くほど原子半径は一般に ⎣4⎦ なる。 (愛媛大)

(1) 陽子
(2) 静電気力（クーロン力）
(3) 小さく（短く）
(4) 大きく（長く）

〈解説〉典型元素の原子半径

	1	2	13	14	15	16	17	18
1	H 0.030							He 0.140
2	Li 0.152	Be 0.111	B 0.081	C 0.077	N 0.074	O 0.074	F 0.072	Ne 0.154
3	Na 0.186	Mg 0.160	Al 0.143	Si 0.117	P 0.110	S 0.104	Cl 0.099	Ar 0.188
4	K 0.231	Ca 0.197		単位：nm　$1\text{nm}=10^{-9}\text{m}$				

□**2** 気体状態の原子から ⎣1⎦ の電子を1個取り去って1価の陽イオンにするのに必要なエネルギーを ⎣2⎦ という。 (岐阜大)

(1) 最外殻
(2) （第一）イオン化エネルギー

〈解説〉イオン化エネルギー

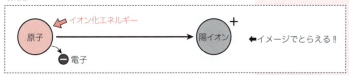

□**3** 一般にイオン化エネルギーが ⎣1⎦ 原子ほど ⎣2⎦ になりやすい。 (神奈川大)

(1) 小さい
(2) 陽イオン

【第1部】理論化学①―物質の構成― 02 原子・イオン

4 同一周期の元素では，原子番号が〔 1★★ 〕ほど原子核の電荷が増え，電子を束縛するので〔 2★★★ 〕が大きくなる傾向にある。同族の元素では，周期が増えるほど〔 2★★★ 〕は〔 3★★ 〕なる。　　　　　　　　　　（岐阜大）

(1) 大きい
(2) (第一)イオン化エネルギー
(3) 小さく

5 図は，原子番号1～20の元素のイオン化エネルギーと原子番号との関係を示したものである。

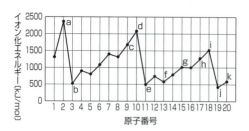

元素 b, e, j は〔 1★★ 〕元素に属する。〔 1★★ 〕の原子は，価電子を〔 2★ 〕個もっており，価電子を放出して〔 2★ 〕価の陽イオンになりやすい。
　元素 a, d, i は〔 3★★★ 〕元素に属する。〔 3★★★ 〕は原子の価電子の数が〔 4★★ 〕個であり，化学結合をつくりにくい。　　　　　　　　　　（日本女子大）

〈解説〉b は $_3$Li，e は $_{11}$Na，j は $_{19}$K。
a は $_2$He，d は $_{10}$Ne，i は $_{18}$Ar。

(1) アルカリ金属
(2) 1
(3) 貴ガス
(4) 0

6 第1イオン化エネルギーは，同一周期で比較すると〔 1★★ 〕族元素で最も小さく，〔 2★★ 〕族元素で最も大きい。　　　　　　　　　　（岩手大）

(1) 1
(2) 18

7 原子番号20までの元素のうち，イオン化エネルギーを比べると，最も大きい元素は〔 1★★★ 〕であり，最も小さい元素は〔 2★ 〕である。　　　　　　　　　　（星薬科大）

(1) ヘリウム He
(2) カリウム K

8 同じ周期の1族元素の原子と比べると，2族元素の原子では，原子核の正の電荷が〔 1★★ 〕し，原子核が最外殻電子を引き付ける力が強くなる。結果，1族元素の原子と比べて2族元素の原子の第一イオン化エネルギーは〔 2★★ 〕くなり，原子の大きさは〔 3★★ 〕くなる。　　　　　　　　　　（横浜国立大）

(1) 増大(増加)
(2) 大き(強)
(3) 小さ

7 原子の大きさ・イオン化エネルギー・電子親和力

9 ★★★ 原子が最外殻に電子を受け取って陰イオンになるときに放出されるエネルギーを [1 ★★★] という。（広島大）

(1) 電子親和力

〈解説〉電子親和力

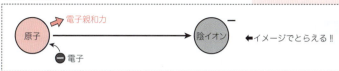

10 ★★★ 電子親和力は，原子が最外電子殻に1個の電子を受け取って1価の [1 ★★★] になるときに放出されるエネルギーであり，一般に電子親和力が [2 ★★] 原子ほど [1 ★★★] になりやすい。（神奈川大）

(1) 陰イオン
(2) 大きい

11 ★★ 原子が1個の電子を受け入れて陰イオンになるときに放出するエネルギーを [1 ★★★] とよび，その値は周期表の同一周期では [2 ★] 族元素で最も大きい。（岡山大）

(1) 電子親和力
(2) 17

〈解説〉① F，Cl は電子親和力が大きい。
　　　　└→ ハロゲン

② 電子親和力の周期的変化

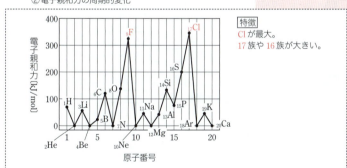

特徴
Cl が最大。
17族や16族が大きい。

12 ★★★ 原子が電子を受け取るときに放出されるエネルギーを [1 ★★★] といい，一般に金属性が弱い元素は [1 ★★★] が大きく，陰イオンになり [2 ★★] い。（名城大）

(1) 電子親和力
(2) やす

第03章 分子や原子からできている物質

1 元素の周期表 ▼ANSWER

1 ロシアの [1★★] は元素を [2★] の順に並べ，性質の似た元素が周期的に現れることを示した。現在の周期表は元素を [3★★★] の順に並べたものである。
(法政大)

(1) メンデレーエフ
(2) 原子量
(3) 原子番号
　[働 陽子の数]

2 現在，国際的に用いられている周期表には，第1周期から第 [1★] 周期まで，また，第1族から第 [2★★] 族まである。
(早稲田大)

(1) 7
(2) 18

3 周期表の縦の列を族，横の行を [1★★★] という。周期表では，性質の似た元素が縦に並んでいる。 (琉球大)

(1) 周期

4 同じ族に属する元素群を [1★★★] という。 (甲南大)

(1) 同族元素

5 同族元素の中には，固有の名称でよばれる元素群があり，例えば，水素以外の1族元素を [1★★★]，ベリリウムとマグネシウム以外の2族元素を [2★★★]，17族元素を [3★★★]，18族元素を [4★★★] という。(甲南大)

(1) アルカリ金属
(2) アルカリ土類金属
(3) ハロゲン
(4) 貴ガス

6 元素は，周期表の第 [1★] 周期以降に現れる3～[2★★] 族の [3★★★] 元素と，残りの [4★★★] 元素に分類することができる。 (滋賀医科大)

(1) 4
(2) 11
(3) 遷移
(4) 典型

〈解説〉①周期表

1 元素の周期表

②周期表のゴロ合わせ：原子番号 1～36 までは覚える。

スイ	ヘー	リー	ベイ	ボク	ノー	フ	ネ	ナナ	マガ	リ	シップ	スク	アーク	カ
H	He	Li	Be	B	C	N	O	F	Ne	Na	Mg	Al	Si	P S Cl Ar K Ca

スカ	チ	バ	クロー	マン	フェ	コ	ニ	ドウ	鉛ん	ガ	ゲ	明日	セ	ブロ	クリ
Sc	Ti	V	Cr	Mn	Fe	Co	Ni	Cu	Zn	Ga	Ge	As	Se	Br	Kr

□**7**
★★★
元素は，| 1 ★★★ | 元素と | 2 ★★★ | 元素に大別できる。
| 1 ★★★ | 元素には | 3 ★★ | 元素と非金属元素がある
が，| 2 ★★★ | 元素はすべて | 3 ★★ | 元素である。
　| 1 ★★★ | 元素の同族元素どうしは化学的性質が似て
いる。一方 | 2 ★★★ | 元素では，周期表で隣り合った元
素どうしの性質が似ている場合が多い。　　　　（防衛大）

(1) 典型
(2) 遷移
(3) 金属

□**8**
★★
| 1 ★★★ | 元素では，原子番号の増加とともに最外殻電
子の数が規則的に変化するため，周期表中の | 2 ★★ |
の元素がよく似た性質を示す。一方，| 3 ★★★ | 元素で
は，原子番号が増加しても最外殻電子の数はほとんど
変わらず，| 4 ★ | 個または | 5 ★ | 個((4)(5)順不同)で
ある。　　　　（法政大）

(1) 典型
(2) 同族
(3) 遷移
(4) 2
(5) 1

□**9**
★★
第 4 周期の 3 族から 11 族までの遷移元素は，すべて
金属元素であり，その単体の融点，沸点は典型元素の
金属に比べて | 1 ★★ | ものが多い。　　　　（東邦大）

(1) 高い

□**10**
★★
第 3 周期 13 族の | 1 ★★ |，第 4 周期 12 族の | 2 ★ |，
14 族のスズ，鉛などの金属元素の単体は，酸および強
塩基の水溶液と反応して水素を発生する。このような
元素を | 3 ★★ | 元素という。　　　　（日本女子大）

〈解説〉両性元素：Al(あ)，Zn(あ)，Sn(すん)，Pb(なり) など。

(1) アルミニウム
　　Al
(2) 亜鉛 Zn
(3) 両性

□**11**
★★★
18 族の元素は，常温・常圧ですべて無色の単原子分子
の気体であり，| 1 ★★★ | とよばれる。| 1 ★★★ | は，最外
殻電子の数が，ヘリウムでは | 2 ★★ | 個，他の同族元
素ではすべて | 3 ★★ | 個であり，反応性に乏しい。
　　　　（防衛大）

(1) 貴ガス
(2) 2
(3) 8

03

分子や原子からできている物質 **1** 元素の周期表

49

2 共有結合・構造式 ▼ANSWER

□1
★★
原子の最外殻電子のみに着目し, それを元素記号のまわりに「・」で示したものを $\boxed{1 ★★}$ という。(奈良女子大)

(1) 電子式

〈解説〉

電 子 式	Li・	・Be・	・B̈・	・C̈・	・N̈・	・Ö・	・F̈:	:N̈e:
最外殻電子	1	2	3	4	5	6	7	8
価 電 子	1	2	3	4	5	6	7	0
不対電子	1	2	3	4	3	2	1	0

□2
★★
酸素原子は最外殻の $\boxed{1 ★★}$ つの電子の内 $\boxed{2 ★★}$ つが不対電子で, 残りは電子対を形成している。(熊本大)

(1) 6
(2) 2

□3
★★★
$\boxed{1 ★★★}$ 結合は, 非金属元素の原子同士が価電子を出しあってできる。(千葉大)

(1) 共有

□4
★★★
最外殻電子は $\boxed{1 ★★★}$ とよばれ, 2個で1組の対をつくっているものと, 単独で存在するものがあり, それぞれ電子対および不対電子とよばれる。不対電子は通常 $\boxed{2 ★★}$ 結合に関与し, 2原子間で1個ずつ電子を出し合い電子対を形成し安定化する。(東京理科大)

(1) 価電子
(2) 共有

□5
★★★
塩素分子ができるときには, 両方の塩素原子が電子を $\boxed{1 ★★}$ 個ずつ出し合い $\boxed{2 ★★★}$ することで, $\boxed{2 ★★★}$ 結合が形成される。このとき, 塩素分子内の塩素原子は, $\boxed{3 ★★}$ 原子と同じ電子配置となる。(弘前大)

(1) 1
(2) 共有
(3) アルゴン Ar
[別 貴ガス]

〈解説〉
:C̈l・ + ・C̈l: ⟶ :C̈l:C̈l:

□6
★★★
水分子では, 酸素原子の $\boxed{1 ★★}$ 個の $\boxed{2 ★★★}$ のうち2個が, それぞれ2つの水素原子との共有結合に使われる。このとき, 酸素原子は $\boxed{3 ★★}$ 原子と同じ電子配置となる。(金沢大)

(1) 6
(2) 価電子
[別 最外殻電子]
(3) ネオン Ne
[別 貴ガス]

〈解説〉
H・ + ・Ö: + ・H ⟶ H:Ö:H ←ヘリウム He 原子と同じ電子配置

共有電子対 非共有電子対 ネオン Ne 原子と同じ電子配置

2 共有結合・構造式

□ **7**
★★★
電子対には，| 1 ★★★ | 結合を形成する | 1 ★★★ | 電子対と，| 1 ★★★ | 結合を形成していない | 2 ★★★ | 電子対の2種類がある。
(京都大)

(1) 共有
(2) 非共有[⑩孤立]

□ **8**
★★
図の電子式に示すように，水分子には2組の共有電子対と2組の非共有電子対がある。共有結合には，2個の電子を共有する単結合の他

単結合
H:Ö:H　H—O—H
電子式　　構造式
水分子の電子式と構造式

に，二酸化炭素分子中の炭素−酸素原子間結合のように | 1 ★ | 個の電子を共有する二重結合，窒素分子中の窒素−窒素原子間結合のように | 2 ★ | 個の電子を共有する | 3 ★★ | 重結合がある。分子を構造式で示す場合には原子間の結合を共有電子対1組（2電子）あたり1本の線で表す。
(奈良女子大)

(1) 4
(2) 6
(3) 三

〈解説〉

二重結合
:Ö::C::Ö:　O＝C＝O
電子式　　構造式

三重結合
:N⦂⦂N:　N≡N
電子式　　構造式

□ **9**
★★
元素記号に最外殻電子を点で書き添えたものは電子式と呼ばれる。電子はなるべく対にならないように軌道に収容される。対になっていない電子は | 1 ★★ | 電子と呼ばれ，その数は | 2 ★ | に等しい。
(横浜国立大)

(1) 不対
(2) 原子価

□ **10**
★★
共有結合に用いられる電子数は各原子でほぼ決まっており，原子1個あたりの数をその原子の | 1 ★ | という。この値は窒素原子およびフッ素原子の場合，それぞれ | 2 ★★ | および | 3 ★★ | であり，共有結合後の電子配置は，いずれも | 4 ★★ | 原子と同一となる。
(東京理科大)

(1) 原子価
(2) 3
(3) 1
(4) ネオン Ne
　[⑩貴ガス]

〈解説〉価標：構造式中の共有結合を表す線。
1つの原子から出ている価標の数＝原子価

·N̈· ⟶ −N−　　:F̈: ⟶ F−
　　　　　│
　　原子価3　　　　原子価1

□ **11**
★
原子が最大何個の水素原子と共有結合できるかを示した数をその原子の | 1 ★ | という。
(北見工業大)

(1) 原子価

〈解説〉このように覚えておくとわかりやすい。

03
分子や原子からできている物質 **2** 共有結合・構造式

3 分子からなる物質

▼ANSWER

□**1** 原子が結合してできた粒子を ① という。　　　(1) 分子
（明治大）

□**2** 分子は，構成原子の数により， ① 分子（構成原子数　　(1) 単原子
1個）， ② 分子（構成原子数2個）および ③ 　　(2) 二原子
分子（構成原子数3個以上）とよばれる。（北見工業大）　　(3) 多原子

〈解説〉

単原子分子　　二原子分子　　三原子分子（多原子分子）

□**3** 4組の非共有電子対をもつものは ① である。　　　(1) ⑤
① H_2　② CH_4　③ H_2O　④ N_2　⑤ CO_2　⑥ Cl_2
（センター）

〈解説〉□が共有電子対，○が非共有電子対

□**4** 水分子中の酸素原子には，結合に関与しない電子の組　(1) 2
が ① 組あり，水分子は ② 形となる。　　　　　　(2) 折れ線
（北海道大）　　　　　　　　　　　　　　　　　　　　　　　［⑳V字］

〈解説〉H:Ö:H

　　○は結合に関与しない　　　　O
　　電子の組　　　　　　　　H　　H
　　　　　　　　　　　　　水分子の形

下に示す分子の形は覚えておく。 ← HがClに置き換わっただけ

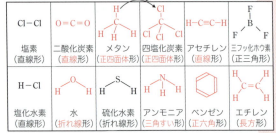

Cl－Cl	O＝C＝O	メタン	四塩化炭素	H－C≡C－H	三フッ化ホウ素
塩素（直線形）	二酸化炭素（直線形）	メタン（正四面体形）	四塩化炭素（正四面体形）	アセチレン（直線形）	三フッ化ホウ素（正三角形）
H－Cl	水	硫化水素	アンモニア	ベンゼン	エチレン
塩化水素（直線形）	水（折れ線形）	硫化水素（折れ線形）	アンモニア（三角すい形）	ベンゼン（正六角形）	エチレン（長方形）

□5 ドライアイスや氷は，それぞれ二酸化炭素や水の [1★★] が集合してできた固体であり，CO_2 や H_2O のような [1★★] 式で表す。一方，塩である塩化ナトリウムや炭酸カルシウムも，NaCl や $CaCO_3$ のように表すが，これらは物質の [2★★] を表現している [2★★] 式である。
(センター)

(1) 分子
(2) 組成

〈解説〉イオンやイオンからなる化合物は組成式で表現する。

発展 □6 メタンは 4 つの等しい C−H 結合から成り，C−H 結合どうしの反発により立体的にできるだけ避けあうように配置した結果として，その立体構造は図 (a) に示すように正四面体となり，全ての H−C−H 結合の角度は 109.5°となる。

(1) 大きく
(2) 小さく
(3) 三角すい形

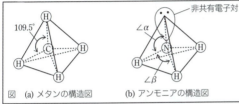

図 (a) メタンの構造図　(b) アンモニアの構造図

一方アンモニアは 3 つの等しい N−H 結合から成り，メタンと比較すると，図 (b) に示すようにあたかも中心原子を炭素から窒素に替えると同時に，メタンの水素 1 つを非共有電子対に置き換えたかのように描くことができる。ここで，非共有電子対と共有電子対の間の反発は，結合を形成する共有電子対どうしの反発よりも大きいことが一般的に知られている。このことを考慮すると，アンモニアは単にメタンの水素を非共有電子対に置き換えた形からは歪みを生じる。その結果として，非共有電子対と N−H 結合の角度である ∠α は，メタンの結合角 109.5°と比較して [1★★] なり，この強い反発に押しやられる形で H−N−H の角度である ∠β は 109.5°と比較して [2★★] なる。このように考えることで，アンモニアの立体構造が [3★★★] となることや，メタンとアンモニアの結合角の相違について理解できる。
(東京理科大)

4 高分子化合物

▼ANSWER

1 金属，セラミックスと並んで三大材料と称される高分子は，自然界に存在する ①★★★ 高分子と，人工的に作られる ②★★★ 高分子に大別される。（名古屋工業大）

(1) 天然
(2) 合成

2 高分子化合物は，炭素を主な骨格とする ①★★ 高分子化合物と，ケイ素や酸素など炭素以外を骨格とする ②★★ 高分子化合物に大別される。（大阪医科大）

(1) 有機
(2) 無機

3 分子量1万以上の化合物を高分子化合物という。高分子化合物は繰り返しの単位に相当する分子量の小さい分子から構成され，これを ①★★★ とよぶ。①★★★ が多数結合しできた化合物を ②★★★ という。①★★★ が ②★★★ となる反応を重合という。（信州大）

(1) 単量体
（モノマー）
(2) 重合体
（ポリマー）

〈解説〉

n ◎ ⟶ ─[◎]$_n$─　　n：重合度
単量体（モノマー）　重合体（ポリマー）

4 高分子化合物の繰り返し構造単位の数を ①★★ という。高分子化合物は ①★★ の異なる分子の集まりであるため，高分子化合物の分子量には平均値を用い，その値を平均分子量という。（長崎大）

(1) 重合度

5 重合反応はその反応様式によって ①★★★ 重合と ②★★★ 重合（順不同）の2つに分けられる。（熊本大）

(1) 付加
(2) 縮合

〈解説〉① 付加重合：炭素原子間二重結合（C＝C）をもつ単量体のC＝Cのうちの1つが切れ，他の単量体と共有結合で次々とつながっていく反応。

② 縮合重合：単量体の間から水 H_2O などの簡単な分子がとれ，次々と共有結合で結びつく反応。

4 高分子化合物

03 分子や原子からできている物質 4 高分子化合物

□6 ★★★ 二重結合をもつ単量体が [1★★★] して重合する反応は [1★★★] 重合とよばれる。 （奈良女子大）

(1) 付加

□7 ★ ポリエチレンはエチレンの [1★] である。 （広島大）

(1) 付加重合体
[別 重合体, ポリマー]

〈解説〉

$$\cdots + \underset{\text{エチレン}}{\underset{H\ 切れる}{\overset{H}{C}} = \underset{H}{\overset{H}{C}}} + \underset{\text{エチレン}}{\underset{H\ 切れる}{\overset{H}{C}} = \underset{H}{\overset{H}{C}}} + \cdots \xrightarrow{\text{付加重合}} \underset{\text{ポリエチレン(PE)}}{\left[\begin{array}{cc} H & H \\ | & | \\ -C-C- \\ | & | \\ H & H \end{array}\right]_n}$$

□8 ★ ポリエチレンには高圧下で合成される [1★] ポリエチレンと，触媒を用いて常圧に近い条件で合成される [2★] ポリエチレンがある。 （信州大）

(1) 低密度
(2) 高密度

□9 ★★ 塩化ビニルは重合反応によって [1★★] となり，パイプやシートなどに用いられる。 （立教大）

(1) ポリ塩化ビニル

〈解説〉

$$\cdots + \underset{\text{塩化ビニル}}{\underset{H\ 切れる}{\overset{H}{C}} = \underset{Cl}{\overset{H}{C}}} + \underset{\text{塩化ビニル}}{\underset{H\ 切れる}{\overset{H}{C}} = \underset{Cl}{\overset{H}{C}}} + \cdots \xrightarrow{\text{付加重合}} \underset{\text{ポリ塩化ビニル(PVC)}}{\left[\begin{array}{cc} H & H \\ | & | \\ -C-C- \\ | & | \\ H & Cl \end{array}\right]_n}$$

□10 ★★★ 2つ以上の単量体が繰り返し [1★★★] する反応は [1★★★] 重合とよばれ [1★★★] の際には小さい分子が除かれる。 （奈良女子大）

(1) 縮合

応用 □11 ★★★ ポリエチレンテレフタラートは，[1★★] とテレフタル酸から [2★★★] が脱離して両者が [3★★] 結合で連結し，これが繰り返されたものであり，清涼飲料水の容器などに利用されている。 （熊本大）

(1) エチレングリコール
$CH_2 - CH_2$
$||$
$OHOH$

(2) 水(分子) H_2O

(3) エステル
O
$\|$
$-C-O-$
[別 共有]

〈解説〉ポリエチレンテレフタラート (PET)
テレフタル酸のカルボキシ基-COOHとエチレングリコールのヒドロキシ基-OHとの間の縮合重合により合成される。

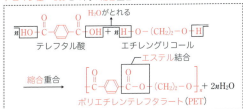

応用 12 ナイロン66は,アジピン酸と 1 から 2 が脱離して 3 結合による連結が繰り返されたものである。絹に近い感触があり,吸水性には乏しいが耐摩耗性に優れており,ストッキングや衣料用繊維として用いられている。

(熊本大)

〈解説〉ナイロン66（6,6-ナイロン）
ヘキサメチレンジアミンのアミノ基-NH₂とアジピン酸のカルボキシ基-COOHとの間の縮合重合により合成される。

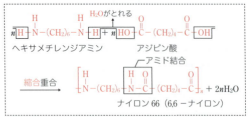

(1) ヘキサメチレンジアミン
$H_2N-(CH_2)_6-NH_2$
(2) 水（分子）H_2O
(3) アミド
$$\begin{matrix} O & H \\ \| & | \\ -C-N- \end{matrix}$$
[例 共有]

応用 13 合成繊維の代表例として, 1 系合成繊維やポリアミド系合成繊維がある。 1 系合成繊維の一つにポリエチレンテレフタラート（PET）がある。PETは,エチレングリコールとテレフタル酸の 2 重合により合成される。ポリアミド系合成繊維の例にナイロンがあげられる。ナイロンは,摩擦に強く,弾力性も優れている。アメリカのカロザースにより発明された世界初の合成繊維ナイロン66(6,6-ナイロン)は,カルボキシ基をもつ 3 と,アミノ基をもつ 4 が 2 重合したポリマーである。(岩手大)

(1) ポリエステル
(2) 縮合
(3) アジピン酸
$HOOC-(CH_2)_4-COOH$
(4) ヘキサメチレンジアミン
$H_2N-(CH_2)_6-NH_2$

5 共有結合の結晶

1 多数の原子が共有結合で結びつけられている結晶を [1] という。 (金沢大)

(1) 共有結合の結晶

2 ダイヤモンドと黒鉛は炭素の [1] である。ダイヤモンドは，炭素原子が隣接する [2] 個の炭素原子と共有結合して正四面体形となり，それが繰り返された構造をもつ共有結合の結晶である。黒鉛は，各炭素原子が隣接する [3] 個の炭素原子と共有結合してできた正六角形が連なった平面網目構造をつくり，それが何層も重なり合いできた共有結合の結晶である。 (浜松医科大)

(1) 同素体
(2) 4
(3) 3

3 ダイヤモンドは，各炭素原子が [1] 個の価電子により隣接する炭素原子とそれぞれ [2] 結合をつくり，[3] 型の結合が繰り返された立体的な網目構造を構成している。 (新潟大)

(1) 4
(2) 共有
(3) 正四面体

〈解説〉ダイヤモンド C

$_6C$ K(2)L(4)
価電子

炭素原子の配置が幾何的に理想的な角度であり，ひずみがなく，安定。

4 ダイヤモンドは無色透明な結晶で，非常に硬く，電気伝導性は [1] 。この物質はその硬さを利用して研磨材などに用いられている。 (豊橋技術科学大)

(1) ない

〈解説〉ダイヤモンドは天然で最も硬い物質である。

5 ケイ素の単体は自然界には見られないが，人工的に単体の結晶をつくることができる。ケイ素の単体の結晶構造は [1] と同じ構造である。[1] やケイ素の単体の結晶を，それを形成する結合の種類によって分類するとき，[2] の結晶という。 (新潟大)

(1) ダイヤモンド
(2) 共有結合

【第1部】理論化学①－物質の構成－　03　分子や原子からできている物質

□6 ケイ素は岩石や土壌を構成している成分元素として，地殻中に [1★★] に次いで多量に存在する。単体は [2★★★] 結合の結晶で，電気伝導性は [3★★] の性質を示す。そのため，高純度の単体はICや [4★] 電池などのエレクトロニクス分野の材料として広く用いられている。
(和歌山大)

(1) 酸素O
(2) 共有
(3) 半導体
(4) 太陽

〈解説〉地殻中の存在率(質量%)の順：O > Si > Al >…

□7 ケイ素と酸素の化合物として知られる二酸化ケイ素の結晶は，ケイ素原子を中心として [1★] 個の酸素原子を頂点とする [2★★] が連なってできる三次元網目構造をもつ。この固体の組成式は SiO_2 と表され，1個のケイ素原子は [3★] 個の酸素原子と結合し，1個の酸素原子は [4★] 個のケイ素原子と結合している。
(東京理科大)

(1) 4
(2) 正四面体
(3) 4
(4) 2

〈解説〉共有結合の結晶の例

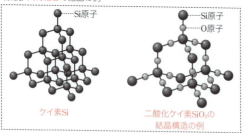

ケイ素Si　　二酸化ケイ素SiO_2の結晶構造の例

□8 ダイヤモンドと黒鉛は互いに炭素の [1★★★] である。黒鉛は [2★★★] の伝導性が良く，ダイヤモンドは [3★★★] の伝導性が大変良い。
(和歌山大)

(1) 同素体
(2) 電気
(3) 熱

□9 黒鉛は炭素原子の [1★★] 個の価電子のうち [2★★] 個の価電子が隣接する炭素原子と [3★★] 結合して，[4★★★] 形を基本とする平面の網目構造を構成している。この網目状の平面構造は，弱い力で結ばれて積み重なっている。各炭素原子に残る [5★] 個の価電子は平面内を移動できる。
(埼玉大)

(1) 4
(2) 3
(3) 共有
(4) 正六角
(5) 1

〈解説〉この平面構造は弱い分子間の力で積み重なっているために，軟らかくて，薄くはがれやすい。

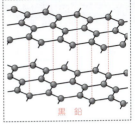

黒鉛

□10 炭素にはいくつかの [1★★★] が存在する。例えば，二次元結晶となる炭素の [1★★★] としてはグラフェンがある。グラフェンは正六角形の格子が原子1個分の厚さで平面状につながった二次元結晶であり，炭素分子が蜂の巣状に並んでいる。グラフェンは炭素がもつ価電子のうち [2★★] 個を使って共有結合しており，残る価電子は結晶表面を [3★★] できるため，電気伝導性を [4★★]。グラフェンが層状に重なったものがグラファイト(黒鉛)である。層と層の間は弱い分子間力で結合している。

グラフェンに関連した [1★★★] として，グラフェンが筒状になったような構造をもつカーボンナノチューブや，炭素原子60個からなるサッカーボール状の構造をもつ C_{60} フラーレンなどがある。

(1) 同素体
(2) 3
(3) 移動
(4) もつ[⑩示す]

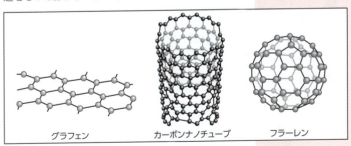

グラフェン　　カーボンナノチューブ　　フラーレン

(岡山大)

03 分子や原子からできている物質 5 共有結合の結晶

6 配位結合／錯イオン

▼ANSWER

□**1** H$_2$O に水素イオンが結合すると [1 ★★★] イオンができ，NH$_3$ に水素イオンが結合すると [2 ★★★] イオンができる。このように，分子を構成している原子の非共有電子対が他の原子やイオンとの結合に使われる場合，この結合を特に [3 ★★★] という。　　(北海道大)

(1) オキソニウム
　 H$_3$O$^+$
(2) アンモニウム
　 NH$_4^+$
(3) 配位結合

〈解説〉配位結合は矢印（→）で表し，他の共有結合と区別することがある。

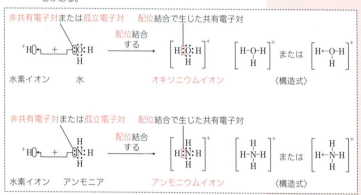

□**2** 水分子中の酸素原子は [1 ★★★] 電子対を持ち，これを水素イオンに提供して共有結合を形成し，オキソニウムイオンとなる。このようにしてできる共有結合を，特に [2 ★★★] 結合とよぶ。　　(北海道大)

(1) 非共有[或孤立]
(2) 配位

□**3** NH$_3$ が H$^+$ に [1 ★★★] して NH$_4^+$ を形成した後では，生じた [1 ★★★] を他の [2 ★★★] と区別することはできない。　　(立命館大)

(1) 配位結合
(2) 共有結合

〈解説〉NH$_4^+$ 中の N−H 結合は，一度結合してしまうとどれが配位結合かわからなくなってしまう。

6 配位結合／錯イオン

4 アンモニウムイオンは，アンモニアを水に溶かすと窒素上の [1★★★] を水素イオンに与えて [2★★★] 結合を形成することにより生成する。この結合は結果として，アンモニア分子中にあった窒素－水素間の [3★★★] 結合と区別できない。 (弘前大)

〈解説〉

$$\overset{H^+}{\overset{\frown}{\ddot{N}H_3}} + H_2O \rightleftharpoons NH_4^+ + OH^-$$

(1) 非共有電子対 [別 孤立電子対]
(2) 配位
(3) 共有

5 NH_3 と HCl は反応して [1★] を生じるが，このとき新たに [2★★★] 結合と [3★★★] 結合 ((2)(3)順不同) ができる。 (富山県立大)

〈解説〉

$$\underset{H}{\overset{H}{:\!N\!-\!H}} + HCl \longrightarrow \left[\underset{H}{\overset{H}{H\!-\!N\!-\!H}}\right]^+ Cl^- \quad \blacktriangleleft NH_4Cl\text{の白煙を生じる}$$

共有結合　　配位結合　イオン結合

共有結合に加えて，新たに2種類の結合が生じている

(1) 塩化アンモニウム NH_4Cl [別 白煙，塩]
(2) 配位
(3) イオン

6 アンモニアに水素イオンが結合し，アンモニウムイオンになる場合も [1★★★] 結合によるものである。このとき，その立体構造は [2★★] 形から [3★] 形へと変化する。 (東京理科大)

〈解説〉

アンモニア　　　アンモニウムイオン

(1) 配位
(2) 三角すい
(3) 正四面体

7 金属イオンに，アンモニア分子のような [1★★★] をもつ分子や陰イオンが配位結合したイオンを [2★★] イオンという。 (東京都立大)

〈解説〉錯イオンの例

$$H\!:\!\underset{H}{\overset{H}{\ddot{N}}}\!: + Ag^+ + :\!\underset{H}{\overset{H}{\ddot{N}}}\!:\!H \longrightarrow H_3N \longrightarrow Ag^+ \longleftarrow NH_3$$

ジアンミン銀(I)イオン $[Ag(NH_3)_2]^+$

(1) 非共有電子対 [別 孤立電子対]
(2) 錯

【第1部】理論化学①－物質の構成－ **03** 分子や原子からできている物質

■8 ★★ H_2O, NH_3 および CN^- のような非共有電子対をもった分子やイオンが，銅や銀などの金属イオンに [1 ★★★] すると，錯イオンとよばれるイオンを生じる。ここで，金属イオンと結合している分子やイオンを [2 ★] という。[2 ★] として H_2O だけが [1 ★★★] した金属イオンは特に水和イオンとよばれることがある。

例えば，1個の Cu^{2+} に 4個の H_2O が [1 ★★★] した水和イオンを含んだ水溶液は [3 ★★] 色を呈する。

(北海道大)

(1) 配位結合
(2) 配位子
(3) 青

〈解説〉$[Cu(H_2O)_4]^{2+}$ を含んだ水溶液は青色を呈する。H_2O を配位子とする錯イオンはアクア錯イオン（水和イオン）とよばれ，H_2O は省略して表すことが多い。

■9 ★★ 亜鉛(Ⅱ)イオンとアンモニアとによって形成される [1 ★★] イオンは，亜鉛(Ⅱ)イオンに [2 ★★] 個のアンモニア分子が結合したものであり，全体としての電荷は [3 ★] 価となる。

(東京理科大)

(1) 錯
(2) 4
(3) +2

〈解説〉錯イオンに含まれる配位子の数を配位数といい，配位数は金属イオンの価数の2倍になるものが入試では多く出題される。
　例 $[Zn(NH_3)_4]^{2+}$, $[Cu(NH_3)_4]^{2+}$, $[Ag(NH_3)_2]^+$ など

発展 ■10 ★★★ NH_3 の N 原子の L 殻には H 原子と共有されていない1対の [1 ★★★] が存在し，それを H^+ や金属イオンと共有してできる結合を [2 ★★★] という。例えば，Cu^{2+} や Zn^{2+} に4分子の NH_3 が [2 ★★★] すると，その構造がそれぞれ，[3 ★★] の $[Cu(NH_3)_4]^{2+}$ や [4 ★★] の $[Zn(NH_3)_4]^{2+}$ という錯イオンが生成する。

(立命館大)

(1) 非共有電子対 [別]孤立電子対
(2) 配位結合
(3) 正方形
(4) 正四面体(形)

〈解説〉錯イオンの形

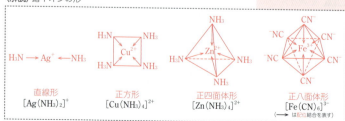

直線形　　　　正方形　　　　正四面体形　　　　正八面体形
$[Ag(NH_3)_2]^+$　$[Cu(NH_3)_4]^{2+}$　$[Zn(NH_3)_4]^{2+}$　$[Fe(CN)_6]^{3-}$
（→は配位結合を表す）

6 配位結合／錯イオン

発展 ☐**11** ジアンミン銀(Ⅰ)イオンの形は ☐1 ★★ である。 (明治大)
★★

〈解説〉$[Ag(NH_3)_2]^+$のこと。

(1) **直線形**

発展 ☐**12** 水溶液中で淡黄色を示す $[Fe(CN)_6]^{4-}$は，CN^-がそ
★★★ の ☐1 ★★★ を使って中心金属イオンに ☐2 ★★★ 結合
している錯イオンであり，その構造は ☐3 ★★ であ
る。 (センター)

〈解説〉$[Fe(CN)_6]^{4-}$や $[Fe(CN)_6]^{3-}$のように配位数が 6 のもの
は正八面体形になる。

(1) **非共有電子対**
[⑩**孤立電子対**]
(2) **配位**
(3) **正八面体(形)**

発展 ☐**13** $[Fe(CN)_6]^{4-}$の名称は ☐1 ★ である。 (センター)
★

〈解説〉錯イオンの命名法

（1）**ヘキサシアニド 鉄(Ⅱ)酸イオン**

「配位数 ➡ 配位子名 ➡ 中心金属 (価数) ➡ イオン」の順につける。
　　　　　　　　　　　　┗➡ローマ数字で表す
ただし，錯イオンが陰イオンの場合は，価数の後に「酸」をつける。
①配位数 ➡ ギリシャ語の数詞でよぶ
　1 ➡ モノ　　2 ➡ ジ　　3 ➡ トリ　4 ➡ テトラ　5 ➡ ペンタ　6 ➡ ヘキサ
②配位子名
　Cl^- ➡ クロリド　H_2O ➡ アクア　NH_3 ➡ アンミン
　CN^- ➡ シアニド　OH^- ➡ ヒドロキシド
⑳　$[Cu(NH_3)_4]^{2+}$ ➡ テトラアンミン銅(Ⅱ)イオン
　　　　　　　　　　　配位数 配位子名Cu^{2+} 陽イオン

　　　$[Fe(CN)_6]^{4-}$ ➡ ヘキサシアニド鉄(Ⅱ)酸イオン
　　　　　　　　　　　配位数配位子名 Fe^{2+} 陰イオン

03

分子や原子からできている物質 6 配位結合／錯イオン

63

7 電気陰性度／結合の極性と分子の極性 ▼ANSWER

□1 二つの原子間で共有結合ができるとき，それぞれの原子が共有電子対を引きつける強さの程度を数値で表したものを ┃ 1★★★ ┃ という。
(三重大)

(1) 電気陰性度

□2 周期表で第2周期以下の元素の電気陰性度は，貴ガスを除くと，同一周期では，原子番号が大きくなるほど ┃ 1★★ ┃ くなり，同族では，一般に原子番号が ┃ 2★★ ┃ くなるほど大きくなる傾向がある。一般に異種の2原子からできている結合 X−Y は，電気陰性度の差が ┃ 3★★ ┃ いときは共有結合性が強く， ┃ 4★★ ┃ いときはイオン結合性が強い。
(中央大)

(1) 大き
(2) 小さ
(3) 小さ
(4) 大き

〈解説〉電気陰性度(ポーリングの値)

主な元素では，F > O > Cl > N > C > H の順を覚えておく。

□3 周期表の左の方には， ┃ 1★★ ┃ イオンになりやすい元素，右の方には ┃ 2★★ ┃ イオンになりやすい元素が多く，周期表の縦の同じ列の元素はイオンになったとき，同じ ┃ 3★★ ┃ をもつ。
(埼玉大)

(1) 陽
(2) 陰
(3) 価数

〈解説〉左下側にある金属元素ほど電気陰性度は小さく，陽性が強いため陽イオンになりやすい。また，右上側にある非金属元素ほど電気陰性度は大きく，陰性が強いため陰イオンになりやすい。

7 電気陰性度／結合の極性と分子の極性

□4 貴ガスを除いて周期表の右上側にある元素ほど [1 ★★] 性が強い。最も [1 ★★] 性が強い元素は [2 ★★★] である。
（横浜国立大）

(1) 陰[⑩非金属]
(2) フッ素 F

〈解説〉フッ素 F の電気陰性度は，全元素の中で最大。

□5 右のグラフは元素に対する [1 ★★★] の変化量を示しており，横軸が原子番号である。

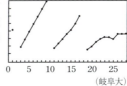

（岐阜大）

(1) 電気陰性度

〈解説〉原子番号 2, 10, 18, 36…の貴ガス元素は結合しにくいため，電気陰性度の値はふつう省略する。

応用 **□6** イオン結合は陽イオンになりやすい原子と陰イオンになりやすい原子間で成立しやすい。したがって，関与する原子のイオンへのなりやすさの尺度である [1 ★★★] と [2 ★★★] は重要である。特に，[1 ★★★] は原子の [3 ★] を反映して，原子番号とともに顕著な周期性を示す。また，これら [1 ★★★] と [2 ★★★] は，共有結合における共有電子対を引きつける強さを相対的な数値で表した [4 ★★★] と密接に関係している。（琉球大）

(1) （第一）イオン化エネルギー
(2) 電子親和力
(3) 電子配置
(4) 電気陰性度

〈解説〉陽イオンになりやすい原子はイオン化エネルギーが小さく，陰イオンになりやすい原子は電子親和力が大きい。アメリカの化学者マリケンは，イオン化エネルギー＋電子親和力の $\frac{1}{2}$ を電気陰性度とした。

□7 共有結合している原子が電子を引き付ける能力である [1 ★★★] が大きい原子と小さい原子が結合した場合，[2 ★★★] にかたよりが生じる。これを結合の [3 ★★] という。[1 ★★★] が異なる 2 つの原子からなる分子は [3 ★★] をもつ。分子全体として電荷のかたよりをもつ分子を [4 ★★★] という。一方，同一の原子からなる二原子分子の場合は [2 ★★★] のかたよりがない。また，[2 ★★★] にかたよりがあっても，分子の形の対称性により分子全体の [3 ★★] が打ち消される分子もある。これらを [5 ★★★] という。
（早稲田大）

(1) 電気陰性度
(2) 共有電子対
(3) 極性
(4) 極性分子
(5) 無極性分子

〈解説〉単体（H_2, O_2, N_2…）は無極性分子になる。

□8 次の二原子分子を極性の大きな順番に左から順に並べよ。ただし，原子間距離は同じと仮定せよ。 1★
① CH ② OH ③ HF
(注)これらの分子は必ずしも安定であるとは限らない。
(東京大)

(1) ③, ②, ①

〈解説〉電気陰性度の差が大きいほど，極性は大きくなる。電気陰性度は F > O > C > H の順。
└─①の分子─┘
└───②の分子───┘
└─────③の分子─────┘

□9 H_2やN_2では2個の原子の不対電子が原子間で電子対をつくることによって 1★★★ 結合が形成される。同じ原子からなる二原子分子の結合には極性が 2★★ が，HClのように異なる原子間で化学結合が生成するときには，電子対の一部がどちらかの原子に引き寄せられるため極性が 3★★ 。
(大阪大)

(1) 共有
(2) ない
(生じない)
(3) ある
(生じる)

〈解説〉

□10 原子が共有電子対を引き寄せる強さの尺度を 1★★★ といい， 1★★★ が最も大きな元素は 2★★★ である。酸素原子Oと水素原子Hからなる O−H結合や，炭素原子Cと酸素原子Oからなる C=O結合は，いずれも結合に関与する原子に 1★★★ の差があるため，O−H結合やC=O結合は極性をもつ。しかし，それぞれの化学結合が極性をもつからといって，分子が極性をもつとは限らない。水分子の形は 3★★★ 形であるため，水分子は極性を 4★★ が，二酸化炭素分子は分子の形が 5★★★ 形であるため，極性を 6★★ 。
(関西大)

(1) 電気陰性度
(2) フッ素F
(3) 折れ線
(4) もつ
(5) 直線
(6) もたない

〈解説〉水 H_2O は極性分子，二酸化炭素 CO_2 は無極性分子。

7 電気陰性度／結合の極性と分子の極性

□11 H₂Oは極性分子であるのに対し，CO₂は無極性分子である。これはH₂OとCO₂は分子の形が異なるためである。このことがわかるようにH₂OとCO₂の分子の形の違いを図示せよ。また，それぞれの原子の上に，個々の結合における電荷のかたよりを，次のHFの例を参考にδ＋，δ－を用いて示せ。　1★★

(例)　$\overset{\delta+}{H} - \overset{\delta-}{F}$　　　　　　　　　　　　　　(名古屋大)

〈解説〉電気陰性度はO＞H，O＞C，F＞H。

(1)
$\overset{\delta-}{O}$
$\overset{\delta+}{H} \quad \overset{\delta+}{H}$

$\overset{\delta-}{O} = \overset{\delta+}{C} = \overset{\delta-}{O}$

□12 アンモニア分子は　1★★　組の　2★★★　電子対と1組の　3★★★　電子対をもち，その形は　4★★　形であり，極性分子である。　　　　　　　　　　(熊本大)

〈解説〉アンモニアの電式子は，H：N̈：H　となり，その形は
　　　　　　　　　　　　　　　H

$\overset{\delta-}{N}$
$\overset{\delta+}{H} \underset{\delta+}{H} \overset{\delta+}{H}$

(1) 3
(2) 共有
(3) 非共有
　[別]孤立
(4) 三角すい

□13 塩素，塩化水素，水，二酸化炭素，アンモニア，メタンの中から極性分子を3つ選び，それぞれの電子式および分子の形を記せ。　1★★　(三重大)

〈解説〉分子の形と極性分子・無極性分子

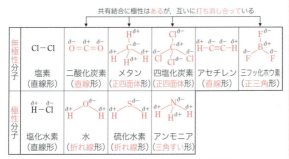

$\begin{pmatrix} 電気陰性度の大小関係は， \\ O＞C,\ C＞H,\ Cl＞C,\ F＞B, \\ Cl＞H,\ O＞H,\ S＞H,\ N＞H \end{pmatrix}$

(1) 塩化水素
H：C̈l：
直線形

水
H：Ö：H
折れ線形
[別]V字形

アンモニア
H：N̈：H
　H
三角すい形

□14 構造式の原子の近くにδ＋，δ－の記号を付すことで結合の極性を示すことができる。水素，二酸化炭素，アンモニア，メタンの中から極性分子をすべて選び，分子中のすべての原子にδ＋またはδ－を付した構造式で示せ。　1★★　　　　　　　　　　　　(静岡大)

(1)
$\overset{\delta+}{H} - \overset{\delta-}{N} - \overset{\delta+}{H}$
　　　|
　　$\overset{\delta+}{H}$

67

8 〈発展〉分子間にはたらく力

1 一般に物質の融点や沸点は，原子，分子，イオンなどの構成粒子間の結合力が強くなるとともに ① 。 （慶應義塾大）

(1) 高くなる（上昇する）

2 分子間には非常に弱い力，分子間力が働く。分子間力には ① 力や ② 結合がある。 （福島大）

(1) ファンデルワールス
(2) 水素

3 分子間にはたらく力はオランダの科学者の名をとって ① とよばれる。 （長崎大）

(1) ファンデルワールス力

〈解説〉
ファンデルワールス力 ┬ すべての分子間にはたらく力
　　　　　　　　　　└ 極性分子間にはたらく静電気的な引力

4 分子結晶では， ① が分子間力としてはたらいており，構造が似た結晶では， ① は分子量とともに増大する。 （埼玉大）

(1) ファンデルワールス力

〈解説〉分子量と沸点

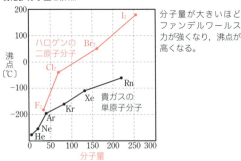

分子量が大きいほどファンデルワールス力が強くなり，沸点が高くなる。

5 周期表の18族に属する元素を ① という。 ① はいずれも常温・常圧で無色・無臭の気体であり，融点・沸点が非常に低い。 ① のうち最も沸点の低いものは ② である。これは ① のなかで最も分子間力が小さいためである。 （大阪市立大）

(1) 貴ガス
(2) ヘリウム He

6 分子量がほぼ同じ分子の場合，極性分子の分子間力の方が無極性分子のものより ① 。 （慶應義塾大）

(1) 強い

7 フッ化水素 HF は，フッ素原子の [1 ★★★] が大きく，水素原子の [1 ★★★] との差が大きいため，極性の大きな分子となっている。そして，HF の正に帯電した水素原子と，他の HF の負に帯電したフッ素原子とが，静電気力により分子間で引き合っている。このように，分子の中の正に帯電した水素原子が，その水素原子と直接共有結合していない [1 ★★★] の大きな F, O, N などの原子と静電気力で引き合い，水素原子を仲立ちとして生じる結合を [2 ★★★] という。 (名古屋大)

〈解説〉水素結合

(1) 電気陰性度
(2) 水素結合

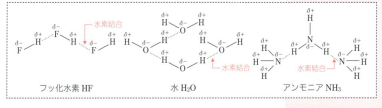

フッ化水素 HF　　　水 H₂O　　　アンモニア NH₃

8 水分子では，水素原子は正の電荷を帯びており，酸素原子上に存在する非共有電子対は負の電荷をもっている。その結果，水分子 2 個の間で，一方の水分子の 1 個の水素原子と他方の水分子の 1 組の非共有電子対が静電気的に引き合うことで [1 ★★★] が 1 本形成される。 (奈良女子大)

〈解説〉水素結合は，金属結合，イオン結合，共有結合よりは弱く，切れやすい。

(1) 水素結合

9 アンモニア分子どうしは，窒素原子が大きな [1 ★★★] を有するため，他の分子中の水素原子と [2 ★★] で引き合い，[3 ★★★] を形成する。 (九州大)

(1) 電気陰性度
(2) 静電気力
　（クーロン力）
(3) 水素結合

10 15〜17 族の元素の水素化合物では，それぞれの族の中で分子量が最も小さい NH₃，H₂O，HF の沸点が，異常に高い値を示す。これは，[1 ★★★] の大きい窒素，酸素，フッ素原子が電子を強く引きつけ，正に帯電した水素原子との結合に極性を生じ，分子間に [2 ★★★] といわれる比較的強い分子間力が作用しているためである。 (名古屋市立大)

(1) 電気陰性度
(2) 水素結合

【第1部】理論化学①-物質の構成- 03 分子や原子からできている物質

□11 図は、14〜17族元素の水素化合物の分子量と沸点の関係を示している。第3周期から第5周期元素の水素化合物は、分子量が大きいほど沸点が高くなっている。しかし、14族を除いた第2周期元素の水素化合物は、分子量が小さいにもかかわらず沸点が異常に高い。それは、これらの分子間に [1★★★] が形成されているからである。これらの水素化合物では、水素原子とこれに結合する原子の [2★★] の差が大きいほど、原子間の [3★] のかたよりが大きくなる。その結果、分子の [4★★] が増し、分子間に [1★★★] が形成される。 (金沢大)

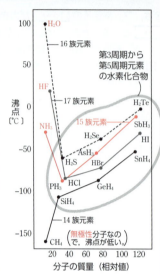

(1) 水素結合
(2) 電気陰性度
(3) 電荷
(4) 極性

□12 16族の非金属元素の水素化物の中で、H_2O の沸点が最も高く、それ以外の水素化物を沸点の大きい順に並べると [1★] > [2★] > [3★] となる。H_2O 以外の水素化物の沸点がこのような順番になるのは、一般に分子構造が似た物質では [4★★] が大きいほど [5★★] が強くなるためである。しかし、H_2O は他の水素化物よりも [4★★] が小さいにもかかわらず最も沸点が大きい。これは H_2O 中の [6★★★] の大きい [7★★] 原子が他の H_2O の [8★★] 原子と [9★★★] で結びついているためである。 (東京理科大)

〈解説〉
分子間力 ─ 水素結合
       └ ファンデルワールス力

(1) テルル化水素 H_2Te
(2) セレン化水素 H_2Se
(3) 硫化水素 H_2S
(4) 分子量
(5) ファンデルワールス力 [＠分子間力]
(6) 電気陰性度
(7) 酸素 O
(8) 水素 H
(9) 水素結合

9 分子結晶

1 分子が規則正しく配列してできた結晶を分子結晶という。一般に，分子結晶は軟らかく，融点が [1★★] 。
（金沢大）

(1) 低い

2 ドライアイスのように分子を構成単位とする結晶を [1★★★] といい，共有結合の結晶やイオン結晶よりも軟らかく融点が低いという性質をもつ。（東京農工大）

(1) 分子結晶

〈解説〉二酸化炭素・ヨウ素の分子結晶の構造

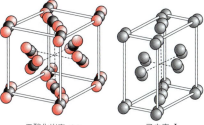

二酸化炭素 CO_2　　ヨウ素 I_2

発展 3 一般に分子結晶は [1★★★] のみで分子どうしが結びついている。ただし，氷は [1★★★] のみでなく [2★★★] も分子どうしをつなげる役目をしている。[1★★★] や [2★★★] は，他の種類の結晶における主な結合力である金属結合，[3★★] や [4★★]（(3)(4)順不同）などよりも，その結合や相互作用を切る際に多くのエネルギーを必要としない。したがって，分子結晶は他の種類の結晶に比べて融点が低い。
（近畿大）

(1) ファンデルワールス力
(2) 水素結合
(3) イオン結合
(4) 共有結合

発展 4 イオン結晶，共有結合の結晶，金属結晶以外に，分子結晶がある。分子結晶の固体内部の分子内結合は共有結合により原子どうしが強く結びつき，分子どうしの間には弱い結合力の [1★★] が働く。[1★★] のうち [2★★] 結合を除いた結合力をファンデルワールス力ともいい，この力はすべての分子の間にはたらく弱い引力と，電荷の偏りのある [3★★] 分子間の静電気的な引力を合計したものである。
（札幌医科大）

(1) 分子間力
(2) 水素
(3) 極性

□5 原子番号53のヨウ素は [1★★] と呼ばれる非金属元素の一つで，周期表の [2★★] 族に属する。単体は常温で [3★★] 色の固体であり，[4★★★] 性をもつため，この性質を利用して固体の混合物を加熱して分離・精製することができる。ヨウ素分子 I_2 は，[5★★] 個の価電子をもつ2つのヨウ素原子が [6★★] 結合で結びついた二原子分子である。2つのヨウ素原子の電気陰性度が同じであるため，結合には [7★★] がない。固体中では I_2 の分子どうしが [8★★★] で引き合い，規則正しく配列して結晶を形成している。 （日本女子大）

(1) ハロゲン
(2) 17
(3) 黒紫
(4) 昇華
(5) 7
(6) 共有
(7) 極性
(8) ファンデルワールス力 [⑩分子間力]

発展 □6 氷では，一つの水分子が [1★★] 個の水分子に囲まれていて，一つひとつの水分子が [2★★] の頂点に位置してダイヤモンドに類似した構造の結晶をつくっている。この構造は水分子間の [3★★] でつくられている。 （明治大）

(1) 4
(2) 正四面体
(3) 水素結合

〈解説〉氷 H_2O

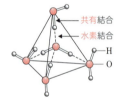

発展 □7 氷の結晶中では水分子1個が4個の水分子と [1★★] し，すき間の多い構造となるため，氷が液体の水になると，密度が [2★] なる。 （立命館大）

(1) 水素結合
(2) 高く（大きく）

〈解説〉密度$(g/cm^3) = \dfrac{質量(g)}{体積(cm^3)}$ であり，
氷の体積(cm^3) ＞水の体積(cm^3) なので，
氷の密度(g/cm^3) ＜水の密度(g/cm^3) となる。

□8 氷は水分子の分子結晶である。結晶中で1個の水分子は [1★★] 個の水分子と [2★★] 結合している。すき間の大きな立体構造をとっているため，氷は液体の水より [3★] が小さく，氷は水に浮く。 （神戸薬科大）

(1) 4
(2) 水素
(3) 密度

9 一般に同じ物質の固体は同体積の液体より重いが、氷は同体積の水より軽い。これは固体では一つの H_2O 分子が他の H_2O 分子 [1★★] 個と [2★★] を形成して酸素原子どうしが正四面体状に配列し、すき間が多い結晶構造となるからである。

(東京理科大)

(1) 4
(2) 水素結合

〈解説〉氷の結晶構造

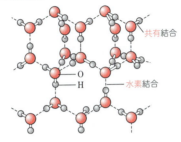

10 水の単位体積あたりの質量、つまり密度は [1★] ℃のときに最大となる。一定質量の水は、[1★] ℃より温度が上がっても下がっても体積が [2★★] して密度が [3★★] なり、0℃で氷になると体積が [2★★] する。氷が水面に浮くのはこの性質によるものである。

(東京理科大)

(1) 4
(2) 増加(増大)
(3) 小さく

〈解説〉温度による H_2O の密度の変化

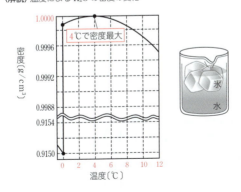

10 金属結合と金属結晶

▼ANSWER

1 金属原子が規則正しく配列した結晶を金属結晶という。金属結晶では，金属原子から放出された ①★★★ は，すべての金属原子に共有されている。このような ①★★★ を特に ②★★★ という。 （金沢大）

(1) 価電子
(2) 自由電子

2 金属原子間の結合は個々の原子に束縛されない ①★★★ により仲立ちされているため，金属間の結合には方向性がない。そのため結晶構造は変化しやすく，金属には ②★★★ や延性がある。 （奈良女子大）

(1) 自由電子
(2) 展性

3 金属はたたくと薄く広がる性質である ①★★★ や，引っ張ると線状に伸びる性質である ②★★★ を示す。 （関西学院大）

(1) 展性
(2) 延性

4 銅やアルミニウム，鉄などの金属は，多数の金属元素の原子が次々に結合してできている。金属元素の原子が集合すると，それぞれの原子の ①★★★ 殻が互いに一部重なり合った状態になる。金属元素の原子は一般にイオン化エネルギーが小さく，原子の ②★★★ は，原子核の束縛から解放されて ③★★★ となり，多数の原子間を自由に動き回ることによって原子どうしを結びつけるはたらきをしている。このようにしてできる結合を ④★★ という。金属は，この ③★★★ のはたらきにより，電気や ⑤★ を導く性質に優れ，また，展性や延性を示し，金属光沢をもつ。 （熊本大）

(1) 電子
(2) 価電子
(3) 自由電子
(4) 金属結合
(5) 熱

〈解説〉金属結晶

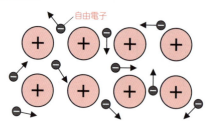

10 金属結合と金属結晶

5 銅は，電気をよく伝えるので，送電線などの電気材料に広く用いられている。一般に，金属が電気や熱をよく導くのは，| 1 ★★★ |によって電気や熱エネルギーが運ばれるからである。また，延性や| 2 ★★ |があるのは，原子の動きに応じて| 1 ★★★ |が動いて原子どうしを結びつけることができるためである。 （金沢大）

(1) 自由電子
(2) 展性

〈解説〉

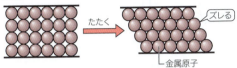

たたく / ズレる / 金属原子

6 アルミニウムは，展性に富むためアルミホイルとして用いられたり，電気伝導性が単体では銀，| 1 ★★ |，金に次いで高いため電気配線に用いられたり，熱伝導性が高いためやかん等の調理器具に用いられたりしている。 （群馬大）

(1) 銅 Cu

〈解説〉電気伝導度・熱伝導度の順：Ag ＞ Cu ＞ Au ＞ Al ＞…

7 金属に関する次の①〜⑤の記述のうち，誤っているものはどれか。| 1 ★★★ |
① 単体に金属光沢がある。
② すべて周期表の 3 〜 11 族に属する。
③ 電気や熱をよく導く。
④ 薄く広がる性質(展性)がある。
⑤ 長く伸びる性質(延性)がある。 （愛知工業大）

(1) ②

解き方 ② 3 〜 11 族は遷移元素。
典型元素にも金属元素がある（周期表の左側に多い）。

8 金属元素の単体は，常温では| 1 ★★ |を除いてすべて固体であり，一般に融点が高い。 （甲南大）

(1) 水銀 Hg

9 典型元素の金属は，遷移元素の金属と比べると，一般に融点が| 1 ★ |。 （名城大）

(1) 低い

【第1部】理論化学①－物質の構成－ **03** 分子や原子からできている物質

発展 □10 金属の主な結晶構造には 1★★ ，面心立方格子，2★★ （順不同）がある。

(関西学院大)

(1) 体心立方格子
(2) 六方最密構造 [別 六方最密充填]

〈解説〉

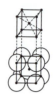

体心立方格子　　面心立方格子　　六方最密構造

発展 □11 ナトリウム Na やカリウム K などは，体心立方格子の結晶構造をとっている。体心立方格子では，単位格子中に含まれる原子の数は 1★★ 個である。また，銅 Cu や銀 Ag などは，面心立方格子の結晶構造をとっている。面心立方格子では，単位格子中に含まれる原子の数は 2★★ 個である。

(予想問題)

(1) 2
(2) 4

〈解説〉

体心立方格子　　面心立方格子

解き方

立方体の「頂点は 8 か所」，「面は 6 面」であることに注意すると，

体心立方格子：$\underbrace{\frac{1}{8} \times 8}_{\text{頂点の原子}} + \underbrace{1}_{\text{格子内の原子}} = 2$〔個〕

面心立方格子：$\underbrace{\frac{1}{8} \times 8}_{\text{頂点の原子}} + \underbrace{\frac{1}{2} \times 6}_{\text{面上の原子}} = 4$〔個〕

発展 □12 マグネシウム Mg や亜鉛 Zn などは，六方最密構造となり，その単位格子中に含まれる原子の数は □1★ 個である。

(予想問題)

(1) 2

〈解説〉

六方最密構造

$\frac{1}{6}$ 個分

正六角柱の頂点

> **解き方**
> 正六角柱は「頂点 12 か所」，「上下の面」と「正六角柱内」に原子があることに注意すると，
>
> $\frac{1}{6} \times 12 + \frac{1}{2} \times 2 + 1 \times 3 = 6$〔個〕
> 頂点の原子　面上の原子　　正六角柱内の原子
>
> の原子が正六角柱内に含まれている。ただし，六方最密構造の単位格子はこの正六角柱の3分の1に相当するので，
>
> $6 \div 3 = 2$〔個〕
>
> の原子が単位格子中に含まれている。

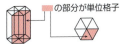

の部分が単位格子

単位格子を横から見た図　単位格子を上から見た図

発展 □13 金属の結晶構造は面心立方格子, 1★★ , 2★★ などに分類される。面心立方格子と 1★★ はともに粒子が最も密に詰まった構造であり, 1個の粒子は周囲の 3★★ 個の粒子と接している。 2★★ では1個の粒子は周囲の 4★★ 個の粒子と接している。このように, 結晶中である粒子に接している粒子の数を 5★ という。

(日本女子大)

(1) 六方最密構造 [_別六方最密充填]
(2) 体心立方格子
(3) 12
(4) 8
(5) 配位数

〈解説〉面心立方格子や六方最密構造は, 粒子が最も密に詰まった構造である最密(充填)構造ともいわれる。配位数は次のように考えるとよい。

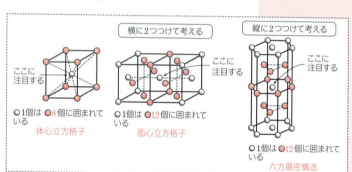

発展 □14 体心立方格子の原子の半径を r [cm] とし，r を単位格子の一辺の長さ a [cm] と無理数を用いて表すと，$r = \boxed{1\star}\ a$ となる。また，面心立方格子の原子の半径を r [cm] とし，r を単位格子の一辺の長さ a [cm] と無理数を用いて表すと，$r = \boxed{2\star}\ a$ となる。

(予想問題)

(1) $\dfrac{\sqrt{3}}{4}$

(2) $\dfrac{\sqrt{2}}{4}$

解き方

体心立方格子の「原子の半径 r と単位格子一辺の長さ a との関係」は，図のように単位格子の切断面に注目して求める。

$$4r = \sqrt{3}\,a \text{ より，} r = \dfrac{\sqrt{3}}{4}a$$

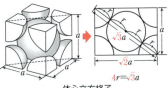

体心立方格子

面心立方格子の「原子の半径 r と単位格子一辺の長さ a との関係」は，図のように単位格子の面の部分に注目して求める。

$$4r = \sqrt{2}\,a \text{ より，} r = \dfrac{\sqrt{2}}{4}a$$

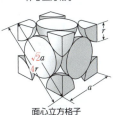

面心立方格子

11 化学結合・結晶のまとめ　　▼ANSWER

□1 結晶はその構成粒子間の結合の種類からイオン結晶，分子結晶，金属結晶，共有結合の結晶に分類される。イオン結晶では陽イオンと陰イオンが〔1 ★★★〕力で引き合っている。分子結晶は分子が規則正しく配列してできた固体であり，〔2 ★〕力により分子が引き合っている。一般に〔1 ★★★〕力は〔2 ★〕力よりも結合の力が〔3 ★★〕いため，イオン結晶の融点は分子結晶に比べ〔4 ★★〕い。金属結晶は，結晶中を〔5 ★★★〕が自由に動き回ることで電気をよく通す。金属の単体で最もよく電気を通すのは〔6 ★★〕である。　（日本女子大）

(1) 静電気
　（クーロン）
(2) ファンデル
　ワールス
　[他]分子間]
(3) 強
(4) 高
(5) 自由電子
(6) 銀 Ag

□2 結晶は，結晶を構成する粒子および粒子間の結合に基づいて，〔1 ★★★〕結晶，〔2 ★★★〕の結晶，〔3 ★★★〕結晶，金属結晶の4つに分類することができる。

　塩化ナトリウムや硫酸カルシウムに代表される〔1 ★★★〕結晶では，結晶を構成する陽イオンと陰イオンが，〔4 ★★★〕力によって生じるイオン結合によって結合している。

　ダイヤモンドは代表的な〔2 ★★★〕の結晶の例であり，構成粒子である〔5 ★★〕が〔2 ★★★〕により規則正しく配列している。

　ドライアイスやナフタレンに代表される〔3 ★★★〕結晶では，構成粒子間に〔6 ★★〕とよばれる力が作用して結合を形成する。氷も〔3 ★★★〕結晶の一例だが，氷では特に〔7 ★★★〕結合とよばれる力が作用して結晶を形成している。

　金属結晶は，金属元素の原子が規則正しく配列してできている。金属原子の〔8 ★★〕は一般的に小さいので，その価電子は特定の原子内にとどまることができず〔9 ★★★〕となり，正の電荷を帯びた金属全体を結びつけている。この〔9 ★★★〕を仲立ちとする金属原子どうしの結合を金属結合という。　（琉球大）

(1) イオン
(2) 共有結合
(3) 分子
(4) 静電気
　（クーロン）
(5) 炭素原子 C
(6) ファンデル
　ワールス力
　[他]分子間力]
(7) 水素
(8) (第一) イオン
　化エネルギー
　[他]電気陰性度]
(9) 自由電子

80

11 化学結合・結晶のまとめ

□**3** イオン化エネルギーや電子親和力は原子番号とともに周期的に変化する。このような周期性を元素の [1 ★★★] という。
(神奈川大)

(1) 周期律

□**4** 次のグラフは元素に対する変化量を示しており，横軸が原子番号である。縦軸の数値が，価電子数のグラフは [1 ★★]，イオン化エネルギーのグラフは [2 ★★★]，電気陰性度のグラフは [3 ★★] となる。

(1) ④
(2) ②
(3) ⑤

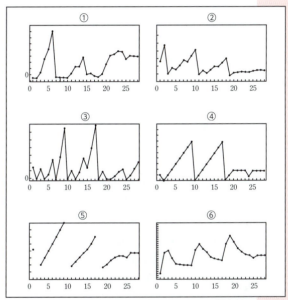

(岐阜大)

〈解説〉①は融点のグラフ，③は電子親和力のグラフ，⑥は原子半径のグラフとなる。

【第1部】

第 **04** 章

〈発展〉金属・非金属の単体と化合物

1 金属の単体と化合物　　　　▼ ANSWER

1 族

□1 アルカリ金属は,周期表の第 1★★★ 族に属する。水素
★★ を除き, 原子番号の小さい順に, 2★★ , ナトリウム,
カリウム, ルビジウム, 3★ が該当する。　（信州大）

(1) 1
(2) リチウム Li
(3) セシウム Cs

□2 アルカリ金属は天然には単体として存在しないため
★★ 1★★ によってつくられる。　（熊本大）

(1) 溶融塩電解
　　[別]融解塩電解

□3 アルカリ金属の単体は, 他の多くの金属にくらべて密
★★ 度が 1★★ く, 融点が 2★★ い。　（防衛大）

(1) 小さ
(2) 低

□4 アルカリ金属の元素は1原子あたり 1★★ 個の電子
★★★ を放出して, 安定な貴ガス型の電子配置をとりやすいの
で, 小さな 2★★★ をもつ。周期表で下にある元素ほ
ど 2★★★ が 3★★ ので, 反応性が高い。　（北海道大）

(1) 1
(2) (第一) イオン
　　化エネルギー
(3) 小さい

□5 アルカリ金属は1個の 1★★★ を有し, 1価の陽イオ
★★★ ンになりやすい。その単体は水と常温で激しく反応し
て 2★★ を発生し, 水酸化物になる。　（滋賀医科大）
〈解説〉例 $2Na + 2H_2O \longrightarrow 2NaOH + H_2$

(1) 最外殻電子
　　[別]価電子
(2) 水素 H_2

□6 リチウム, ナトリウム, カリウムの単体は空気中ですみ
★★ やかに酸化され, また水と激しく反応する。このよ
うな反応性は 1★★ の順で高くなる。リチウム, ナ
トリウム, カリウムの単体の融点は 2★ の順で高
くなる。また, 第一イオン化エネルギーは 3★★★ の
順で大きくなり, 1価の陽イオンのイオン半径は
4★ の順で大きくなるが, イオン化傾向は
5★★ の順で大きくなる。　（奈良女子大）
〈解説〉$_3Li^+$　K(2), $_{11}Na^+$　K(2)L(8), $_{19}K^+$　K(2)L(8)M(8)

(1) Li＜Na＜K
(2) Li＞Na＞K
(3) Li＞Na＞K
(4) Li^+＜Na^+＜K^+
(5) Li＞K＞Na

1 金属の単体と化合物

□**7** アルカリ金属は空気中の酸素や水と反応しやすいため、
★★★ その保存は 1 ★★★ の中で行われる。 （熊本大）

(1) 石油[⑩灯油]

□**8** 水酸化ナトリウムの固体による水蒸気の吸収が進むと、
★★ 水酸化ナトリウムの一部が水溶液になる。この変化
を 1 ★★ とよぶ。 （金沢大）

(1) 潮解

□**9** 水酸化ナトリウム水溶液は強い 1 ★★★ を示し、皮膚や
★★ 粘膜を侵し、空気中の 2 ★★ を吸収して白色の
3 ★ を生じる。 （東海大）

(1) 塩基性
　(アルカリ性)
(2) 二酸化炭素 CO_2
(3) 炭酸ナトリウム
　Na_2CO_3

□**10** 炭酸ナトリウム十水和物の結晶を乾燥空気中に放置す
★★ ると、 1 ★ が失われ、結晶はやがて砕けて白色の
粉末になる。このような現象を 2 ★★ という。

（滋賀医科大）

(1) 結晶水
　[⑩水和水]
(2) 風解

〈解説〉$Na_2CO_3 \cdot 10H_2O \longrightarrow Na_2CO_3 \cdot H_2O$ （風解）

□**11** 炭酸水素ナトリウムは重曹とも呼ばれ、ベーキングパ
★★★ ウダーや医薬品などに利用されている。炭酸水素ナト
リウム水溶液の液性は、弱い 1 ★★ 性を示す。炭酸
水素ナトリウムは、加熱することにより熱分解し、主
生成物として 2 ★★★ が得られ、副生成物として水と
二酸化炭素が生じる。 （福島大）

(1) 塩基
(2) 炭酸ナトリウム
　Na_2CO_3

〈解説〉$2NaHCO_3 \xrightarrow{\text{加熱}} Na_2CO_3 + CO_2 + H_2O$

2 族

□**12** 2 族元素の原子は、いずれも 2 個の 1 ★★★ をもち、2
★★★ 価の陽イオンになりやすい。化学的な性質が特に似てい
るカルシウム、ストロンチウム、 2 ★★ 、ラジウムを
総称して 3 ★★★ という。これらの単体は、常温で水と
反応して気体の 4 ★★ を発生し、強塩基性の 5 ★
を生じる。ベリリウムと 6 ★★ は他の 2 族元素と性
質が異なるため、 3 ★★★ に含めない。 （神奈川大）

(1) 最外殻電子
　[⑩価電子]
(2) バリウム Ba
(3) アルカリ土類金属
(4) 水素 H_2
(5) 水酸化物
(6) マグネシウム Mg

〈解説〉例 $Ca + 2H_2O \longrightarrow Ca(OH)_2 + H_2$

04

〈発展〉金属・非金属の単体と化合物 1 金属の単体と化合物

83

13
アルカリ土類金属に属するそれぞれの元素は，特有の [1★★★] を示すため，[1★★★] はそれらの検出と確認に利用される。 (大阪市立大)

(1) 炎色反応

〈解説〉BeやMgは炎色反応を示さない。

14
カルシウムCaは，水と反応し [1★★] となり，これは消石灰ともよばれる。 (早稲田大)

(1) 水酸化カルシウム $Ca(OH)_2$

15
アルカリ土類金属は天然には単体として存在しないため，[1★★] によってつくられる。 (熊本大)

(1) 溶融塩電解 [即融解塩電解]

16
[1★★] を強熱すると炭酸ガスが発生し，[2★★] が生成する。[2★★] は一般に [3★★] といわれる。これに水を加えると発熱して消石灰になる。(岡山理科大)

(1) 炭酸カルシウム $CaCO_3$
(2) 酸化カルシウム CaO
(3) 生石灰

〈解説〉$CaCO_3 \longrightarrow CaO + CO_2$ 炭酸ガス
$CaO + H_2O \longrightarrow Ca(OH)_2$ (発熱する)
生石灰　　　　　消石灰

17
消石灰は水にわずかに溶けて，その水溶液は [1★★★] 性を示す。この水溶液を一般に [2★★★] といい，これに炭酸ガスを吹き込むと [3★★] 色の沈殿 [4★★] が生成する。ここに，さらに炭酸ガスを吹き込むと [5★] が生成して，沈殿 [4★★] は溶解する。 (岡山理科大)

(1) (強)塩基 ((強)アルカリ)
(2) 石灰水
(3) 白
(4) 炭酸カルシウム $CaCO_3$
(5) 炭酸水素カルシウム $Ca(HCO_3)_2$

〈解説〉消石灰 $Ca(OH)_2$

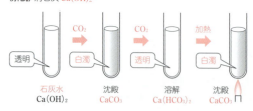

18
[1★★] を900℃以上に加熱することによって生じる酸化カルシウムは，乾燥剤などに用いられている。天然に存在する [2★★] は硫酸カルシウム二水和物が主成分であり，140℃に加熱すると [3★★] になる。
(熊本大)

(1) 炭酸カルシウム $CaCO_3$
(2) セッコウ $CaSO_4 \cdot 2H_2O$
(3) 焼きセッコウ $CaSO_4 \cdot \frac{1}{2}H_2O$

〈解説〉$CaCO_3 \longrightarrow CaO + CO_2$

$CaSO_4 \cdot 2H_2O \xrightleftharpoons[\text{水}]{\text{加熱}} CaSO_4 \cdot \frac{1}{2} H_2O$
セッコウ　　　　　焼きセッコウ

1 金属の単体と化合物

□ **19** **1**★★★ は X 線を透過させにくい性質をもつので, そ
★★★ の硫酸塩は胃や腸の X 線撮影の造影剤に用いられて
いる。 　　　　　　　　　　　　　　　　　　　（横浜国立大）

〈解説〉$BaSO_4$：消化管の X 線撮影の造影剤。

(1) バリウム Ba

1・2 族以外の典型元素（Al，Zn，Sn，Pb など）

□ **20** アルミニウムは **1**★★ 族に属する典型元素で，原子
★★ は **2**★★ 個の価電子をもち，**2**★★ 価の陽イオン
になりやすい。アルミニウムは，単体として産出する
ことはないが，化合物として鉱物や土壌中に広く分布
する。地殻中では，酸素，**3**★★ に次いで，3 番目
に多く存在する元素である。 　　　　　　　　　（法政大）

〈解説〉地殻中：O（お）＞ Si（し）＞ Al（ある）＞ Fe（て）＞…

(1) 13
(2) 3
(3) ケイ素 Si

□ **21** アルミニウムの単体は軽くて軟らかい金属であるが，
★★ アルミニウムと少量の銅などの合金は **1**★★ とよ
ばれ，軽量で機械的にも強いため，航空機の機体など
に利用されている。 　　　　　　　　　　　　　（法政大）

(1) ジュラルミン

□ **22** 表面を電気分解により酸化し，厚い酸化被膜をつけた
★ アルミニウム製品は **1**★ と呼ばれる。（札幌医科大）

(1) アルマイト

□ **23** アルミニウムは，強熱すると多量の熱と光を発生して
★ 燃焼し，**1**★ 色の酸化アルミニウム粉末になる。
この反応は，**2**★ のように表せる。（豊橋技術科学大）

(1) 白
(2) $4Al + 3O_2$
$\longrightarrow 2Al_2O_3$

□ **24** アルミニウムの粉末と酸化鉄(Ⅲ)の粉末を混合して点
★ 火すると，激しく反応し，融解した鉄を生じ，溶接の
分野で利用されている。この反応は一般的に **1**★
法とよぶ。 　　　　　　　　　　　　　　　　　（高知大）

〈解説〉$Fe_2O_3 + 2Al \longrightarrow 2Fe + Al_2O_3$ の反応が起こる。

(1) テルミット

□ **25** 酸化アルミニウム Al_2O_3 はアルミナとよばれ，工業的
★ に重要な化合物である。宝石としても，赤色が特徴的
な **1**★ や，青色のサファイアは，微量の不純物元
素を含む酸化アルミニウムの結晶で，きわめて硬く，酸
や塩基にほとんど溶けない。 　　　　　　　　　（法政大）

(1) ルビー

04

〈発展〉金属・非金属の単体と化合物 **1** 金属の単体と化合物

85

26 硫酸アルミニウム水溶液と硫酸カリウム水溶液の混合溶液を濃縮して作られる化合物は, 食品添加物などとして用いられ, ┌1★★┐ と呼ばれる。　　(宇都宮大)

〈解説〉硫酸アルミニウム $Al_2(SO_4)_3$, 硫酸カリウム K_2SO_4

(1) ミョウバン
$AlK(SO_4)_2 \cdot 12H_2O$

27 ┌1★★★┐ 族元素の Al は酸の水溶液にも強塩基の水溶液にも反応しそれぞれ塩をつくるので ┌2★★★┐ 元素とよばれ, また, Ga は窒素と化合して ┌3★┐ の材料として使われている。一般に同じ族の元素は周期表の下に行くにつれて金属性が ┌4★┐ する。新元素 Nh はウランなどのアクチノイド元素よりも重い元素であるため超アクチノイド元素, または超重元素とよばれることがある。これらの元素は ┌5★┐ で寿命が短い人工元素であるため化学的性質についてはまだよく分かっていない。　　(金沢大)

〈解説〉13 族元素：B, Al, Ga, In, Tl, Nh (ニホニウム)

(1) 13
(2) 両性
(3) 半導体 [例青色発光ダイオード, 青色 LED]
(4) 増大
(5) 放射性

28 亜鉛は 12 族に属する ┌1★★┐ である。　　(東京都立大)

(1) 典型元素 [例(典型)金属]

29 典型元素である亜鉛は酸とも塩基とも反応する性質をもつ ┌1★★★┐ 元素として知られている。亜鉛の酸化物も単体の亜鉛と同様に ┌1★★★┐ を示し, ┌2★┐ 色の顔料として用いられる。水酸化亜鉛も ┌1★★★┐ を示し, 過剰のアンモニア水に溶ける。　　(北海道大)

〈解説〉Zn, ZnO, $Zn(OH)_2$ はいずれも両性。

(1) 両性
(2) 白

30 ┌1★┐ は人類が最も古くから利用している金属の一つである。青銅はこの元素と銅との合金であり, はんだはこの元素と鉛との合金である。この元素の単体は室温では展性, 延性に富む金属であり, 酸とも強塩基とも反応する性質をもっている。　　(名古屋大)

〈解説〉青銅 Sn + Cu, はんだ Sn + Pb (➡現在では無鉛はんだ Sn + Ag + Cu を用いる)
両性元素：Al, Zn, Sn, Pb など

(1) スズ Sn

31 ┌1★★┐ は, 密度が大きく放射線の遮蔽材料などに用いられ, 自動車に用いられる代表的な二次電池の負極に用いられる。　　(金沢大)

(1) 鉛 Pb

遷移元素 (Fe, Cu, Ag など)

□**32** 周期表で $\boxed{1 \star\star}$ 族から $\boxed{2 \star\star}$ 族の元素は遷移元
★★ 素とよばれ, 日常生活で重要なものが多い。(同志社大)

(1) 3
(2) 11

□**33** 典型元素と異なり, 遷移元素では周期表の隣接する
★ $\boxed{1 \star}$ の元素で性質が類似することも多い。(三重大)

(1) 左右

□**34** 鉄は, 赤鉄鉱 Fe_2O_3 や磁鉄鉱 Fe_3O_4 を, 溶鉱炉中で高
★★ 温のコークスから発生する一酸化炭素で還元して製造
する。溶鉱炉で得られる鉄は $\boxed{1 \star\star}$ といい, さまざ
まな不純物を含んでおり, もろい。転炉で $\boxed{1 \star\star}$ に
酸素を吹き込み不純物を除くと, 硬くて強い $\boxed{2 \star\star}$
が得られる。(静岡大)

(1) 銑鉄
(2) 鋼

□**35** 金属は, 使用しているうちに表面からさびる。鉄は,
★★ 空気中の酸素や水と反応して $\boxed{1 \star}$ 色のさびを生
じる。鉄のさびにはこのほかに, 化学式 Fe_3O_4 で示さ
れる主成分からなる $\boxed{2 \star\star}$ 色のさびがある。缶詰の
缶に使われるブリキは, 鉄の表面にさびにくい金属で
ある $\boxed{3 \star\star}$ をめっきしたものである。建材などに使
われるトタンは, 鉄より酸化されやすい $\boxed{4 \star\star}$ を
めっきしたものである。(島根大)

(1) 赤褐
(2) 黒
(3) スズ Sn
(4) 亜鉛 Zn

□**36** 銅の単体は, 赤みを帯びた軟らかい金属である。熱伝
★★★ 導率 (熱の伝わりやすさ) と電気伝導率 (電気の伝わり
やすさ)は, 金属の中では, $\boxed{1 \star\star}$ に次いで大きく, 展
性や延性も $\boxed{2 \star\star}$ や, $\boxed{1 \star\star}$ に次いで大きいため,
銅は電線などの電気材料に広く用いられている。
銅を 1000℃以下 で空気中で加熱すると黒色の
$\boxed{3 \star\star\star}$ となり, 1000℃以上の高温で加熱すると赤色
の酸化物 $\boxed{4 \star\star\star}$ となる。(法政大)

(1) 銀 Ag
(2) 金 Au
(3) 酸化銅(II)
   CuO
(4) 酸化銅(I)
   Cu_2O

□**37** 銀は, 銀白色の比較的軟らかい金属であり, 電気・熱
★★★ の良導体である。鉄や銅に比べると $\boxed{1 \star\star\star}$ が小さい
ため空気中で酸化されにくく, 食器や装飾品に用いら
れる。(千葉大)

(1) イオン化傾向

2 非金属元素の単体と化合物 ▼ ANSWER

14 族

■1 周期表の第14族には，炭素 C，ケイ素 Si，ゲルマニウム Ge，スズ Sn，鉛 Pb が並ぶ。このうち，炭素は非金属，スズと鉛は金属とみなされる。ケイ素とゲルマニウムは，非金属と金属の中間的な性質を示し，[1★] とよばれる。 (九州大)

(1) 半金属
[他] 半導体

■2 炭素とケイ素は，[1★★] 族の非金属元素である。これらの原子は，価電子を [2★★] 個もち，[3★★★] 結合により原子価が [2★★] 価の化合物をつくる。 (長崎大)

(1) 14
(2) 4
(3) 共有

■3 炭素の単体には，[1★★★]，[2★★★]，無定形炭素の3種類の [3★★★] が存在することが古くから知られている。[1★★★] は電気を通さないが，[2★★★] は電気を通す。上記の3種類のほかに，フラーレンやカーボンナノチューブも [3★★★] に加えられる。 (九州大)

(1) ダイヤモンド
(2) 黒鉛 (グラファイト)
(3) 同素体

■4 炭素が燃焼してできる気体には [1★★] と [2★★] がある。[1★★] は，動物の呼気にも含まれる。石油・天然ガスなどの大量消費による大気中の [1★★] の濃度の上昇が [3★] を引きおこすという説もある。 (豊橋技術科学大)

(1) 二酸化炭素
CO_2
(2) 一酸化炭素
CO
(3) 地球温暖化

■5 一酸化炭素は血液中のタンパク質である [1★★] と結合し，[2★★] を運搬する機能を失わせるため，人体に対する毒性が極めて大きい。 (秋田大)

(1) ヘモグロビン
(2) 酸素 O_2

■6 単体のケイ素は，天然には存在せず，二酸化ケイ素をコークスで還元してつくられる。ケイ素の結晶は，[1★★★] 結合からなる結晶で，[2★] 色の金属光沢をもち，[3★★] の原料であり，IC (集積回路) や太陽電池などに用いられている。 (立命館大)

〈解説〉$SiO_2 + 2C \longrightarrow Si + 2CO$
　　　　　　コークス

(1) 共有
(2) 灰
(3) 半導体

2 非金属元素の単体と化合物

7 天然に産出する石英・水晶・ケイ砂などの成分である二酸化ケイ素は，結晶中では，1個のケイ素原子を ① 個の酸素原子がとり囲み，ケイ素原子を中心に ② 構造をとり，酸素原子を共有してつながった網目状の構造をもつ化合物である。　　　（奈良女子大）

(1) 4
(2) 正四面体

〈解説〉二酸化ケイ素 SiO_2 の構造

8 無定形のケイ素酸化物は石英ガラスとよばれ，それを繊維化した ① は胃カメラや通信に用いられる。　　　（滋賀医科大）

(1) 光ファイバー

9 ケイ酸ナトリウムに水を加えて長時間加熱すると，粘性の大きい液体が得られる。これを ① という。この水溶液に塩酸を加えて中和すると，白色で無定形のケイ酸が沈殿する。このケイ酸を加熱乾燥したものが ② である。　　　（三重大）

(1) 水ガラス
(2) シリカゲル

〈解説〉

ケイ酸ナトリウム Na_2SiO_3 $\xrightarrow[加熱]{水}$ 水ガラス $\xrightarrow{HCl}$ ケイ酸 H_2SiO_3 $\xrightarrow{加熱乾燥}$ シリカゲル（乾燥剤に使われる）

15族

10 周期表の15族に属する非金属元素には，窒素，リン，① があり，窒素はL殻，リンはM殻，① はN殻にいずれも ② 個の最外殻電子をもっている。窒素とリンはカリウムと合わせて植物の生育に必要な肥料の三要素として知られ，水素，酸素，ハロゲンとさまざまな化合物を形成する。　　　（奈良女子大）

(1) ヒ素 As
(2) 5

□11 ★★ 窒素の単体は標準状態で二原子分子 N_2 からなる無色無臭の気体で，空気中に体積比で [1★★] %（2ケタ）存在している。工業的には主に液体空気の分留で得られる。液体窒素は冷却剤として使われている。（宮崎大）

(1) 7.8×10 [別78]

□12 ★★ 窒素の水素化物であるアンモニアは，工業的には [1★★] 法によって窒素と水素から直接合成される。実験室では塩化アンモニウムと水酸化カルシウムの混合物を加熱して発生させ，[2★★] 置換によって捕集する。（奈良女子大）

〈解説〉$N_2 + 3H_2 \rightleftarrows 2NH_3$（ハーバー・ボッシュ法）
$2NH_4Cl + Ca(OH)_2 \longrightarrow 2NH_3 + 2H_2O + CaCl_2$

(1) ハーバー・ボッシュ [別ハーバー]
(2) 上方（じょうほう）

□13 ★ 気体のアンモニアは [1★] と反応して白煙を生じる。この反応はアンモニアの検出に用いられる。（東京都市大）

〈解説〉$NH_3 + HCl \longrightarrow NH_4Cl$（白煙）

(1) 塩化水素（えんかすいそ） HCl

□14 ★ アンモニアを二酸化炭素と高温，高圧で反応させると [1★] が生成するが，[1★] は塩化アンモニウム，硝酸アンモニウム，硫酸アンモニウムなどとともに窒素肥料として用いられる。（奈良女子大）

〈解説〉$2NH_3 + CO_2 \longrightarrow (NH_2)_2CO + H_2O$

(1) 尿素（にょうそ） $(NH_2)_2CO$

□15 ★ 窒素の酸化物としては一酸化窒素や二酸化窒素などがあり，これらはいずれも常温で気体である。二酸化窒素は常温以上では二量化しやすく，一部は無色の [1★] に変化する。（奈良女子大）

〈解説〉NO は，無色の気体。
$2NO_2 \rightleftarrows N_2O_4$
赤褐色　　無色

(1) 四酸化二窒素（しさんかにちっそ） N_2O_4

□16 ★ 硝酸は肥料，染料，医薬品，火薬などの製造に使われており，工業的にはオストワルト法によってアンモニアを酸化して製造され，実験室では硝酸カリウムに [1★] を加えて得ることができる。硝酸は [2★] や熱によってその一部が分解するので，褐色びんに入れて冷暗所で保存する。（奈良女子大）

〈解説〉$KNO_3 + H_2SO_4 \longrightarrow HNO_3 + KHSO_4$

(1) 濃硫酸（のうりゅうさん） H_2SO_4
(2) 光（ひかり）

2 非金属元素の単体と化合物

☐17 リンの単体には黄リンや赤リンがある。黄リンは [1★★] 個のリン原子からなる無極性分子で,一つのリン原子は [2★★] 個の [3★★] 結合を形成し,正四面体の立体構造をとる。黄リンはきわめて毒性が強く,空気中で自然発火するので [4★★★] 中に保存する。一方,赤リンは多数のリン原子が [3★★] 結合で結ばれた網目状構造をもつ。黄リンと赤リンは互いに [5★★★] の関係にあり,黄リンを空気を断って 250℃ に熱すると赤リンが生じる。

(奈良女子大)

(1) 4
(2) 3
(3) 共有
(4) 水
(5) 同素体

〈解説〉黄リン P_4 赤リン P_n
共有結合

☐18 黄リンや赤リンを空気中で燃焼させると [1★] 色の十酸化四リンの粉末が得られる。これは吸湿性が高いため,乾燥剤や脱水剤として用いられる。十酸化四リンと水との反応で生じるリン酸は [2★★] 価の酸で,水溶液中では硝酸よりも [3★★] い酸性を示す。

(奈良女子大)

(1) 白
(2) 3
(3) 弱

〈解説〉$P_4O_{10} + 6H_2O \xrightarrow{\text{加熱}} 4H_3PO_4$
リン酸

16族

☐19 酸素と硫黄は周期表 [1★★] 族の典型元素で,これらの原子はいずれも [2★★] 個の価電子をもち,電子を [3★★] 個取り入れて [3★★] 価の陰イオンになりやすい。単体の酸素には,酸素分子 (O_2) と [4★★★] の [5★★★] があり,単体の硫黄には斜方硫黄や [6★★] などの [5★★★] がある。

(群馬大)

(1) 16
(2) 6
(3) 2
(4) オゾン O_3
(5) 同素体
(6) 単斜硫黄 [⑲ゴム状硫黄]

☐20 硫黄には斜方硫黄,単斜硫黄などの [1★★★] がある。斜方硫黄,単斜硫黄は固体状態では [2★] 個の原子が環状に結合している。

(京都産業大)

(1) 同素体
(2) 8

〈解説〉斜方硫黄 S_8 単斜硫黄 S_8 ゴム状硫黄 S_n

☐ 21
★★
硫黄は空気中で点火すると，青い炎をあげて燃え，
$\boxed{1 ★★}$ を生じる。

(大阪市立大)

〈解説〉$S + O_2 \longrightarrow SO_2$

(1) 二酸化硫黄
SO_2

☐ 22
★★
硫化鉄(Ⅱ)に希硫酸または希塩酸を加えると，$\boxed{1 ★★}$
を生じる。$\boxed{1 ★★}$ は火山ガスなどに含まれ，無色の
有毒な気体で腐卵臭がある。

(静岡大)

〈解説〉$FeS + H_2SO_4 \longrightarrow H_2S + FeSO_4$
$FeS + 2HCl \longrightarrow H_2S + FeCl_2$

(1) 硫化水素 H_2S

☐ 23
★★
酸素の $\boxed{1 ★★★}$ であるオゾン(O_3)は，常温常圧では
薄青色の気体である。オゾンは分解して $\boxed{2 ★★}$ に変
わりやすく，強い $\boxed{3 ★★}$ 作用を示す。この性質は，
水道水の浄化，滅菌，脱臭処理などに利用されている。
また，大気上層にあるオゾン層は，太陽光に含まれる
$\boxed{4 ★}$ のうち生物に有害な波長の光を吸収する。オ
ゾンを合成するには，空気に $\boxed{4 ★}$ を照射する方法
や，空気中で低温の放電をおこす方法が用いられてい
る。

(上智大)

〈解説〉$3O_2 \xrightarrow{\text{紫外線／放電}} 2O_3$

(1) 同素体
(2) 酸素 O_2
(3) 酸化
(4) 紫外線

17族・18族

☐ 24
★★★
$\boxed{1 ★★}$ 族に属する元素をハロゲン元素という。この
元素は $\boxed{2 ★★★}$ 個の価電子をもち，1価の陰イオンに
なりやすい。ハロゲン元素の単体はすべて $\boxed{3 ★★}$ 原
子分子であり，有色で強い毒性をもつ。

(群馬大)

(1) 17
(2) 7
(3) 二

☐ 25
★★
17族元素は $\boxed{1 ★★★}$ と総称され，$\boxed{2 ★★}$，塩素，
$\boxed{3 ★★}$，$\boxed{4 ★★}$ などの元素が含まれている。
$\boxed{2 ★★}$ の単体は室温で $\boxed{5 ★}$ 色の気体，$\boxed{3 ★★}$
の単体は室温で $\boxed{6 ★★}$ 色の液体，$\boxed{4 ★★}$ の単体は
室温で $\boxed{7 ★}$ 色の固体である。

(大阪歯科大)

〈解説〉塩素 Cl の単体 Cl_2 は室温で黄緑色の気体。

(1) ハロゲン
(2) フッ素 F
(3) 臭素 Br
(4) ヨウ素 I
(5) 淡黄
(6) 赤褐
(7) 黒紫

92

2 非金属元素の単体と化合物

□ 26 ハロゲン単体の酸化力の強さは原子番号が $\boxed{1 \star}$ ほど強く，水素とは原子番号が $\boxed{2 \star}$ ほど反応しにくい。
(大阪歯科大)

〈解説〉ハロゲン単体の酸化力：$F_2 > Cl_2 > Br_2 > I_2$

(1) 小さい
(2) 大きい

□ 27 フッ素は，水と激しく反応して気体 $\boxed{1 \star\star}$ を発生する。
(慶應義塾大)

〈解説〉$2F_2 + 2H_2O \longrightarrow 4HF + O_2$
　　　HF は水に溶ける。

(1) 酸素 O_2

□ 28 Cl_2 は水に少し溶け，一部は水と反応して $\boxed{1 \star\star\star}$ と塩化水素 HCl を生じる。この水溶液を塩素水という。$\boxed{1 \star\star\star}$ は強い $\boxed{2 \star}$ があるため，塩素水は殺菌や漂白に利用されている。
(大阪市立大)

〈解説〉$Cl_2 + H_2O \rightleftharpoons HCl + HClO$
　　　　　　　　　　　塩素水

(1) 次亜塩素酸
　　$HClO$
(2) 酸化力

□ 29 $\boxed{1 \star\star}$，$\boxed{2 \star\star}$，Kr，Xe，Rn は共に最外殻電子の数が $\boxed{3 \star\star\star}$ 個であり，He と合わせて貴ガスと呼ばれ，融点および沸点が低い特徴を持つ。このうち $\boxed{2 \star\star}$ は大気の約 1%を占め，大気中における存在率は N と O に次ぐ3番目である。N や O の単体が常温で N_2 や O_2 のような分子として存在するのに対し，貴ガスは $\boxed{4 \star\star\star}$ 分子として存在する。(鹿児島大)

(1) ネオン Ne
(2) アルゴン Ar
(3) 8
(4) 単原子

□ 30 Ne，Ar，Kr の沸点は $\boxed{1 \star\star}$ の順で高くなる。
(東京理科大)

(1) $Ne < Ar < Kr$

04

《発展》金属・非金属の単体と化合物 **2** 非金属元素の単体と化合物

【第1部】 第 **05** 章

物質量と化学反応式

1 原子量・分子量・式量 ▼ ANSWER

□1
★★
原子の質量は非常に小さくて扱いにくいため，そのままの値ではなく， 1 ★★ を用いて表す。 (明治大)

(1) 相対質量(の平均)[@原子量]

□2
★★★
表の値を用いてホウ素の原子量を求めると 1 ★★★ (3ケタ)となる。 (岩手大)

同位体	相対質量	天然存在比〔％〕
^{10}B	10.0	19.9
^{11}B	11.0	80.1

(1) 10.8

> **解き方**
> 原子量は，同位体の存在を考慮した相対質量の平均値となるので，
> $$10.0 \times \frac{19.9}{100} + 11.0 \times \frac{80.1}{100} \fallingdotseq 10.8$$

□3
★★★
分子やイオンなどの質量を比較するときにも，相対質量が用いられる。分子の相対質量の場合は，分子式に含まれる元素の原子量の総和で表され，この値を分子の 1 ★★★ という。イオンやイオンから成る物質，金属の相対質量の場合は，イオン式や組成式に含まれる元素の原子量の総和で表され，この値をイオン式や組成式の 2 ★★★ という。 (名城大)

(1) 分子量
(2) 式量

〈解説〉水 H_2O のような分子や塩化ナトリウム NaCl のような「組成式で表す物質」などは，それぞれ分子量や式量を使う。分子量・式量は，それぞれ構成している原子の原子量の総和を求める。

□4
★★★
塩素の原子量は 35.5 なので，塩素分子 Cl_2 の分子量は 1 ★★★ (3ケタ)と計算することができる。(九州大)

(1) 71.0

> **解き方**
> 分子量＝分子を構成している原子の原子量の総和なので，
> 分子量 = $35.5 \times 2 = 71.0$

1 原子量・分子量・式量

□**5** 式ではなく分子量を用いるのが適当なものは ⟦1★★⟧。

① 水酸化ナトリウム　② 黒鉛
③ 硝酸アンモニウム　④ アンモニア
⑤ 酸化アルミニウム　⑥ 金

(センター)

(1) ④

05 物質量と化学反応式

1 原子量・分子量・式量

解き方

式量……イオンやイオンからなる化合物, および金属のように分子を単位と<u>し</u>な<u>い</u>物質に用いる。

分子量…O_2 や H_2O などのように分子を単位とする物質に用いる。

① Na^+ OH^- ➡ 式量　② C ➡ 式量　③ NH_4^+ NO_3^- ➡ 式量
④ NH_3 ➡ 分子量　⑤ Al_2O_3(Al^{3+} と O^{2-} からなる) ➡ 式量
⑥ Au ➡ 式量

応用 □**6** 塩素の原子量を35.5とするとき, ^{35}Cl (相対質量35.0) と ^{37}Cl (相対質量37.0)の存在比 ($^{35}Cl : ^{37}Cl$) を最も単純な整数比としてあらわすと ⟦1★★★⟧ になる。また, 塩素分子 Cl_2 には質量の異なる3種類の分子が存在することになる。それぞれの分子の存在比を質量が小さいものを左から順に最も単純な整数比であらわすと ⟦2★⟧ になる。

(近畿大)

(1) 3 : 1
(2) 9 : 6 : 1

解き方

^{35}Cl の存在比を a% とすると ^{37}Cl の存在比は $100 - a$% となり,

$$35.0 \times \frac{a}{100} + 37.0 \times \frac{100 - a}{100} = 35.5$$

から, $a = 75$ 〔%〕となる。

よって, $^{35}Cl : ^{37}Cl = a : 100 - a = 75 : 25 = 3 : 1$

質量の異なる3種類の塩素分子 Cl_2 は, 質量が小さいものから順に,

$^{35}Cl - ^{35}Cl$,　$^{35}Cl - ^{37}Cl$,　$^{37}Cl - ^{37}Cl$

であり, それぞれの分子の存在比は,

$^{35}Cl - ^{35}Cl$ が $\dfrac{3}{4} \times \dfrac{3}{4} = \dfrac{9}{16}$, $^{35}Cl - ^{37}Cl$ が $\dfrac{3}{4} \times \dfrac{1}{4} \times \underset{通り}{2} = \dfrac{6}{16}$,

$^{37}Cl - ^{37}Cl$ が $\dfrac{1}{4} \times \dfrac{1}{4} = \dfrac{1}{16}$ になるので,

$\underbrace{\dfrac{9}{16}}_{^{35}Cl - ^{35}Cl} : \underbrace{\dfrac{6}{16}}_{^{35}Cl - ^{37}Cl} : \underbrace{\dfrac{1}{16}}_{^{37}Cl - ^{37}Cl} = 9 : 6 : 1$

95

2 有効数字・単位と単位変換　▼ANSWER

□1 化学実験を行うにあたって，有効数字の取り扱いは非常に重要である。次の有効数字の桁数を答えよ。
(a) 0.0120 　[1★★]　ケタ
(b) 0.0012 　[2★★]　ケタ
(c) 1.20×10^5 　[3★★]　ケタ
(関西学院大)

(1) 3
(2) 2
(3) 3

> **考え方**
> $1m = 10^2 cm$ のように，同じ量を2通りの単位で表現できるとき，
> $\dfrac{1m}{10^2 cm}$ または $\dfrac{10^2 cm}{1m}$ と表現し，どちらか必要な方を選択して単位ごとに計算する。
> 例　5m を m から cm へ変換すると，
> $5\cancel{m} \times \dfrac{10^2 cm}{1 \cancel{m}} = 5 \times 10^2 cm$ 　◀単位を記入して計算!

□2 5t は [1★★] g である。　(予想問題)

(1) 5×10^6

> **解き方**
> $1t = 10^3 kg$，$1kg = 10^3 g$ なので，
> $5\cancel{t} \times \dfrac{10^3 \cancel{kg}}{1\cancel{t}} \times \dfrac{10^3 g}{1 \cancel{kg}} = 5 \times 10^6 [g]$ となる。

□3 $1cm^3 = $ [1★★] mL となる。　(予想問題)　(1) 1

□4 $3m^3$ は [1★★] L である。　(予想問題)　(1) 3×10^3

〈解説〉$1m^3 = 10^3 L$ は覚えておきたい。

> **解き方**
> $1m = 10^2 cm$，$1cm^3 = 1mL$，$1L = 10^3 mL$ なので，
> $3m^3 \times \left(\dfrac{10^2 cm}{1m}\right)^3 \times \dfrac{1mL}{1cm^3} \times \dfrac{1L}{10^3 mL}$
> $= 3\cancel{m^3} \times \dfrac{10^6 \cancel{cm^3}}{1\cancel{m^3}} \times \dfrac{1\cancel{mL}}{1\cancel{cm^3}} \times \dfrac{1L}{10^3 \cancel{mL}}$
> $= 3 \times 10^3 [L]$ となる。

2 有効数字・単位と単位変換

考え方

/(マイ)について

km/h つまり /(マイ)という記号を見たら，

① 距離〔km〕÷時間〔h〕という式で求める
② 1時間〔h〕あたり何km進むか

という2つのことを思いうかべる。

化学計算では，いつも①と②を考えられるようにしておくこと。

---

05 物質量と化学反応式

2 有効数字・単位と単位変換

□5 ★★★ アルミニウムの質量が19gであり，その体積が7.0cm³であった。よって，アルミニウムの密度は $\boxed{1 ★★★}$ g/cm³（2ケタ）となる。 (予想問題)

(1) 2.7

解き方

密度は g/cm³ とあるので，質量〔g〕÷体積〔cm³〕を求めればよい。

$$19g \div 7.0cm^3 = \frac{19g}{7.0cm^3} \fallingdotseq 2.7 〔g/cm^3〕$$

□6 ★★ グリセリンの水溶液 120.1g は，25℃で密度が 1.12 g/cm³ であった。この水溶液の体積は $\boxed{1 ★★}$ mL（3ケタ）となる。 (予想問題)

(1) 107

解き方

1cm³ = 1mL なので，

密度 1.12g/cm³ は， $\frac{1.12g}{1mL}$ または $\frac{1mL}{1.12g}$ と書ける。

よって，この水溶液の体積は，

$$120.1g \times \frac{1mL}{1.12g} \fallingdotseq 107 〔mL〕$$

となる。

口腔洗浄剤

3 物質量とアボガドロ定数

▼ ANSWER

1
★★★
1960年，1961年の物理と化学の相次ぐ国際会議で12，13，14の3種の質量数の天然同位体が存在する [1 ★★★] 原子の同位体の1つである [2 ★★] を原子量の基準にすることが決定され，その値を [3 ★★] とした。そして，その基準となった [2 ★★] の [3 ★★] g中に含まれる原子の数を定数として [4 ★★★] （2ケタ）とし，それだけの原子や分子を含む物質の量を1モルとしたのである。

(香川大)

(1) 炭素 C
(2) ^{12}C
(3) 12
(4) 6.0×10^{23}

〈解説〉^{12}C原子1個の質量は，2.0×10^{-23}gなので，2.0×10^{-23}g/個と表すことができる。^{12}C原子12g中に含まれる^{12}C原子の数は，

$$12g \div {}^{12}C原子1個の質量 = 12g \div 2.0 \times 10^{-23}g/個$$

$$= 12g \times \frac{1個}{2.0 \times 10^{-23}g} = 6.0 \times 10^{23}個$$

となる。

2
★★
1799年には，メートル原器とキログラム原器が作られ，その後，メートル条約の成立にともない，キログラム原器が作り直されたが，100年間で質量に変動の兆候がみられた。人工物を質量の基準にしているため，これまでのアボガドロ数の定義，つまり「 [1 ★★] 原子12g中に含まれる原子数」も，厳密にはその変動の影響を受けることになる。

(慶應義塾大)

(1) ^{12}C

〈解説〉2019年に「1molは正確に$6.02214076 \times 10^{23}$個の構成粒子を含み，この値がアボガドロ定数（$N_A$）（/mol）となる」と再定義された。今後は，この新たなアボガドロ定数により1molは不確定さなく$6.02214076 \times 10^{23}$個の粒子の集団と定義される。

3
★★★
アボガドロ数個の同一種類の粒子集団を1molと表し，molを単位として表した粒子集団の量を [1 ★★★] という。

(京都薬科大)

(1) 物質量

〈解説〉たくさんある鉛筆を1本ずつ数えるのではなく，「12本で1ダース」と数えるのと同じ要領で，「6.0×10^{23}個を1モル〔mol〕」として扱う。

例　銅 Cu，水 H_2O，塩化ナトリウム NaCl それぞれ6.0×10^{23}個は，1モル〔mol〕となる。

3 物質量とアボガドロ定数

□**4** 1mol あたりの粒子の数 6.0×10^{23}/mol または 6.0×10^{23} 個/mol を ⎡1★⎤ といい，記号 ⎡2★★★⎤ で表す。

(予想問題)

(1) **アボガドロ定数**
(2) N_A

□**5** 物質を構成する粒子の質量は，原子量，⎡1★★★⎤，あるいは ⎡2★★★⎤ (順不同) の数値に質量を表す単位 g を付けることで，1mol あたりの質量となり，これを**モル質量** (単位は **g/mol**) という。標準状態 (0℃，1.013 $\times 10^5$Pa) における理想気体 1mol の体積は **22.4L** である。

(名城大)

(1) **分子量**
(2) **式量**

〈解説〉**モル質量**は，原子量，分子量，式量の数値に単位 [g/mol] をつけたものになる。

例 Na の原子量は 23 なので，Na のモル質量は **23g/mol**
CO_2 の分子量は 44 なので，CO_2 のモル質量は **44g/mol**
NaCl の式量は 58.5 なので，NaCl のモル質量は **58.5g/mol**
また，物質量はモル質量を用いて次のように求められる。

$$\frac{物質の質量 [g]}{モル質量 [g/mol]} = 物質量 [mol]$$

単位に注目すると，$\dfrac{g}{g/mol} = g \div \dfrac{g}{mol} = \cancel{g} \times \dfrac{mol}{\cancel{g}} = mol$

□**6** 物質 1mol の質量は，原子量，分子量，式量に ⎡1★★⎤ 単位をつけたものである。

(北見工業大)

(1) **グラム g**

□**7** ヘリウム原子 1 個の質量は ⎡1★★⎤ g。He = 4.0，アボガドロ定数 6.0×10^{23}/mol

① 6.7×10^{-24}　　② 7.5×10^{-24}
③ 1.3×10^{-23}　　④ 1.5×10^{-23}

(センター)

(1) **①**

解き方 原子 1 個あたりの質量 g を求めるので，g ÷ 個 を計算すればよい。ヘリウム He の原子量 = **4.0** より，

He 1mol は，$\left\{ \begin{array}{l} 4.0g \\ 6.0 \times 10^{23} 個 \end{array} \right\}$ なので，

$4.0g \div (6.0 \times 10^{23})個 = \dfrac{4.0g}{6.0 \times 10^{23} 個} ≒ 6.7 \times 10^{-24} [g/個]$

【第1部】理論化学①－物質の構成－　05 物質量と化学反応式

■8　アボガドロの法則によれば1molの気体は0℃, 1.013 × 10^{5}Pa(1atm)の状態で, その種類に関係なく, 22.4Lを占め, アボガドロ定数個の分子を含んでいる。この0℃, 1.013 × 10^{5}Pa(1atm)の状態を　1 ★★★　という。また, 0℃, 1.013 × 10^{5}Pa(1atm)の状態で22.4Lを占める気体の質量はその気体の　2 ★★　にグラムをつけた値に等しい。

(東京都市大)

(1) 標準状態
(2) 分子量

〈解説〉物質1molの占める体積をモル体積といって, 標準状態では気体の種類に関係なく22.4に単位 [L/mol] をつけたものになる。

注 ヘクト h は, 10^2 を表すので,
$$1.013 \times 10^5 \text{Pa} = 1.013 \times 10^3 \times 10^2 \text{Pa}$$
$$= 1013 \times 10^2 \text{Pa} = 1013 h\text{Pa}$$
と表すこともできる。

■9　表の窒素および二酸化炭素の質量から, 窒素および二酸化炭素の分子量は　1 ★★★　,　2 ★★★　(それぞれ3ケタ)となる。ただし, これらの気体は理想気体とする。

(1) 28.0
(2) 45.6

表　標準状態(0℃, 1.01 × 10^{5}Pa(1atm))における28.0Lの気体の質量

水素	2.50g
酸素	40.0g
窒素	35.0g
空気	36.0g
二酸化炭素	57.0g

(東京大)

解き方

標準状態で1molの気体の体積は, その種類に関係なく22.4Lなので,

$$N_2 : \frac{35.0g}{28.0L} \times \frac{22.4L}{1mol} = 28.0 \text{ [g/mol]}$$

$$CO_2 : \frac{57.0g}{28.0L} \times \frac{22.4L}{1mol} = 45.6 \text{ [g/mol]}$$

□10 標準状態(0℃, 1.01×10^5 Pa = 1 atm)におけるアセチレン C_2H_2 の密度は $\boxed{1 \star\star}$ g/mL(2ケタ)となる。ただし、アセチレン C_2H_2 は理想気体として扱う。
H = 1.0, C = 12.0 （東京農工大）

(1) 1.2×10^{-3}

解き方

$C_2H_2 = 26.0$ より，C_2H_2 1molは，$\begin{Bmatrix} 26.0\text{g} \\ 22.4\text{L} \end{Bmatrix}$（標準状態）なので，

$$\dfrac{26.0\text{g}}{22.4\text{L} \times \dfrac{10^3\text{mL}}{1\text{L}}} \fallingdotseq 1.2 \times 10^{-3} \text{(g/mL)}$$

□11 天然ガスは，$\boxed{1 \star\star\star}$ を主成分とする混合気体で，石油や石炭に比べるとクリーンな燃料である。このような混合気体では，気体を構成する成分の比を使って平均した分子量を考えると便利である。これを $\boxed{2 \star\star}$ という。混合気体は，$\boxed{2 \star\star}$ をもつ単一成分の気体と同じように扱うことができる。 （熊本大）

(1) メタン CH_4
(2) 平均分子量
 [⑩見かけの分子量]

応用 □12 空気が，酸素と窒素のモル比 1：4 で混合した理想気体であるとするなら，標準状態での空気 22.4Lの重さを有効数字3桁で表すと，$\boxed{1 \star\star}$ g となる。この場合，$\boxed{1 \star\star}$ は空気の見かけの $\boxed{2 \star\star}$ として扱うことができる。N = 14.0, O = 16.0 （横浜国立大）

(1) 28.8
(2) 分子量

解き方

酸素 O_2 のモル質量は 32.0g/mol，窒素 N_2 のモル質量は 28.0g/mol。
空気は，酸素と窒素が 1：4 のモル比で混合しているので，空気中の O_2 を x mol とおけば N_2 は $4x$ mol になる。よって，空気の見かけの分子量は，

$$\left\{ \underbrace{\dfrac{32.0\text{g}}{1\text{mol}} \times x \text{ mol}}_{O_2 \text{の質量[g]}} + \underbrace{\dfrac{28.0\text{g}}{1\text{mol}} \times 4x \text{ mol}}_{N_2 \text{の質量[g]}} \right\} \div \underbrace{\left\{ x \text{ mol} + 4x \text{ mol} \right\}}_{O_2 \text{と} N_2 \text{の物質量[mol]}}$$

$$= \dfrac{32.0x + 28.0 \times 4x \text{ g}}{x + 4x \text{ mol}}$$

$$= 32.0 \times \dfrac{1}{5} + 28.0 \times \dfrac{4}{5} = 28.8 \text{(g/mol)}$$

から 28.8 となる。

【第1部】理論化学①－物質の構成－　05 物質量と化学反応式

応用 □13

ステアリン酸をベンゼンに溶かした溶液を水面に滴下すると，ベンゼンが蒸発して単分子膜（分子が重なっていない分子の厚みの膜）ができる。

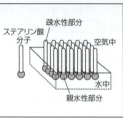

ステアリン酸 w [g] をベンゼンに溶かして 100mL の溶液をつくり，水の入った水槽にその溶液を v [mL] 滴下したところ，単分子膜ができた。

ただし，分子間のすき間はないと仮定し，単分子膜の面積を S_a [cm^2]，ステアリン酸1分子が水面上で占有する面積を S_1 [cm^2]，ステアリン酸のモル質量を M [g/mol] とする。

この実験からアボガドロ定数 [/mol] を求めると
1★　となる。

(同志社女子大)

(1) $\dfrac{100MS_a}{S_1vw}$

解き方

ベンゼン溶液 v mL 中に含まれるステアリン酸の物質量 [mol] は，

$$w\,\text{g} \times \underbrace{\frac{1\text{mol}}{M\text{g}}}_{\substack{[\text{mol}] \\ \text{ベンゼン溶液 100mL 中} \\ \text{のステアリン酸 [mol]}}} \times \underbrace{\frac{v}{100}}_{\substack{[\text{mol}] \\ \text{ベンゼン溶液 }v\text{mL 中} \\ \text{のステアリン酸 [mol]}}}$$

であり，単分子膜をつくっているステアリン酸 [個] はアボガドロ定数
　　　　　　　　　書き加えて考える
を N_A [個/mol] とすると，

$$w \times \frac{1}{M} \times \frac{v}{100}\,\text{mol} \times \frac{N_A\text{個}}{1\text{mol}} \quad \cdots ①$$

と表せる。ここで，ステアリン酸1分子が水面上で占有する面積は S_1 cm^2/個 と表せるので単分子膜をつくっているステアリン酸 [個] は，

$$S_a\,\text{cm}^2 \div S_1\,\text{cm}^2/\text{1個} = S_a\,\text{cm}^2 \times \frac{1個}{S_1\,\text{cm}^2} \quad \cdots ②$$

とも表せる。よって，①＝②となり，

$$w \times \frac{1}{M} \times \frac{v}{100} \times N_A = \frac{S_a}{S_1}$$

$$N_A = \frac{100MS_a}{S_1vw}$$

4 物質量の計算

▼ANSWER

■1 アルミニウム 15.0g に含まれるアルミニウム原子の数は [1★] （2ケタ）。アボガドロ定数 6.0×10^{23}/mol，Al = 27

(東京理科大)

(1) 3.3×10^{23}（個）

解き方 Al 1mol は，$\begin{cases} 6.0 \times 10^{23} \text{ 個の Al 原子} \\ 27g \end{cases}$ なので，

Al 15.0g に含まれる Al 原子の数は，

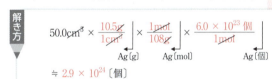

■2 銀の密度は $10.5g/cm^3$ である。体積 $50.0cm^3$ の銀のかたまりの中に銀原子が [1★★] 個(2ケタ)ある。Ag = 108，アボガドロ定数 6.0×10^{23}/mol

(福井工業大)

(1) 2.9×10^{24}

解き方

$50.0cm^3 \times \dfrac{10.5g}{1cm^3} \times \dfrac{1mol}{108g} \times \dfrac{6.0 \times 10^{23} \text{ 個}}{1mol}$

　　　　　　　Ag[g]　　　Ag[mol]　　　Ag[個]

$\fallingdotseq 2.9 \times 10^{24}$〔個〕

■3 昭和 34 年から発行されている 10 円硬貨は，1 枚の質量が 4.50g である。この硬貨は銅と少量の亜鉛およびスズとからできており，銅の含有率は 95.0%である。したがって，この硬貨 1 枚には [1★] 個(3ケタ)の銅原子が含まれていることになる。Cu = 63.5，アボガドロ定数 6.02×10^{23}/mol

(近畿大)

(1) 4.05×10^{22}

解き方

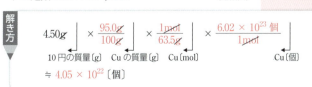

$4.50g \times \dfrac{95.0g}{100g} \times \dfrac{1mol}{63.5g} \times \dfrac{6.02 \times 10^{23} \text{ 個}}{1mol}$

10円の質量[g]　Cuの質量[g]　Cu[mol]　　　　Cu[個]

$\fallingdotseq 4.05 \times 10^{22}$〔個〕

【第1部】理論化学①－物質の構成－　05　物質量と化学反応式

□**4**　標準状態における体積が最も大きいものは　1 ★★★ 　。　　(1)⑤
★★★

H = 1.0, C = 12, O = 16, N = 14

① 2.0g の H_2

② 標準状態で 20L の He

③ 88g の CO_2

④ 28g の N_2 と標準状態で 5.6L の O_2 との混合気体

⑤ 2.5mol の CH_4

（センター）

> **解き方**
>
> 気体のモル体積は，標準状態で 22.4L/mol。
>
> ①　H_2 のモル質量は 2.0g/mol なので，
>
> $$2.0g \times \frac{1mol}{2.0g} \times \frac{22.4L}{1mol} = 22.4L$$
>
> H_2 [mol]　　H_2 [L]
>
> ②　20L（標準状態）
>
> ③　CO_2 のモル質量は 44g/mol なので，
>
> $$88g \times \frac{1mol}{44g} \times \frac{22.4L}{1mol} = 44.8L$$
>
> CO_2 [mol]　　CO_2 [L]
>
> ④　N_2 のモル質量は 28g/mol なので，
>
> $$28g \times \frac{1mol}{28g} \times \frac{22.4L}{1mol} + \underset{O_2 [L]}{5.6L} = 28L$$
>
> N_2 [mol]　　N_2 [L]　$N_2 + O_2$ [L]
>
> ⑤　$$2.5mol \times \frac{22.4L}{1mol} = 56L$$
>
> CH_4 [mol]　　CH_4 [L]
>
> よって，⑤ 56L > ③ 44.8L > ④ 28L > ① 22.4L > ② 20L

□**5**　標準状態で，2.00L の質量が 15.0g の単一気体の分子　　(1)④
★

量は　1 ★ 　である。

①84.0　　②126　　③147　　④168　　　（近畿大）

> **解き方**
>
> 気体のモル体積は，標準状態で 22.4L/mol なので，
>
> $$\frac{15.0g}{2.00L} \times \frac{22.4L}{1mol} = 168 〔g/mol〕$$

104

5 溶液の濃度

▼ANSWER

■1 塩化ナトリウム NaCl の結晶を水の中に入れると，結晶を形成しているナトリウムイオン Na⁺ と塩化物イオン Cl⁻ は，水の中に入り込んで，最終的に均一な液体になる。このような現象を　1★★　といい，　1★★　によって生じた均一な液体を溶液という。水のように，他の物質を溶かす液体を　2★★★　とよび，塩化ナトリウムのように　2★★★　に溶けた物質を溶質という。

(名古屋大)

(1) 溶解
(2) 溶媒

〈解説〉

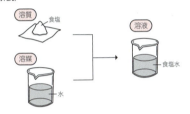

■2 塩化ナトリウムが水に溶けると，ナトリウムイオン Na⁺ と塩化物イオン Cl⁻ に分かれる。このように　1★★★　するときに　2★★★　が陽イオンと陰イオンに分かれることを　3★★★　という。水に溶けて　3★★★　する物質を　4★★★　といい，中でも塩化ナトリウムのように完全に　3★★★　する物質は　5★　，酢酸のように溶けた分子の一部しか　3★★★　しない物質は　6★　とよばれる。それに対して，　3★★★　しない物質を　7★★　という。

(福井工業大)

(1) 溶解
(2) 溶質
(3) 電離
(4) 電解質
(5) 強電解質
(6) 弱電解質
(7) 非電解質

〈解説〉

NaCl ⟶ Na⁺ + Cl⁻
CH₃COOH ⇌ CH₃COO⁻ + H⁺　← 電解質

スクロース C₁₂H₂₂O₁₁　← 非電解質

【第1部】理論化学①－物質の構成－ 05 物質量と化学反応式

発展 □3 塩化ナトリウムの結晶は、水に溶けやすい。水中では、例えば Na⁺ のまわりには、水分子内で [1★] の電荷をいくらか帯びた [2★★] 原子が引きつけられる。このようにイオンと極性をもつ水との間に引力がはたらき、イオンが水分子に囲まれる現象を [3★★★] といい、これによってイオンが溶液中に拡散する現象が溶解である。
(名古屋大)

(1) 負 [⑩マイナス]
(2) 酸素 O
(3) 水和

〈解説〉塩化ナトリウムの水への溶解

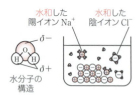

発展 □4 極性分子は水に溶解しやすいものが多い。例えば、エタノール C_2H_6O の分子には極性が大きい [1★★] 基と極性が小さい [2★] 基が存在するが、水分子と水素結合をつくり水和している。また、グルコース $C_6H_{12}O_6$ などの糖類も分子中に複数の [1★★] 基をもち、水に溶解しやすい。一般に [1★★] 基のように水和しやすい部分を [3★★] 基、[2★] 基のように水和しにくい部分を [4★★] 基という。
(三重大)

(1) ヒドロキシ －OH
(2) エチル C_2H_5－ [⑩アルキル,炭化水素]
(3) 親水
(4) 疎水 [⑩親油]

〈解説〉エタノール C_2H_5OH 分子

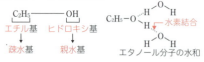

□5 100g の水に 25.0g の砂糖を溶かした水溶液の質量パーセント濃度 [%] は [1★★★] %となる。(北海道工業大)

(1) 20.0

解き方

$$質量パーセント濃度 [\%] = \frac{溶質の質量 [g]}{溶液の質量 [g]} \times 100\%$$

$$= \frac{25.0}{25.0 + 100} \times 100$$

$$= 20.0 [\%]$$

5 溶液の濃度

□**6** モル濃度とは，溶液 1L 中の溶質の量を物質量〔mol〕で表した濃度で，次式で表される。

$$\text{モル濃度〔mol/L〕} = \frac{\text{溶質の物質量〔mol〕}}{\text{溶液の体積〔L〕}}$$

例えば，1.17g の塩化ナトリウムが溶けている 20.0mL の水溶液のモル濃度は，$\boxed{1 ***}$ mol/L (2ケタ) である。NaCl = 58.5

(名古屋大)

(1) 1.0

> **解き方**
>
> モル濃度の単位は mol/L なので，mol ÷ L を求める。
> NaCl のモル質量は 58.5g/mol なので，
>
> $$\underbrace{\left\{1.17g \times \frac{1\text{mol}}{58.5g}\right\}}_{\text{溶質〔mol〕}} \div \underbrace{\left\{20.0\text{mL} \times \frac{1\text{L}}{10^3\text{mL}}\right\}}_{\text{溶液〔L〕}} = \frac{\frac{1.17}{58.5}\text{mol}}{\frac{20.0}{1000}\text{L}} = 1.0\text{〔mol/L〕}$$

□**7** 質量パーセント濃度 8.0%の水酸化ナトリウム水溶液の密度は 1.1g/cm³ である。この溶液 100cm³ に含まれる水酸化ナトリウムの物質量は $\boxed{1 **}$ mol である。H = 1.0，O = 16，Na = 23

① 0.18 ② 0.20 ③ 0.22 ④ 0.32 ⑤ 0.35 ⑥ 0.38

(センター)

(1) ③

> **解き方**
>
> 質量パーセント濃度は，溶液 100g の中に溶けている溶質の質量〔g〕を表すので，$\frac{8.0\text{g NaOH}}{100\text{g 水溶液}}$ と表せ，密度は $\frac{1.1\text{g 水溶液}}{1\text{cm}^3\text{ 水溶液}}$ と表すことができる。
>
> また，NaOH のモル質量は 40g/mol。
> よって，100cm³ の水溶液に含まれる NaOH の物質量は，
>
> $$100\text{cm}^3\text{水溶液} \times \frac{1.1\text{g 水溶液}}{1\text{cm}^3\text{ 水溶液}} \times \frac{8.0\text{g NaOH}}{100\text{g 水溶液}} \times \frac{1\text{mol NaOH}}{40\text{g NaOH}}$$
> $$= 0.22\text{〔mol〕}$$

【第1部】理論化学①－物質の構成－　**05** 物質量と化学反応式

■ **8** 9.2gのグリセリン $C_3H_8O_3$ を100gの水に溶解させた水溶液は，25℃で密度が $1.0g/cm^3$ であった。この溶液中のグリセリンのモル濃度は $\boxed{1 \star\star}$ mol/Lとなる。 $H = 1.0$, $C = 12$, $O = 16$

① 0.00092　② 0.0010　③ 0.0011
④ 0.92　　⑤ 1.0　　⑥ 1.1

(センター)

(1) ④

$C_3H_8O_3$ のモル質量は 92g/mol。また，$1cm^3 = 1mL$ なので，密度は $\dfrac{1.0g\ 水溶液}{1mL\ 水溶液}$ や $\dfrac{1mL\ 水溶液}{1.0g\ 水溶液}$ と表すことができる。よって，

$$\dfrac{9.2g\ C_3H_8O_3 \times \dfrac{1mol\ C_3H_8O_3}{92g\ C_3H_8O_3}}{(100 + 9.2)g\ 水溶液 \times \dfrac{1mL\ 水溶液}{1.0g\ 水溶液} \times \dfrac{1L\ 水溶液}{10^3mL\ 水溶液}}$$

$\fallingdotseq 0.92 [mol/L]$

■ **9** 試薬びんからとったシュウ酸二水和物（$H_2C_2O_4 \cdot 2H_2O$）をビーカーに入れて天秤で正確にはかりとったところ，1.512gであった。これに少量の純水を加え，$\boxed{1 \star}$ でかきまぜながら完全に溶かした。その後，これを250mLの $\boxed{2 \star\star\star}$ に移した。このとき，液がこぼれないように $\boxed{2 \star\star\star}$ の口には $\boxed{3 \star}$ をつけた。ビーカーおよび $\boxed{3 \star}$ の内側に付着した液は，洗びんの純水をふきつけて洗い，その洗液も $\boxed{2 \star\star\star}$ の中の溶液に加え，液面がちょうど目盛りの高さに一致するまで純水を加えた。このとき，洗びんを使うと純水を入れすぎる心配があったので，最後の1mLほどはこまごめピペットを用いて加えた。最後に $\boxed{2 \star\star\star}$ の栓をして，溶液が均一になるようによく振り混ぜた。このシュウ酸標準溶液は $\boxed{4 \star\star}$ mol/L（3ケタ）である。$H = 1.00$, $C = 12.0$, $O = 16.0$

(千葉大)

(1) ガラス棒
(2) メスフラスコ
(3) ろうと
(4) 0.0480

> **解き方**
> $H_2C_2O_4 \cdot 2H_2O$ のモル質量が 126.0 g/mol,
> また，$H_2C_2O_4 \cdot 2H_2O$ の物質量〔mol〕= $H_2C_2O_4$ の物質量〔mol〕なので，
> $H_2C_2O_4$ の物質量〔mol〕は $\dfrac{1.512}{126.0}$ mol となる。
>
> よって，モル濃度は次のように求めることができる。
>
> $$\underbrace{\dfrac{1.512}{126.0}\text{mol}}_{H_2C_2O_4\text{〔mol〕}} \div \underbrace{\dfrac{250}{1000}\text{L}}_{\text{水溶液〔L〕}} = 0.0480 \text{〔mol/L〕}$$

 ある市販されている濃硝酸は，密度 1.4 g/cm³ の液体で，質量パーセント濃度 66% の硝酸を含んでいる。この濃硝酸のモル濃度は ［ 1 ★★★ ］ mol/L（2 ケタ）となる。$HNO_3 = 63$ 　　　　　　　　　　　（学習院大）

(1) 15

> **解き方**
> HNO_3 のモル質量が 63 g/mol，$1\text{cm}^3 = 1\text{mL}$ より，密度 1.4 g/cm³ は 1.4 g/mL とも書くことができる。よって，濃硝酸 100 g について考えると，
>
> $$\dfrac{66\text{g} \times \dfrac{1\text{mol}}{63\text{g}}}{100\text{g} \times \dfrac{1\text{mL}}{1.4\text{g}} \times \dfrac{1\text{L}}{10^3\text{mL}}} \fallingdotseq 15 \text{〔mol/L〕}$$
>
> （分子：HNO_3〔mol〕　分母：$HNO_3 + H_2O$〔L〕）

応用 ⬜ 11 質量パーセント濃度 96%，密度 1.8 g/cm³ の濃硫酸をうすめて，2.0 mol/L の硫酸を 100 mL つくりたい。必要な濃硫酸は ［ 1 ★★ ］ mL（2 ケタ）となる。$H_2SO_4 = 98$ 　　　　　　　　　　　（千葉大）

(1) 11

> **解き方**
> 必要な濃硫酸を x mL とする。また，H_2SO_4 のモル質量は 98 g/mol，$1\text{cm}^3 = 1\text{mL}$ より，密度 1.8 g/cm³ は 1.8 g/mL とも書ける。
> ここで，濃硫酸をうすめる前と後で H_2SO_4 の物質量〔mol〕が変化していないことに注目すると次の式が成り立つ。
>
> $$x\,\text{mL} \times \dfrac{1.8\text{g}}{1\text{mL}} \times \dfrac{96\text{g}}{100\text{g}} \times \dfrac{1\text{mol}}{98\text{g}} = \dfrac{2.0\text{mol}}{1\text{L}} \times \dfrac{100}{1000}\text{L}$$
>
> （左辺：$H_2SO_4 + H_2O$〔g〕→ H_2SO_4〔g〕→ H_2SO_4〔mol〕　右辺：H_2SO_4〔mol〕）
>
> $x \fallingdotseq 11$ 〔mL〕

【第1部】理論化学①－物質の構成－　**05** 物質量と化学反応式

 □12 純粋な水における水分子のモル濃度は，| 1 ★ |　　(1) 56
mol/L（2ケタ）である。ただし，H = 1.0，O = 16.0，
水の密度は $1.0\mathrm{g/cm^3}$ とする。

(千葉大)

> **解き方**
>
> H_2O のモル質量は 18g/mol。水のモル濃度 $[H_2O]$ は，1L あたりの H_2O の物質量〔mol〕を表す。$1\mathrm{cm^3} = 1\mathrm{mL}$ より，密度 $1.0\mathrm{g/cm^3}$ は $1.0\mathrm{g/mL}$ とも書くことができる。よって，H_2O 1L の物質量〔mol〕は，
>
> $$1\mathrm{L} \times \underbrace{\frac{10^3\mathrm{mL}}{1\mathrm{L}}}_{H_2O\,[\mathrm{mL}]} \times \underbrace{\frac{1.0\mathrm{g}}{1\mathrm{mL}}}_{H_2O\,[\mathrm{g}]} \times \underbrace{\frac{1\mathrm{mol}}{18\mathrm{g}}}_{H_2O\,[\mathrm{mol}]} = \frac{1000}{18}\,[\mathrm{mol}]$$
>
> であり，純粋な水のモル濃度 $[H_2O]$ は，
>
> $$\frac{1000}{18}\mathrm{mol} \div 1\mathrm{L} \fallingdotseq 56\,[\mathrm{mol/L}]$$
>
> となる。
>
> 注 水溶液では，水のモル濃度 $[H_2O]$ はほかの物質のモル濃度よりも十分に大きいので，常に一定とみなすことができる。

5 溶液の濃度 〜 **6** 化学反応式

6 化学反応式　　　　　　　　　　▼ANSWER

□1　物質が化学変化する様子を，関係する物質の化学式を
★★　用いて表した式を化学反応式あるいは単に反応式とい
う。反応する物質を $\boxed{1\,★★}$ といい，生成する物質
を $\boxed{2\,★★}$ という。反応式は $\boxed{1\,★★}$ と $\boxed{2\,★★}$ の
間を矢印（→）で結んだものである。　　　（熊本大）

(1) 反応物
(2) 生成物

□2　係数 $\boxed{1\,★★★}$ ，$\boxed{2\,★★★}$ を求めよ。
★★★

$$C_2H_5OH + 3O_2 \longrightarrow \boxed{1\,★★★}\ CO_2 + \boxed{2\,★★★}\ H_2O$$

（東京女子大）

(1) 2
(2) 3

解き方　完全燃焼の反応式の書き方は，次のようになる。

①左辺に「完全燃焼させる物質と酸素 O_2」，右辺に「完全燃焼後の物質」
を書く。

$$C_2H_5OH + O_2 \longrightarrow CO_2 + H_2O$$

②完全燃焼させる物質の係数を 1 とおく。

$$1C_2H_5OH + O_2 \longrightarrow CO_2 + H_2O$$

③ C や H などに注目しながら生成物に係数をつける。

$$1C_2H_5OH + O_2 \longrightarrow 2CO_2 + 3H_2O$$

④ O_2 で係数をそろえる。

$$1C_2H_5OH + 3O_2 \longrightarrow 2CO_2 + 3H_2O$$

ここで，O_2 の係数が分数になることがあれば，全体を何倍かするこ
とで，反応式全体の係数を最も簡単な整数にすることに注意する。

□3　次の化学反応式中の係数（$a \sim c$）の組合せとして正し
★★　いものを，下の ① 〜 ⑥ のうちから一つ選べ。$\boxed{1\,★★}$

$$aNO + bNH_3 + O_2 \longrightarrow 4N_2 + cH_2O$$

(1) ④

	a	b	c		a	b	c
①	2	4	4	②	2	6	4
③	2	6	9	④	4	4	6
⑤	4	9	6	⑥	6	2	3

（センター）

111

解き方

左辺と右辺で各原子の個数が等しくなることに注目する。
Nについて，$a + b = 8$ …①
Hについて，$3b = 2c$ …②
Oについて，$a + 2 = c$ …③
①〜③より，$a = 4$，$b = 4$，$c = 6$

応用 4 ベンゼンのニトロ化は，次の式で示される濃硝酸と濃硫酸とから生成するニトロニウムイオン(NO_2^+)が反応に関与している。$\boxed{1\star}$ に係数を入れよ。

$HNO_3 + 2H_2SO_4$
$\longrightarrow NO_2^+ + 2HSO_4^- + \boxed{1\star} H_3O^+$ (近畿大)

(1) 1

解き方

イオン反応式の場合，左辺と右辺で各原子の個数だけでなく，電荷の総和も同じになることに注目すると簡単に解ける。
$HNO_3 + 2H_2SO_4 \longrightarrow NO_2^+ + 2HSO_4^- + xH_3O^+$ とおくと，両辺の電荷の総和は等しいので，

$\underset{HNO_3の電荷}{0} + \underset{H_2SO_4の電荷}{0} \times 2 = \underset{NO_2^+の電荷}{(+1)} \times 1 + \underset{HSO_4^-の電荷}{(-1)} \times 2 + \underset{H_3O^+の電荷}{(+1)} \times x$

$x = 1$
となる。

応用 5 $\boxed{1\star}$ に適切なイオン式を書け。

$8HMO_4^- + 3H_2S + 6H_2O$
$\longrightarrow 8M(OH)_3\downarrow + \boxed{1\star} + 2OH^-$
(慶應義塾大)

(1) $3SO_4^{2-}$

解き方

両辺の原子の個数に注目すると，
$8HMO_4^- + 3H_2S + 6H_2O \longrightarrow 8M(OH)_3\downarrow + \boxed{} + 2OH^-$

S 3個 が入る
O 12個

両辺の電荷に注目すると，
$\underset{-8}{8HMO_4^-} + \underset{0}{3H_2S} + \underset{0}{6H_2O} \longrightarrow \underset{0}{8M(OH)_3\downarrow} + \boxed{} + \underset{-2}{2OH^-}$

-6 になる

よって，SO_4^{2-} の個数が3個とわかる。

7 化学反応式と物質量

▼ANSWER

考え方

化学反応式の読み取り方

$$\underbrace{2CO + O_2}_{\text{反応物}} \longrightarrow \underbrace{2CO_2}_{\text{生成物}}$$ の係数から，

CO 2個 と O₂ 1個 が反応して CO₂ 2個 が生成することが読み取れる。

よって，CO を $2 \times (6.0 \times 10^{23})$ 個反応させたら，

CO $2 \times (6.0 \times 10^{23})$個 2mol と O₂ 6.0×10^{23}個 1mol

が反応して，CO₂ $2 \times (6.0 \times 10^{23})$個 2mol が生成する。

化学反応式の係数は<u>物質量[mol]</u>の関係を表していることがわかる。

例えば，CO 8mol を完全燃焼させるのに必要な O₂ は，化学反応式の係数の関係から，

$$8\,\text{mol CO} \times \frac{1\,\text{mol O}_2}{2\,\text{mol CO}} = 4\,\text{mol O}_2$$

　　　　　　　　↑……反応式から読み取る

となり，4mol とわかる。

また，CO 8mol から生成した CO₂ は，同様に係数の関係から，

$$8\,\text{mol CO} \times \frac{2\,\text{mol CO}_2}{2\,\text{mol CO}} = 8\,\text{mol CO}_2$$

　　　　　　　　↑……反応式から読み取る

となり，8mol とわかる。

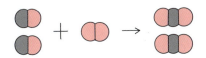

【第1部】理論化学①−物質の構成− **05** 物質量と化学反応式

1 植物は，水と二酸化炭素から光合成によってグルコースの縮合重合体であるデンプンとセルロースをつくる。酵母はグルコース $C_6H_{12}O_6$ を体内で代謝してエネルギーを得て，エタノール C_2H_5OH と二酸化炭素 CO_2 を体外へ放出する。

$$C_6H_{12}O_6 \longrightarrow 2C_2H_5OH + 2CO_2 \quad \cdots ①$$

$$C_2H_5OH + 3O_2 \longrightarrow 2CO_2 + 3H_2O \quad \cdots ②$$

900gのグルコースを100%の変換率でエタノールにした後，このエタノールを完全燃焼させた。生成する二酸化炭素は [1 ★★] mol である。H = 1.0，C = 12，O = 16

(三重大)

(1) 30

解き方

グルコース $C_6H_{12}O_6$ のモル質量は 180g/mol。①式の反応で CO_2 と C_2H_5OH が生成し，①式で得られた C_2H_5OH からさらに②式の反応で CO_2 が生成していることに注意する。

①式の係数関係から，生成する CO_2 は，

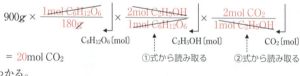

とわかる。

また，①式と②式の係数関係から，①で得られた C_2H_5OH から生成する CO_2 は，

$$900g \times \frac{1\text{mol } C_6H_{12}O_6}{180g} \times \frac{2\text{mol } C_2H_5OH}{1\text{mol } C_6H_{12}O_6} \times \frac{2\text{mol } CO_2}{1\text{mol } C_2H_5OH}$$

$$= 20\text{mol } CO_2$$

とわかる。

よって，生成した CO_2 は，$10 + 20 = 30$ [mol]

タンパク質水溶液に固体の水酸化ナトリウムを加えて加熱すると、タンパク質が分解してアンモニアが生成する。単純タンパク質の場合、成分元素の質量含有率はタンパク質の種類によらずほぼ同じであるため、生成したアンモニアの質量から、食品などのタンパク質含有率を見積もることができる。

(1) 35

5.0 g の大豆試料を分解したところ、0.34 g のアンモニアが発生した。アンモニアはすべてタンパク質の分解から生じたとすると、大豆中のタンパク質の含有率は ①★★ %（2ケタ）になる。ただし、$H = 1.0$, $N = 14$ とし、タンパク質中の窒素の質量含有率は 16% とする。

（信州大）

解き方

N 原子に注目して考える。

大豆中のタンパク質に N 原子が 1 個含まれていたとすれば、発生する NH_3 も 1 mol になる。

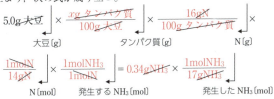

N のモル質量は 14 g/mol, NH_3 のモル質量は 17 g/mol となり、

大豆中のタンパク質の含有率 x% は $\dfrac{x\text{g タンパク質}}{100\text{g 大豆}}$,

タンパク質中の N の含有率 16% は $\dfrac{16\text{g N}}{100\text{g タンパク質}}$ と表せる。

以上より、次の式が成り立つ。

$$5.0\text{g 大豆} \times \dfrac{x\text{g タンパク質}}{100\text{g 大豆}} \times \dfrac{16\text{g N}}{100\text{g タンパク質}} \times \dfrac{1\text{mol N}}{14\text{g N}} \times \dfrac{1\text{mol NH}_3}{1\text{mol N}} = 0.34\text{g NH}_3 \times \dfrac{1\text{mol NH}_3}{17\text{g NH}_3}$$

よって、$x = 35$ 〔%〕

応用 3 炭酸カルシウム($CaCO_3$)1.50gに1.00mol/Lの塩酸20.0mLを注ぐと、二酸化炭素が発生した。

$$CaCO_3 + 2HCl \longrightarrow CaCl_2 + H_2O + CO_2$$

発生した二酸化炭素は、標準状態で $\boxed{1 \star\star\star}$ L(3ケタ)となり、反応せずに残った炭酸カルシウムは $\boxed{2 \star}$ g(3ケタ)となる。$CaCO_3 = 100$, $HCl = 36.5$

(芝浦工業大)

(1) 0.224
(2) 0.500

考え方

$CaCO_3$ は、$1.50\text{g CaCO}_3 \times \dfrac{1\text{mol CaCO}_3}{100\text{g CaCO}_3} = 0.015\text{mol CaCO}_3$

HCl は、$\dfrac{1.00\text{mol HCl}}{1\text{L 水溶液}} \times \dfrac{20.0}{1000}\text{L 水溶液} = 0.020\text{mol HCl}$

となり、$CaCO_3$ 0.015mol がすべて反応するのに必要な HCl は、与えられた反応式の係数関係から、

$$0.015\text{mol CaCO}_3 \times \dfrac{2\text{mol HCl}}{1\text{mol CaCO}_3} = 0.030\text{mol HCl} > 0.020\text{mol HCl}$$

　　　　　　　　　　　　　　↑
　　　　　　　　　-----反応式から読み取る

となる。

よって、HCl は $CaCO_3$ に対して**不足している**ことがわかる。つまり、HCl がすべて反応し $CaCO_3$ が残る。

HCl 0.020mol がすべて反応するのに必要な $CaCO_3$ は、与えられた反応式の係数関係から、

$$0.020\text{mol HCl} \times \dfrac{1\text{mol CaCO}_3}{2\text{mol HCl}} = 0.010\text{mol CaCO}_3 < 0.015\text{mol CaCO}_3$$

　　　　　　　　　　　↑
　　　　　　　-----反応式から読み取る

となり、HCl がすべて反応し、$CaCO_3$ が残ることがわかる。よって、物質量関係は次のようになる。

	$CaCO_3$	+	$2HCl$	$\longrightarrow$	$CaCl_2$	+	H_2O	+	CO_2
(反応前)	0.015mol		0.020mol						
(反応量)	−0.010mol		−0.020mol		+0.010		+0.010		+0.010
(反応後)	0.005mol		0		0.010mol		0.010mol		0.010mol

発生した CO_2 は、標準状態では、

$$0.010\text{mol CO}_2 \times \dfrac{22.4\text{L CO}_2}{1\text{mol CO}_2} = 0.224 \text{〔L〕}$$

残った $CaCO_3$ は、

$$0.005\text{mol CaCO}_3 \times \dfrac{100\text{g CaCO}_3}{1\text{mol CaCO}_3} = 0.500 \text{〔g〕}$$

理論化学②
──物質の変化──
THEORETICAL CHEMISTRY

06 ▶ P.118
酸と塩基

P.147 ◀ **07**
酸化・還元

08 ▶ P.162
酸化還元反応

【第2部】

第06章 酸と塩基

1 酸と塩基の性質

▼ ANSWER

□**1** 酸や塩基の水溶液が電気伝導性を示すことから，水溶液中では酸や塩基がイオンに電離していると考え，1887年に ［1★★★］ は，物質が水に溶けたときに，水素イオンを生じる物質を酸，水酸化物イオンを生じる物質を塩基と定義した。このときに生成した水素イオンは水溶液中では水分子と結合して ［2★★★］ として存在する。　　　　　　　　　　　　　　　　（東北大）

(1) アレニウス
(2) オキソニウム
　イオン H_3O^+

〈解説〉塩化水素 HCl を水に溶かすと，次のように電離する。
　　$HCl \longrightarrow H^+ + Cl^-$
ただし，H^+は水溶液中ではH_2Oと配位結合してオキソニウムイオンH_3O^+になる。
　　$H^+ + H_2O \longrightarrow H_3O^+$
よって，正確に表現すると，次のようになる。
　　$HCl + H_2O \longrightarrow H_3O^+ + Cl^-$

□**2** 1923年に ［1★★★］ とローリーは，水溶液以外での酸・塩基を説明するために，水素イオンを与える分子やイオンを酸，水素イオンを受け取る分子やイオンを塩基とした。この考えに基づくと，水は塩化水素と反応するときには ［2★★★］ としてはたらき，アンモニアと反応するときには ［3★★★］ としてはたらく。　（東北大）

(1) ブレンステッド
(2) 塩基
(3) 酸

〈解説〉
$$HCl + H_2O \xrightarrow{H^+} Cl^- + H_3O^+$$
　　　　　　塩基

$$NH_3 + H_2O \xrightleftharpoons{H^+} NH_4^+ + OH^-$$
　　　　　酸

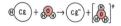 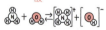

□**3** 水に溶けて酸を生じたり，塩基と反応して塩を生成したりする酸化物を ［1★★］ という。一方，水に溶けて塩基を生じたり，酸と反応して塩を生成したりする酸化物を ［2★★］ という。　　　　　　（山口大）

(1) 酸性酸化物
(2) 塩基性酸化物

1 酸と塩基の性質

□**4**
★★★
金属の酸化物の多くは水と反応して $\boxed{1\text{★★★}}$ を示すため，$\boxed{1\text{★★★}}$ 酸化物という。一方，非金属の酸化物の多くは水に溶けて $\boxed{2\text{★★★}}$ を示すため，$\boxed{2\text{★★★}}$ 酸化物という。酸化アルミニウムは塩酸とも，水酸化ナトリウム水溶液とも反応し，$\boxed{3\text{★★}}$ 酸化物とよばれる。

(鹿児島大)

(1) 塩基性
(2) 酸性
(3) 両性

〈解説〉塩基性酸化物の反応例
$$Na_2O + H_2O \longrightarrow 2NaOH$$
$$CaO + H_2O \longrightarrow Ca(OH)_2$$
酸性酸化物の反応例
$$SO_2 + H_2O \rightleftharpoons HSO_3^- + H^+$$
$$SO_3 + H_2O \rightleftharpoons HSO_4^- + H^+$$
$$CO_2 + H_2O \rightleftharpoons HCO_3^- + H^+$$
両性酸化物の反応例
$$Al_2O_3 + 6HCl \longrightarrow 2AlCl_3 + 3H_2O$$
$$Al_2O_3 + 2NaOH + 3H_2O \longrightarrow 2Na[Al(OH)_4]$$

06
酸と塩基 **1** 酸と塩基の性質

□**5**
★★★
酸化カルシウム CaO は $\boxed{1\text{★★★}}$ 酸化物に分類され，水と反応して $\boxed{2\text{★★}}$ と呼ばれる $Ca(OH)_2$ を生じる。

(東京理科大)

(1) 塩基性
(2) 消石灰
　[⑳水酸化カルシウム]

□**6**
★★
非金属元素の酸化物の多くが水と反応すると $\boxed{1\text{★}}$ を形成し $\boxed{2\text{★★★}}$ を示す。また，それらの酸化物は塩基と反応して塩を生成する。このような性質を持つ酸化物を $\boxed{2\text{★★★}}$ 酸化物とよぶ。

(熊本大)

(1) オキソ酸
(2) 酸性

〈解説〉分子中に酸素原子を含む酸をオキソ酸という。

□**7**
★★
亜鉛の酸化物は，酸とも塩基とも反応するので $\boxed{1\text{★★}}$ 酸化物とよばれる。

(岡山大)

(1) 両性

〈解説〉両性酸化物には，Al_2O_3，ZnO，SnO，PbO などがある。
　　　　　　　　　あ　　あ　　すん　　なり

応用 □**8**
★
塩素原子を含む $\boxed{1\text{★}}$ である $HClO$，$HClO_2$，$HClO_3$ および $HClO_4$ は，塩素原子に結合した酸素原子の数が $\boxed{2\text{★}}$ ほど水溶液の酸性が強くなる傾向を示す。

(山口大)

(1) オキソ酸
(2) 多い

〈解説〉酸性の強さ：$HClO$ ＜ $HClO_2$ ＜ $HClO_3$ ＜ $HClO_4$
　　　　　　　　　次亜塩素酸　亜塩素酸　　塩素酸　　過塩素酸

119

2 酸・塩基の価数と電離度

▼ANSWER

1 酸がその1molあたり何molの水素イオンを与えることができるかを示す数を酸の [1] とよぶ。例えば、塩酸は [2] 価の酸であり、シュウ酸は [3] 価の酸である。 (山形大)

(1) 価数
(2) 1
(3) 2

〈解説〉塩基では、その1molあたり何molの水酸化物イオンを与えることができるか、または何molの水素イオンを受け取ることができるかを示す数を塩基の価数とよぶ。

酸：HCl, HNO₃, H₂SO₄, H₂C₂O₄, H₃PO₄ など
　　 1価　1価　 2価　　2価　　3価

塩基：NaOH, KOH, NH₃, Ca(OH)₂, Fe(OH)₃ など
　　　 1価　1価　1価　 2価　　　3価

2 硫化水素とシュウ酸は、ともに [1] 価の酸である。 (東京工業大)

(1) 2

〈解説〉硫化水素 H_2S、シュウ酸 $H_2C_2O_4$

3 溶けている酸(塩基)の物質量に対する電離している酸(塩基)の物質量の割合を [1] という。(東京電機大)

(1) 電離度

〈解説〉電離度$(\alpha) = \dfrac{\text{電離している酸(塩基)の物質量(mol)}}{\text{溶けている酸(塩基)の物質量(mol)}}$

4 強酸や強塩基は、水溶液中でほぼ完全に電離し、その [1] は1とみなされるが、弱酸や弱塩基は、水溶液中でわずかしか電離しない。この [1] は濃度と温度に依存する。 (鳥取大)

(1) 電離度

5 酸の強さは [1] に依存し、この値が [2] ほど水溶液中でより多くの水素イオンを放出する。(山形大)

(1) 電離度
(2) 大きい

6 酢酸水溶液の濃度が低くなると、酢酸の電離度が [1] なる。 (東京工業大)

(1) 大きく

〈解説〉酢酸の濃度と電離度(25℃)

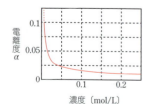

2 酸・塩基の価数と電離度

□**7** 同じ濃度では，弱酸の電離度は ┃1★┃ によって異な
★
る。
(東京電機大)

(1) 温度

□**8** 酸の濃度が同じならば電離度 α は強い酸ほど ┃1★★★┃
★★★
に近づく。
(弘前大)

(1) 1

〈解説〉強　酸（$\alpha \fallingdotseq 1$）：HCl，HNO_3，H_2SO_4
　　　　強塩基（$\alpha \fallingdotseq 1$）：$\underline{NaOH,\ KOH,}$　$\underline{Ca(OH)_2,\ Ba(OH)_2}$
　　　　　　　　　　　　アルカリ金属の　　アルカリ土類金属の
　　　　　　　　　　　　水酸化物　　　　　水酸化物

□**9** アルカリ土類金属元素の水酸化物は，┃1★★┃ 塩基で
★★
あり，固体や水溶液は，二酸化炭素を吸収して炭酸塩
になる。例えば，石灰水に二酸化炭素を通じると，炭
酸カルシウムが沈殿する。
(大阪大)

(1) 強

〈解説〉石灰水：$Ca(OH)_2$ の水溶液。
　　　　$Ca(OH)_2 + CO_2 \longrightarrow CaCO_3 \downarrow (白) + H_2O$

□**10** HCl は CH_3COOH よりも ┃1★★★┃ 酸であり，NH_3 は
★★★
KOH よりも ┃2★★★┃ 塩基である。
(上智大)

(1) 強い [⑳強]
(2) 弱い [⑳弱]

〈解説〉

価数	強酸	弱酸	強塩基	弱塩基
1	$\underline{HCl}$ 塩酸 $\underline{HNO_3}$ 硝酸	CH_3COOH 酢酸	$\underline{NaOH}$ 水酸化ナトリウム $\underline{KOH}$ 水酸化カリウム	NH_3 アンモニア
2	$\underline{H_2SO_4}$ 硫酸	$H_2C_2O_4$ シュウ酸 $\underline{H_2CO_3}$ 炭酸 $\underline{H_2S}$ 硫化水素	$Ca(OH)_2$ 水酸化カルシウム $Ba(OH)_2$ 水酸化バリウム	$Zn(OH)_2$ 水酸化亜鉛 $Cu(OH)_2$ 水酸化銅（Ⅱ）
3		$\underline{H_3PO_4}$ リン酸		$Al(OH)_3$ 水酸化アルミニウム $Fe(OH)_3$ 水酸化鉄（Ⅲ）

応用 □**11** 2価の弱酸における1段階目と2段階目の電離度は
★
┃1★┃。
(東京電機大)

(1) 異なる

〈解説〉$CO_2 + H_2O \overset{\alpha_1}{\rightleftharpoons} HCO_3{}^- + H^+$
　　　　(H_2CO_3)

　　　　$HCO_3{}^- \overset{\alpha_2}{\rightleftharpoons} CO_3{}^{2-} + H^+$　　　$\alpha_1 \gg \alpha_2$
　　　　炭酸の1段階目の電離度 α_1 は小さいが，2段階目の電離度
　　　　α_2 は α_1 に比べるとかなり小さい。

121

【第 2 部】理論化学②－物質の変化－　06 酸と塩基

3 水の電離と pH

▼ **ANSWER**

□1
★★★
純水もわずかに電離しており，$\boxed{1\,\text{★★★}}$ イオンと $\boxed{2\,\text{★★★}}$ イオン（順不同）を生じて水の**電気伝導**を担っている。25℃ではこれらのイオンの濃度はともに $1.0 \times \boxed{3\,\text{★★}}$ mol/L である。

(大阪大)

〈解説〉25℃では，純水でも中性の水溶液でも
$[H^+] = [OH^-] = 1.0 \times 10^{-7}$ mol/L となる。

(1) 水素 H^+
(2) 水酸化物 OH^-
(3) 10^{-7}

発展 □2
★★★
水溶液中の $[H^+]$ と $[OH^-]$ の積は温度が同じであれば常に**一定**で，25℃では $\boxed{1\,\text{★★★}}$ $(\text{mol/L})^2$ (2ケタ) である。

(京都府立大)

〈解説〉記号 K_W で表し，**水のイオン積**とよぶ。K_W は，温度が一定のときは**一定の値**となる。

(1) 1.0×10^{-14}

発展 □3
★★
25℃では $K_W = 1.0 \times 10^{-14} (\text{mol/L})^2$ となるが，この関係は純粋な水ばかりでなく酸や塩基が溶けた水溶液でも成り立つ。たとえば，水に酸を溶かすと，水素イオン濃度 $[H^+]$ は $\boxed{1\,\text{★}}$ するが，水酸化物イオン濃度 $[OH^-]$ は $\boxed{2\,\text{★}}$ し，逆に水に塩基を溶かすと，$[OH^-]$ は $\boxed{1\,\text{★}}$ し，$[H^+]$ は $\boxed{2\,\text{★}}$ する。このように，水に酸や塩基を加えたとき，$[H^+]$ と $[OH^-]$ の値は，一方が $\boxed{1\,\text{★}}$ すると他方は $\boxed{2\,\text{★}}$ して，結果的に水の $\boxed{3\,\text{★★★}}$ は一定に保たれる。

(三重大)

(1) 増加
(2) 減少
(3) イオン積

□4
★
水溶液の水素イオン濃度 $[H^+]$ は，幅広い桁数の範囲で変化するため，$[H^+]$ を 10^{-n} mol/L で表し，この n の値を $\boxed{1\,\text{★}}$ (pH) という。

(千葉工業大)

〈解説〉$[H^+] = 10^{-n}$ mol/L のとき，pH $= n$

(1) 水素イオン指数

□5
★★★
水溶液の性質は，pH が 7 のときを $\boxed{1\,\text{★★★}}$，7 より小さいときを $\boxed{2\,\text{★★★}}$，7 より大きいときを $\boxed{3\,\text{★★★}}$ という。

(東北大)

(1) 中性
(2) 酸性
(3) 塩基性
　 (アルカリ性)

□6
★★★
水溶液の酸性が強いほど pH は $\boxed{1\,\text{★★★}}$ く，塩基性が強いほど pH は $\boxed{2\,\text{★★★}}$ い。

(福井工業大)

〈解説〉酸性が強いほど，$[H^+]$ は**大き**くなり，pH は**小さ**くなる。

(1) 小さ
(2) 大き

122

4 pHの求め方

▼ANSWER

1 強酸，強塩基は水溶液中では大部分が電離し `1★★`
に分かれている。塩化水素の電離度を1とすれば，1
× 10^{-3}mol/L 塩酸の pH は `2★★` （整数）となる。

(神奈川大)

(1) **イオン**

(2) **3**

〈解説〉10^{-n}mol/L HCl（電離度 $\alpha = 1$）の$[H^+]$や pH の求め方

$$HCl \longrightarrow H^+ + Cl^-$$

（電離前） 10^{-n}(mol/L) $\quad$ 0(mol/L) $\quad$ 0(mol/L)

（電離後） 0(mol/L) $\quad$ 10^{-n}(mol/L) $\quad$ 10^{-n}(mol/L)

よって，$[H^+] = 10^{-n}$(mol/L)で，pH $= n$ となる。

> **解き方**
> 10^{-3}mol/L HCl の$[H^+] = 10^{-3}$(mol/L)となり，pH $= 3$。

2 塩酸濃度が比較的高いときには，$[H^+] = [Cl^-]$とみな
せる。このため，1.0×10^{-2}mol/L の塩酸の場合，pH
は `1★★` （整数）となる。しかし，塩酸が希薄になる
と `2★` の電離を考慮する必要がある。 (秋田大)

(1) **2**

(2) **水 H_2O**

> **解き方**
> 10^{-2}mol/L HCl の$[H^+] = 10^{-2}$(mol/L)となり，pH $= 2$。

3 1.0×10^{-5}mol/L 塩酸を水で 1000 倍にうすめた溶液
の pH はおよそ `1★` （整数）である。 (近畿大)

(1) **7**

> **解き方**
> 10^{-5}mol/L の塩酸を水で 1000 倍にうすめたときは$[HCl] = 10^{-5} \times$
> $\dfrac{1}{1000} = 10^{-8}$mol/L となるが，水の電離による H^+の影響があるため，実
> 際の pH は 7 よりごくわずかに小さくなる。よって，pH はおよそ 7 に
> なる。

4 1.00×10^{-3}mol/L の水酸化ナトリウム水溶液の pH
は `1★★` （整数）になる。ただし，水酸化ナトリウム
の電離度を 1.00 とし，水のイオン積 K_W を 1.00×10^{-14}
(mol/L)^2 とする。 (静岡大)

(1) **11**

【第2部】理論化学②－物質の変化－　**06** 酸と塩基

〈解説〉10^{-n}mol/L NaOH（電離度 $\alpha = 1$）の$[OH^-]$の求め方

$$NaOH \longrightarrow Na^+ + OH^-$$

（電離前）　10^{-n}(mol/L)　0(mol/L)　0(mol/L)

（電離後）　0(mol/L)　10^{-n}(mol/L)　10^{-n}(mol/L)

よって，$[OH^-] = 10^{-n}$(mol/L)となる。

> **解き方**
>
> 10^{-3}(mol/L) NaOH の$[OH^-] = 10^{-3}$(mol/L)。
>
> よって，$[H^+] \times [OH^-] = 10^{-14}$ から$[H^+] = 10^{-11}$(mol/L)となり，
>
> pH $= 11$。

□5 pH12の水酸化ナトリウム水溶液を水で10倍にうすめ
★★　ると，pHはおよそ 　1 ★★　 （整数）になる。ただし，水
　　　のイオン積を1.00×10^{-14} (mol/L)^{2}とする。　（近畿大）

(1) 11

> **解き方**
>
> pH $= 12$ つまり$[H^+] = 10^{-12}$(mol/L)なので，$[H^+] \times [OH^-] = 10^{-14}$
> から$[OH^-] = 10^{-2}$(mol/L)となる。
>
> これを，水で10倍にうすめると，$[OH^-] = 10^{-2} \times \dfrac{1}{10} = 10^{-3}$(mol/L)
> となる。
>
> よって，$[H^+] \times [OH^-] = 10^{-14}$ から$[H^+] = 10^{-11}$(mol/L)となり，
> pH $= 11$。

□6 1価の弱酸のモル濃度を c，その電離度をαとすれば，
★★★　水素イオン濃度は 　1 ★★★　 で表される。　（東京電機大）

(1) $c\alpha$

〈解説〉c mol/L CH_3COOH（電離度 α）の$[H^+]$の求め方

$$CH_3COOH \rightleftharpoons CH_3COO^- + H^+$$

（電離前）　c(mol/L)　0(mol/L)　0(mol/L)

（電離後）　$c - c\alpha$(mol/L)　$c\alpha$(mol/L)　$c\alpha$(mol/L)

　　└電離した$c\alpha$　$c\alpha$(mol/L)のCH_3COOHが電離
　　 (mol/L)を引く　したので$c\alpha$(mol/L)ずつ生成する

よって，$[H^+] = c\alpha$(mol/L)となる。

□7 0.1mol/Lの酢酸水溶液（電離度 $= 0.01$）のpHは
★★★　 　1 ★★★　 （整数）である。　（予想問題）

(1) 3

> **解き方**
>
> $c = 0.1$mol/L CH_3COOH（電離度 $\alpha = 0.01$）の
> $[H^+] = c\alpha = 0.1 \times 0.01 = 10^{-3}$(mol/L)
> となり，pH $= 3$ となる。

124

4 pHの求め方

■8 ある温度において，5.0×10^{-2} mol/L の酢酸水溶液の pH が 3.0 であった。この水溶液中の酢酸の電離度は □1★★ （2ケタ）である。　　　　　　　　　　（立命館大）

(1) 0.020

解き方
$c = 5.0 \times 10^{-2}$ mol/L CH_3COOH（電離度 α）の $[H^+]$ は pH = 3.0 つまり $[H^+] = 10^{-3}$ [mol/L] なので，
$$[H^+] = c\alpha = 5.0 \times 10^{-2} \times \alpha = 10^{-3} \text{[mol/L]}$$
となり，$\alpha = 0.020$ となる。

■9 酸 HA は，水溶液中で次のような電離平衡にある。
$$HA \rightleftharpoons H^+ + A^-$$
濃度 0.10 mol/L のとき，酸 HA の電離度は 0.013 であった。これを希釈して，濃度 0.0010 mol/L にすると電離度は 0.13 になった。このとき pH は □1★★ （整数）増加する。　　　　　　　　　　（芝浦工業大）

(1) 1

解き方
$$[H^+] = c\alpha = 0.10 \times 0.013 = 1.3 \times 10^{-3} \text{[mol/L]}$$
$$[H^+]' = c'\alpha' = 0.0010 \times 0.13 = 1.3 \times 10^{-4} \text{[mol/L]}$$
よって，$[H^+]$ は $\dfrac{1}{10} = 0.1 = 10^{-1}$ 倍となるので，pH は 1 増加する。

■10 0.1 mol/L のアンモニア水溶液（電離度 = 0.01）の pH は □1★★ （整数）である。ただし，水のイオン積を 1.00×10^{-14} (mol/L)^2 とする。　　　　　　（予想問題）

(1) 11

〈解説〉c mol/L NH_3（電離度 α）の $[OH^-]$ の求め方

	NH_3	+	H_2O	$\rightleftharpoons$	NH_4^+	+	OH^-
（電離前）	c [mol/L]				0 [mol/L]		0 [mol/L]
（電離後）	$c - c\alpha$ [mol/L]				$c\alpha$ [mol/L]		$c\alpha$ [mol/L]

よって，$[OH^-] = c\alpha$ [mol/L] となる。

解き方
$c = 0.1$ mol/L NH_3（電離度 $\alpha = 0.01$）の
$$[OH^-] = c\alpha = 0.1 \times 0.01 = 10^{-3} \text{[mol/L]} \text{ となり，}$$
$[H^+] \times [OH^-] = 10^{-14}$ より，$[H^+] = 10^{-11}$ [mol/L] つまり pH = 11。

【第2部】理論化学② －物質の変化－　　**06** 酸と塩基

5 中和反応・中和滴定　　▼ ANSWER

□ **1**
★★★
酸と塩基が反応して互いにその性質を打ち消し合うことを中和とよぶ。中和は，酸から生じる水素イオンと塩基から生じる [1 ★★★] イオンとが結合して [2 ★★★] になる反応である。また，中和反応後の溶液から水を蒸発させると塩が残る。

(山形大)

(1) 水酸化物 OH^-
(2) 水 H_2O

〈解説〉 酸 ＋ 塩基 ⟶ 塩 ＋ 水

例　塩酸と水酸化ナトリウム水溶液を混合すると，次のように反応する。

$$HCl \longrightarrow H^+ + Cl^-$$
$$+)\quad NaOH \longrightarrow Na^+ + OH^-$$
$$HCl + NaOH \longrightarrow \underset{NaCl}{Na^+ + Cl^-} + \underset{H_2O}{H^+ + OH^-}$$

□ **2**
★★★
中和反応は，基本的に [1 ★★★] イオンと [2 ★★★] イオン（順不同）との反応である。したがって，反応する [1 ★★★] イオンと [2 ★★★] イオンとの物質量は等しい。

(帯広畜産大)

(1) 水素 H^+
(2) 水酸化物 OH^-

〈解説〉中和の反応式は，ふつう酸の放出する H^+ の数と塩基の放出する OH^-（または，塩基の受け取る H^+）の数が等しくなるように書く。

□ **3**
★★
塩化水素と水酸化カルシウムが過不足なく中和するときの化学反応式は [1 ★★] になる。

(予想問題)

(1) $2HCl$
　$+ Ca(OH)_2$
　$\longrightarrow CaCl_2$
　$+ 2H_2O$

〈解説〉

$$2 \times (HCl \longrightarrow H^+ + Cl^-)$$
$$+)\quad Ca(OH)_2 \longrightarrow Ca^{2+} + 2OH^-$$
$$2HCl + Ca(OH)_2 \longrightarrow CaCl_2 + 2H_2O$$

□ **4**
★★★
硫酸と水酸化ナトリウムが過不足なく中和するときの化学反応式は [1 ★★★] になる。

(予想問題)

(1) H_2SO_4
　$+ 2NaOH$
　$\longrightarrow Na_2SO_4$
　$+ 2H_2O$

〈解説〉

$$H_2SO_4 \longrightarrow 2H^+ + SO_4^{2-}$$
$$+)\ 2 \times (NaOH \longrightarrow Na^+ + OH^-)$$
$$H_2SO_4 + 2NaOH \longrightarrow Na_2SO_4 + 2H_2O$$

または，化学式の上に価数をメモし，次のように左辺の係数をつけてもよい。

$$\overset{2価\quad\diagdown\quad 1価}{1\ H_2SO_4 + 2\ NaOH} \longrightarrow$$

126

5 中和反応・中和滴定

□ **5** 酢酸と水酸化ナトリウムが過不足なく中和するときの
★★★ 化学反応式は [1 ★★★] になる。 (予想問題)

〈解説〉$CH_3COOH \rightleftarrows CH_3COO^- + H^+$ …①
酢酸に NaOH を加えていくと，H^+ と OH^- が反応して H_2O
になる。H^+ が消費されると①式の電離が進んで新たに H^+
が生成する。この H^+ がまた OH^- と反応して H_2O になると
いう反応が繰り返されて，次の反応が起こる。

$$CH_3COOH \rightleftarrows CH_3COO^- + H^+$$
$$+)\quad NaOH \longrightarrow Na^+ + OH^-$$
$$\overline{CH_3COOH + NaOH \longrightarrow CH_3COONa + H_2O}$$

(1) CH_3COOH
$+ NaOH$
$\longrightarrow$
CH_3COONa
$+ H_2O$

□ **6** シュウ酸水溶液を水酸化ナトリウム水溶液により滴定
★★ したときの中和反応の化学反応式は [1 ★★] となる。
(岐阜大)

〈解説〉 2価 ⟍ 1価
$1\,H_2C_2O_4 + 2\,NaOH \longrightarrow$

(1) $H_2C_2O_4$
$+ 2NaOH$
$\longrightarrow Na_2C_2O_4$
$+ 2H_2O$

□ **7** アンモニア水と塩酸が中和するときの化学反応式は
★★ [1 ★★] になる。 (予想問題)

〈解説〉
$$NH_3 + H_2O \rightleftarrows NH_4^+ + OH^-$$
$$+)\quad HCl \longrightarrow H^+ + Cl^-$$
$$\overline{NH_3 + HCl + H_2O \longrightarrow NH_4Cl + H_2O}$$

(1) $NH_3 + HCl$
$\longrightarrow NH_4Cl$

□ **8** 酸と塩基を混合する場合，酸から生じる [1 ★★★] と塩
★★★ 基から生じる [2 ★★★] の物質量が等しいとき中和が
完了する。この関係を利用して，濃度のわからない酸
または塩基の濃度を求めることができる。 (琉球大)

(1) 水素イオン H^+
(2) 水酸化物イオン
OH^-

□ **9** 濃度未知の酸またはアルカリ溶液の濃度を標準溶液で
★★★ 滴定して決めることができる。この操作を [1 ★★★] と
いう。 (帯広畜産大)

〈解説〉「中和反応の終点」では，酸の性質と塩基の性質が打ち消さ
れることに注目すると，
酸が放出した H^+ の物質量(mol)
　　=塩基が放出した OH^- の物質量(mol)
または，
酸が放出した H^+ の物質量(mol)
　　=塩基が受け取った H^+ の物質量(mol)
の関係が成り立つ。

(1) 中和滴定

06
酸と塩基
5
中和反応・中和滴定

127

【第2部】理論化学②－物質の変化－ **06** 酸と塩基

☐ **10**
★★★
0.250mol/Lの水酸化ナトリウム水溶液 10.0mL を過不足なく中和するためには，0.400mol/L の塩酸が $\boxed{1 ★★★}$ mL(3ケタ)必要である。 　　　　　　　　(千葉工業大)

(1) 6.25

> **解き方**
>
> 中和の反応式をつくり，物質量〔mol〕の関係を係数から読み取る。
>
> $$NaOH + HCl \longrightarrow NaCl + H_2O$$
>
> となり，NaOH と HCl は物質量〔mol〕の比が 1:1 で反応する。過不足なく中和するために必要な塩酸を VmL とすると，
>
> $$\underbrace{\frac{0.250mol}{1L} \times \frac{10.0}{1000}L}_{NaOH〔mol〕} : \underbrace{\frac{0.400mol}{1L} \times \frac{V}{1000}L}_{HCl〔mol〕} = 1:1$$
>
> が成立する。よって，$V = 6.25$〔mL〕

☐ **11**
★★★
0.25mol/L の硫酸 25mL を中和するために必要な 0.25mol/L の水酸化ナトリウム水溶液は $\boxed{1 ★★★}$ mL (整数)である。 　　　　　　　　(東邦大)

(1) 50

> **解き方**
>
> H_2SO_4 の物質量〔mol〕は，
>
> $$\frac{0.25mol}{1L} \times \frac{25}{1000}L〔mol〕$$
>
> となり，H_2SO_4 は 2 価の酸だから中和までに放出される H^+ の物質量〔mol〕は，
>
> $$0.25 \times \frac{25}{1000} \times 2〔mol〕 \quad \blacktriangleleft 1H_2SO_4 \longrightarrow 2H^+ + SO_4{}^{2-} より$$
>
> また，中和に要した水酸化ナトリウム水溶液を VmL とすると NaOH の物質量〔mol〕は，
>
> $$\frac{0.25mol}{1L} \times \frac{V}{1000}L〔mol〕$$
>
> となり，NaOH は 1 価の塩基だから中和までに放出される OH^- の物質量〔mol〕は，
>
> $$0.25 \times \frac{V}{1000} \times 1〔mol〕 \quad \blacktriangleleft 1NaOH \longrightarrow Na^+ + 1OH^- より$$
>
> 終点では，次の式が成り立つ。
>
> $$\underbrace{0.25 \times \frac{25}{1000} \times 2}_{H_2SO_4 が放出した H^+〔mol〕} = \underbrace{0.25 \times \frac{V}{1000} \times 1}_{NaOH が放出した OH^-〔mol〕}$$
>
> よって，$V = 50$〔mL〕

5 中和反応・中和滴定

12 濃度不明の水酸化カルシウム水溶液を過不足なく中和するのに 0.100 mol/L の塩酸 25.00 mL を要した。塩酸を加える前の水溶液中に含まれていた水酸化カルシウムの質量は [1★★] g（3ケタ）。$Ca(OH)_2 = 74.0$

（筑波大）

(1) 0.0925

解き方 求める $Ca(OH)_2$ の質量を x g とすると，次の式が成り立つ。

$$\underbrace{\frac{x}{74.0}}_{\substack{Ca(OH)_2 \text{[mol]} \\ (2価)}} \times \underbrace{2}_{OH^- \text{[mol]}} = \underbrace{0.100 \times \frac{25.00}{1000}}_{\substack{HCl \text{[mol]} \\ (1価)}} \times \underbrace{1}_{H^+ \text{[mol]}}$$

$x = 0.0925$ 〔g〕

---

13 0.036 mol/L の酢酸水溶液 10.0 mL を，水酸化ナトリウム水溶液で中和滴定したところ，18.0 mL を要した。用いた水酸化ナトリウム水溶液の濃度は [1★★★] mol/L（2ケタ）となる。

（センター）

(1) 0.020

解き方 求める水酸化ナトリウム水溶液の濃度を x mol/L とすると，次の式が成り立つ。

$$\underbrace{0.036 \times \frac{10.0}{1000}}_{\substack{CH_3COOH \text{[mol]} \\ (1価)}} \times \underbrace{1}_{H^+ \text{[mol]}} = \underbrace{x \times \frac{18.0}{1000}}_{\substack{NaOH \text{[mol]} \\ (1価)}} \times \underbrace{1}_{OH^- \text{[mol]}}$$

$x = 0.020$ 〔mol/L〕

〈解説〉酸や塩基の強弱は，中和する酸や塩基の量的関係には影響しない。HCl または CH_3COOH 1 mol は，NaOH 1 mol で過不足なく中和できる。

【第2部】理論化学②ー物質の変化ー 06 酸と塩基

□ 14 ★★ 1★★ mol/L（2ケタ）の酢酸水溶液 10mL を純水でうすめて 50mL とし，そのうち 25mL を，0.050mol/L の水酸化ナトリウム水溶液で滴定したところ，中和点に達するのに水酸化ナトリウム水溶液 20mL を要した。

(愛知工業大)

(1) 0.20

解き方

求める酢酸水溶液の濃度を x mol/L とすると，次の式が成り立つ。

$$x \times \frac{10}{1000} \times \frac{25}{50} \times 1 = 0.050 \times \frac{20}{1000} \times 1$$

- 50mL中の CH₃COOH〔mol〕
- 25mL中の CH₃COOH〔mol〕（1価）
- H⁺〔mol〕
- NaOH〔mol〕（1価）
- OH⁻〔mol〕

$x = 0.20$〔mol/L〕

□ 15 ★★ 食酢（酸として酢酸のみが含まれる）10.0mL をとり，これに水を加えて 50.0mL とした（溶液 A）。溶液 A を 12.0mL とり，0.100mol/L 水酸化ナトリウム水溶液で中和滴定したところ，18.0mL 要した。食酢中の酢酸の濃度は 1★★ mol/L（2ケタ）であり，食酢の密度を 1.00g/mL とすると，酢酸の質量パーセント濃度は 2★★ ％（2ケタ）である。CH₃COOH = 60.0

(慶應義塾大)

(1) 0.75
(2) 4.5

解き方

食酢中の酢酸の濃度を x mol/L とすると，次の式が成り立つ。

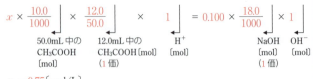

$x = 0.75$〔mol/L〕

酢酸の質量パーセント濃度は，

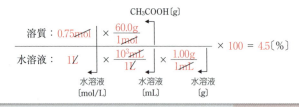

130

5 中和反応・中和滴定

 16 0.500mol/Lの希硫酸を80.0mL用意し，気体のアンモニア NH_3 を完全に吸収させ，残った希硫酸を0.500mol/Lの水酸化ナトリウム $NaOH$ 水溶液で中和滴定すると20.0mL要した。このとき，吸収した NH_3 の体積は標準状態で [1 ★★] L（3ケタ）である。

(1) 1.57

(慶應義塾大)

解き方

吸収された NH_3 の体積を標準状態で x L とすると，次の式が成り立つ。

$$0.500 \times \frac{80.0}{1000} \times 2 = 0.500 \times \frac{20.0}{1000} \times 1 + \frac{x}{22.4} \times 1$$

左辺: H_2SO_4 [mol]（2価）→ H^+ [mol] 　酸の放出した H^+ [mol]
右辺: $NaOH$ [mol]（1価）→ OH^- [mol]，NH_3 [mol]（1価）→ OH^- [mol]　塩基の放出した OH^- [mol]

$x ≒ 1.57$ [L]

 17 濃度不明の塩酸500mLと0.010mol/Lの水酸化ナトリウム水溶液500mLを混合したところ，溶液のpHは2.0であった。よって，塩酸は [1 ★★★] mol/L（2ケタ）となる。ただし，溶液中の塩化水素の電離度を1.0とする。

(1) 0.030

(センター)

 解き方

pH = 2.0 の酸性なので HCl が余ることに気づく。求める塩酸の濃度を x mol/L とすると，

　　　　　　　HCl　　　+　NaOH　⟶　NaCl　+　H_2O

(反応前)　$x \times \frac{500}{1000}$ mol　　$0.010 \times \frac{500}{1000}$ mol

(反応後)　$\left(x \times \frac{500}{1000} - 0.010 \times \frac{500}{1000}\right)$ mol　　0　　$0.010 \times \frac{500}{1000}$ mol　$0.010 \times \frac{500}{1000}$ mol
　　　　　　　　余る

ここで，塩酸500mLと水酸化ナトリウム水溶液500mLを混合すると水溶液全体の体積は，ほぼ $(500 + 500)$ mL = 1.0L となることに注意する。pH = 2.0 つまり $[H^+] = 10^{-2}$ [mol/L] なので，次の式が成り立つ。

$$[H^+] = \frac{\left(x \times \frac{500}{1000} - 0.010 \times \frac{500}{1000}\right) \text{mol}}{1.0 \text{L}} = 10^{-2} \text{[mol/L]}$$

$x = 0.030$ [mol/L]

6 滴定に関する器具

1 次のガラス器具は，中和滴定の際に用いられるものである。 1 ～ 4 の名前を答えよ。

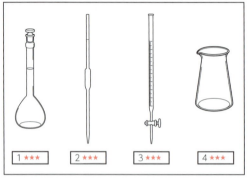

(予想問題)

〈解説〉コニカルビーカーは三角フラスコでも代用できる。
メスフラスコ，ホールピペット，ビュレットは正確な目盛りが刻んであるので，加熱すると器具が変形して目盛りが変化してしまうから加熱乾燥してはいけない。

(1) メスフラスコ
(2) ホールピペット
(3) ビュレット
(4) コニカルビーカー

2 水酸化ナトリウムによる塩酸の滴定の準備で，使用するホールピペット，ビュレットおよびコニカルビーカーの内壁を純水ですすいで洗浄した。これらのガラス器具のうち，滴定操作で，内壁が純水でぬれたまま使用してもよい器具は 1 である。 (秋田大)

〈解説〉ホールピペットやビュレットは，水道水で洗った後，蒸留水で洗い，それぞれの器具に入れる溶液で2～3回洗って(＝とも洗いという)から使用する。メスフラスコやコニカルビーカーまたは三角フラスコは，水道水で洗った後，蒸留水で洗い，ぬれたまま使用することができる。

(1) コニカルビーカー

3 中和滴定で使用したガラス器具 (ホールピペット，コニカルビーカー，ビュレット) が，純水でぬれていた場合，そのままでは使用できない器具名は 1 と 2 (順不同) である。 (岡山大)

(1) ホールピペット
(2) ビュレット

6 滴定に関する器具

4 シリカゲルが乾燥剤として入れてあるデシケータ(ガラス製の密閉容器)中に保存してあるシュウ酸二水和物($H_2C_2O_4 \cdot 2H_2O$)の結晶 12.6g を電子天秤で正確にはかりとり少量の純水に溶かし，洗液とともに 1L の ┃ 1 ★★★ ┃ に入れ標線まで純水を加えた後，栓をしてよく混合し標準溶液をつくった。次に水酸化ナトリウム(NaOH)約 4g をはかりとり純水に溶かし 500mL とした溶液をつくり，この NaOH 溶液を滴定に用いるガラス器具である ┃ 2 ★★★ ┃ に入れ準備を整えた。シュウ酸標準溶液 10.0mL を ┃ 3 ★★★ ┃ でコニカルビーカーにはかりとりフェノールフタレインを指示薬として加え NaOH 溶液で滴定した。コニカルビーカーの溶液の色が ┃ 4 ★★ ┃ 色から ┃ 5 ★★ ┃ 色に急速に変化した時点での NaOH 消費量は 10.52mL だった。(札幌医科大)

(1) メスフラスコ
(2) ビュレット
(3) ホールピペット
(4) 無
(5) 赤

〈解説〉中和滴定における操作

(1) シュウ酸標準溶液をつくる。

$H_2C_2O_4 \cdot 2H_2O$ 12.6g を電子天秤で正確にはかりとる。 / 純水に溶かす。 / 洗液とともに1Lのメスフラスコに移す。 / 標線に合わせる。純水を加えて正確に1Lにする。

(2) シュウ酸標準溶液 10.0mL を水酸化ナトリウム水溶液で滴定する。

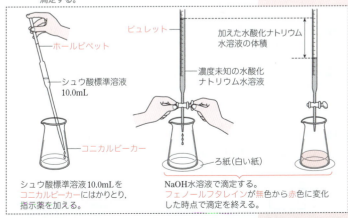

シュウ酸標準溶液 10.0mL をコニカルビーカーにはかりとり，指示薬を加える。
NaOH水溶液で滴定する。フェノールフタレインが無色から赤色に変化した時点で滴定を終える。

7 滴定曲線

▼ANSWER

□1 pHはpHメーターを用いて測定できるが，おおよその値ならばpHによって色調が変化する色素（ 1 という）を染み込ませてある 2 を用いて調べることができる。リトマスは 1 の一つで，酸性で 3 色，塩基性で 4 色を示す。 1 の色調が変化するpHの範囲を 5 という。

（千葉工業大）

(1) pH指示薬 [の指示薬]
(2) pH試験紙
(3) 赤
(4) 青
(5) 変色域

〈解説〉指示薬と変色域

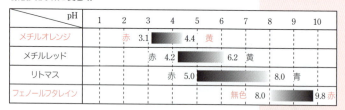

□2 水溶液のpHに応じて色調が変わる物質をpH指示薬という。例えばフェノールフタレインは，酸性水溶液中では 1 色であるが，pHが8.0付近で 2 色を帯び始める。pHの増大とともにその色は濃くなるが，pHが9.8以上では色は変わらなくなる。このように色調の変化するpHの範囲を 3 という。

（東京農工大）

(1) 無
(2) 赤
(3) 変色域

□3 アンモニア水溶液は 1 リトマス紙を 2 に変色させる。

（上智大）

(1) 赤色
(2) 青色

□4 中和滴定に用いられる指示薬は， 1 や 2 （順不同）と反応して鋭敏に色調を変える。

（センター）

(1) 水素イオン H^+
(2) 水酸化物イオン OH^-

□5 中和するときの酸・塩基の濃度と体積の関係式を用いて，濃度未知の酸または塩基の濃度を求めることができる。この時の実験操作を中和滴定といい，滴下した試薬の量と滴定中の溶液のpHの関係を示した曲線を 1 という。

（立命館大）

(1) 滴定曲線

6 ★★★

0.1mol/Lの塩酸 10mL を 0.1mol/L の水酸化ナトリウム水溶液で滴定したときの滴定曲線は [1 ★★★] である。0.1mol/L の酢酸 10mL を 0.1mol/L の水酸化ナトリウム水溶液で滴定したときの滴定曲線は [2 ★★★] である。以下の①，②から選べ。

(1) ①
(2) ②

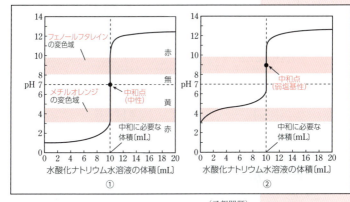

(予想問題)

7 ★★★

0.1mol/L の水酸化ナトリウム水溶液 10mL を 0.1mol/L の塩酸で滴定したときの滴定曲線は [1 ★★★] である。0.1mol/L のアンモニア水 10mL を 0.1mol/L の塩酸で滴定したときの滴定曲線は [2 ★★★] である。以下の①，②から選べ。

(1) ①
(2) ②

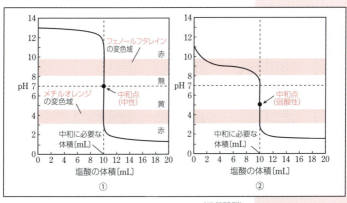

(予想問題)

【第2部】理論化学②ー物質の変化ー　06 酸と塩基

■8 0.10mol/Lの酢酸 CH₃COOH の水溶液 10.0mL をコニカルビーカーにとり，指示薬 1★★★ 溶液を2～3滴加え，0.10mol/Lの水酸化ナトリウム水溶液をビュレットにより少しずつ滴下した。水酸化ナトリウム水溶液を 10.0mL 滴下したとき，溶液の色は 2★★ 色から 3★★ 色へ変化した。

(北海道大)

(1) フェノールフタレイン
(2) 無
(3) (淡)赤

〈解説〉中和点前・後のごくわずかな塩基（または酸）の体積(mL)変化で pH が急に変化するために，pH jump が起こる。そのため，pH jump が指示薬の変色域に含まれていれば，中和点を知ることができる。

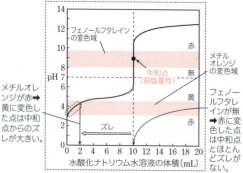

0.10mol/Lの酢酸10.0mLを0.10mol/Lの水酸化ナトリウム水溶液で滴定

■9 目盛りのよみとり方の模式図を下に示した。正しいよみとり方を表しているものを(A)から(C)の中から選び，よみとった値を記せ。なお，図中の点線は視線を示し，数字の単位は mL である。正しいよみとり方 1★★ ，よみとった値 2★ mL

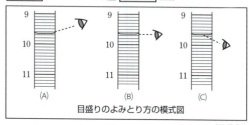

(弘前大)

(1) (B)
(2) 9.65mL

〈解説〉目盛りは，液面のへこんだ面（メニスカス）を真横から水平に見て読み取る。このとき，最小目盛りの $\dfrac{1}{10}$ まで目分量で読み取る。

7 滴定曲線

10 シュウ酸標準溶液 10.00mL を，三角フラスコに ① で正確に量り取り，指示薬フェノールフタレイン溶液を数滴加えた。次に，② を用いて水酸化ナトリウム水溶液で滴定したところ，13.80mL 滴下したところで微かに淡く ③ 色に変色したので終点とした。

(福井大)

(1) ホールピペット
(2) ビュレット
(3) 赤

11 指示薬メチルオレンジの変色域は pH3.1～4.4 であり，指示薬フェノールフタレインの変色域は pH8.0～9.8 である。ここで，滴定に用いる酸と塩基は 0.1mol/L の水溶液とする。

(ア) アンモニア水を塩酸で滴定するとき，① は使用できないが，② は使用できる。
(イ) 塩酸を水酸化ナトリウム水溶液で滴定するとき，メチルオレンジは使用 ③ 。
(ウ) 塩酸を水酸化ナトリウム水溶液で滴定するとき，フェノールフタレインは使用 ④ 。
(エ) 酢酸を水酸化ナトリウム水溶液で滴定するとき，⑤ は使用できないが，⑥ は使用できる。

(センター)

(1) フェノールフタレイン
(2) メチルオレンジ
(3) できる
(4) できる
(5) メチルオレンジ
(6) フェノールフタレイン

06 酸と塩基 7 滴定曲線

〈解説〉
① 0.1mol/L HClaq10mL を 0.1mol/L NaOHaq で滴定する場合(イ), (ウ)
② 0.1mol/L CH₃COOHaq10mL を 0.1mol/L NaOHaq で滴定する場合(エ)
③ 0.1mol/L NaOHaq10mL を 0.1mol/L HClaq で滴定する場合
④ 0.1mol/L NH₃aq10mL を 0.1mol/L HClaq で滴定する場合(ア)

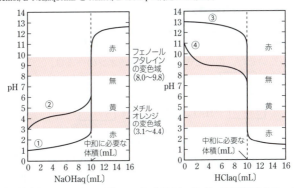

①，③の滴定ならメチルオレンジとフェノールフタレインが，②の滴定ならフェノールフタレインが，④の滴定ならメチルオレンジが使える。

【第2部】理論化学②－物質の変化－ 06 酸と塩基

8 塩の分類と塩の液性

▼ANSWER

1 塩は酸の [1★] と塩基の [2★] が結合した化合物であり，[3★★★] 塩，酸性塩および塩基性塩に分類される。
(山形大)

(1) 陰イオン
(2) 陽イオン
(3) 正

〈解説〉塩は，その組成から3種類に分類することができる。
酸性塩：酸のHが残っている塩。例 $NaHSO_4$, $NaHCO_3$
塩基性塩：塩基のOHが残っている塩。例 $MgCl(OH)$
正塩：酸のHや塩基のOHが残っていない塩。例 $NaCl$, NH_4Cl

2 ミョウバンは複数の塩からつくられる塩で，[1★★] とよばれる。
(日本大)

(1) 複塩

〈解説〉ミョウバン $AlK(SO_4)_2 \cdot 12H_2O$
→ $Al_2(SO_4)_3$ と K_2SO_4 の混合溶液を濃縮してつくる。

3 弱酸や弱塩基から生じた塩を水に溶かすと，電離した塩の成分イオンが水と反応してもとの弱酸や弱塩基にもどり，水溶液がそれぞれ弱塩基性または弱酸性を示す。この現象を塩の [1★★★] という。
(横浜国立大)

(1) 加水分解

〈解説〉塩の加水分解について
(強酸＋強塩基)からなる塩：加水分解せず中性のまま。
(弱酸＋強塩基)からなる塩：加水分解して弱塩基性を示す。
(強酸＋弱塩基)からなる塩：加水分解して弱酸性を示す。
注 $NaHSO_4$, $KHSO_4$ などは，電離して酸性を示す。

4 酢酸ナトリウムを水に溶解し，0.1mol/Lの水溶液を調製した。その溶液のpHを測定したところ，8付近の弱塩基性を示した。これは以下のように説明できる。酢酸ナトリウムは水溶液中ではほぼ完全に [1★★★] しているが，このとき生じる酢酸イオンの一部は，酢酸の [2★★★] が小さいため，次のイオン反応式のように水と反応する。

$$[3★★] + H_2O \rightleftarrows [4★★] + [5★★]$$

((4)(5)順不同)

このような反応を塩の [6★★★] といい，そのため，酢酸ナトリウム水溶液は弱い塩基性を示したのである。
(岐阜大)

(1) 電離
(2) 電離度
(3) CH_3COO^-
(4) CH_3COOH
(5) OH^-
(6) 加水分解

〈解説〉
$CH_3COO^- + H^+ \rightleftarrows CH_3COOH$
+) $H_2O \rightleftarrows H^+ + OH^-$
―――――――――――――――――――
$CH_3COO^- + H_2O \rightleftarrows CH_3COOH + OH^-$

8 塩の分類と塩の液性

■5 NH₄Cl は水溶液中で(1)式のように電離し,生じた NH₄⁺ が(2)式のように $\boxed{1 ★★}$ 分子と反応して $\boxed{2 ★★}$ 分子を生成する。その結果,$\boxed{3 ★★}$ イオンの濃度が大きくなり,水溶液は弱酸性となる。この現象を,塩の $\boxed{4 ★★★}$ という。

$$NH_4Cl \longrightarrow NH_4^+ + Cl^- \quad \cdots(1)$$
$$NH_4^+ + \boxed{1 ★★} \rightleftarrows \boxed{2 ★★} + \boxed{3 ★★} \cdots(2)$$

(神戸薬科大)

(1) H_2O
(2) NH_3
(3) H_3O^+
(4) 加水分解(かすいぶんかい)

■6 次の化合物のうち,水溶液が酸性を示すものはどれか。$\boxed{1 ★★★}$
a. Na₂SO₄　b. NaCl　c. CuSO₄
d. KNO₃　e. CH₃COONa

(立教大)

(1) c

解き方
Na₂SO₄ ➡ 中性,NaCl ➡ 中性,CuSO₄ ➡ 酸性
KNO₃ ➡ 中性,CH₃COONa ➡ 塩基性

〈解説〉塩の水溶液の液性は,「強いものが勝つ!」と覚えるとよい。
(1) 強酸と強塩基を中和することによってできると考えられる塩
　〔例〕NaCl,KCl,Na₂SO₄,K₂SO₄,NaNO₃,KNO₃ など
　　強と強の強いものどうしなので「引き分け」と考え,「中性」と判定する。
　➡これらの塩の水溶液は中性になる。
(2) 弱酸と強塩基を中和することによってできると考えられる塩
　〔例〕CH₃COONa,NaHCO₃,Na₂CO₃ など
　　強い塩基が勝って,「塩基性」を示すと判定する。
　➡これらの塩の水溶液は塩基性を示す。
(3) 強酸と弱塩基を中和することによってできると考えられる塩
　〔例〕NH₄Cl,(NH₄)₂SO₄,CuSO₄,ZnSO₄,AlCl₃,FeCl₃ など
　　強い酸が勝って,「酸性」を示すと判定する。
　➡これらの塩の水溶液は酸性を示す。
　注 HSO₄⁻ は例外的に,次のように電離して酸性を示すので,HSO₄⁻ からなる塩については注意が必要。
$$HSO_4^- + H_2O \rightleftarrows SO_4^{2-} + H_3O^+$$

■7 塩化カルシウムは強酸と $\boxed{1 ★★}$ から生じた塩であるため,その水溶液は $\boxed{2 ★★★}$ を示す。　(弘前大)

(1) 強塩基(きょうえんき)
(2) 中性(ちゅうせい)

■8 強酸と弱塩基の反応により生じる正塩の水溶液は $\boxed{1 ★★★}$ を示す。　(東京都市大)

〈解説〉NH₄Cl,(NH₄)₂SO₄ など

(1) 酸性(さんせい)

【第2部】理論化学②−物質の変化− **06 酸と塩基**

□9 硫酸水素ナトリウムは $\boxed{1\ \text{★★★}}$ 塩であり，その水溶液
★★★ は $\boxed{2\ \text{★★★}}$ を示す。
(日本大)

〈解説〉硫酸水素ナトリウム $NaHSO_4$
$$HSO_4^- + H_2O \rightleftharpoons SO_4^{2-} + \underline{H_3O^+}$$

(1) 酸性
(2) 酸性

□10 炭酸水素ナトリウムは $\boxed{1\ \text{★★★}}$ 塩であり，その水溶液
★★★ は弱い $\boxed{2\ \text{★★★}}$ を示す。
(上智大)

〈解説〉炭酸水素ナトリウム $NaHCO_3$
$$HCO_3^- + H_2O \rightleftharpoons H_2CO_3 + \underline{OH^-}$$

(1) 酸性
(2) 塩基性
　（アルカリ性）

□11 炭酸ナトリウムは $\boxed{1\ \text{★★★}}$ 塩であり，その水溶液は
★★★ $\boxed{2\ \text{★★★}}$ を示す。
(滋賀医科大)

〈解説〉炭酸ナトリウム Na_2CO_3
$$CO_3^{2-} + H_2O \rightleftharpoons HCO_3^- + \underline{OH^-}$$

(1) 正
(2) (弱)塩基性
　((弱)アルカリ性)

□12 酢酸ナトリウム水溶液は $\boxed{1\ \text{★★★}}$ を示す。
★★★ (上智大)

〈解説〉酢酸ナトリウム CH_3COONa
$$CH_3COO^- + H_2O \rightleftharpoons CH_3COOH + \underline{OH^-}$$

(1) (弱)塩基性
　((弱)アルカリ性)

□13 酢酸カリウムは，$\boxed{1\ \text{★★}}$ の反応により生じる塩であ
★★ る。
(東京都市大)

〈解説〉$CH_3COOH + KOH \longrightarrow CH_3COOK + H_2O$

(1) 弱酸と強塩基
　[例酢酸と水酸
　化カリウム]

□14 フェノールは，$\boxed{1\ \text{★★★}}$ 物質であり，水酸化ナトリウ
★★★ ムと反応すると塩を生じる。この塩は，$\boxed{2\ \text{★★★}}$ であ
り，塩の水溶液は $\boxed{3\ \text{★★★}}$ を示す。
(崇城大)

〈解説〉

$$\text{〈六員環〉}-OH + NaOH \longrightarrow \text{〈六員環〉}-ONa + H_2O$$
　フェノール　　　　　　ナトリウムフェノキシド

$$\text{〈六員環〉}-O^- + H_2O \rightleftharpoons \text{〈六員環〉}-OH + \underline{OH^-}$$

(1) 弱酸性
(2) 正塩
　[例ナトリウム
　フェノキシド]
(3) (弱)塩基性
　((弱)アルカリ性)

□15 25℃で $1\,mol/L$ の酢酸水溶液を $0.5\,mol/L$ の水酸化ナ
★★★ トリウム水溶液で中和滴定するとき，中和点の pH の
値は 7 より $\boxed{1\ \text{★★★}}$ なる。
(東京工業大)

〈解説〉中和点では CH_3COONa が生成している。
① $0.1\,mol/L$ HClaq10mL を $0.1\,mol/L$ NaOHaq で滴定する場合
② $0.1\,mol/L$ CH_3COOHaq10mL を $0.1\,mol/L$ NaOHaq で滴定する
　場合
③ $0.1\,mol/L$ NaOHaq10mL を $0.1\,mol/L$ HClaq で滴定する場合
④ $0.1\,mol/L$ NH_3aq10mL を $0.1\,mol/L$ HClaq で滴定する場合

(1) 大きく

8 塩の分類と塩の液性

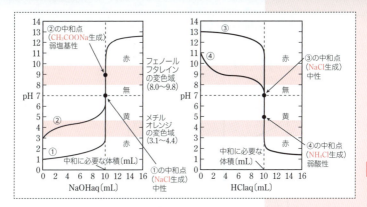

応用 □**16** 炭酸ナトリウムの水溶液に塩酸を加えると，ナトリウムイオンは反応せず，炭酸イオンと水素イオンの反応が，次のように2段階で進む。

$$CO_3^{2-} + H^+ \longrightarrow HCO_3^- \quad \text{反応①}$$
$$HCO_3^- + H^+ \longrightarrow H_2O + CO_2 \quad \text{反応②}$$

【反応①について】 炭酸ナトリウムの水溶液に指示薬 ┌1★★★┐ を加えると， ┌2★★┐ 色を示す。そこへ塩酸を少しずつ加えていくと，CO_3^{2-} がすべて HCO_3^- に変化したときに， ┌2★★┐ 色から ┌3★★┐ 色になる。

【反応②について】 反応①で ┌3★★┐ 色になった溶液に指示薬 ┌4★★★┐ を加えると， ┌5★★┐ 色を示す。そこへ塩酸を少しずつ加えていくと，HCO_3^- がすべて $H_2O + CO_2$ に変化したときに， ┌5★★┐ 色から ┌6★★┐ 色になる。

(大阪教育大)

(1) フェノールフタレイン
(2) 赤
(3) 無
(4) メチルオレンジ [別 メチルレッド]
(5) 黄
(6) 赤

解き方

Na_2CO_3 の水溶液に塩酸を加えていくと，反応①′が起こる。

$$Na_2CO_3 + HCl \longrightarrow NaHCO_3 + NaCl \quad \cdots ①'$$

←反応①の両辺に $2Na^+$ と Cl^- を加えてつくる

$NaHCO_3$ が生成するとフェノールフタレインが赤色→無色に変色する。さらに，塩酸を加えていくと反応①′で生じた $NaHCO_3$ と塩酸の反応②′が起こる。

$$NaHCO_3 + HCl \longrightarrow H_2O + CO_2 + NaCl \quad \cdots ②'$$

←反応②の両辺に Na^+ と Cl^- を加えてつくる

そして，NaHCO₃ がなくなると，メチルオレンジが黄色→赤色に変色し（メチルレッドを使ってもよい。色の変化はメチルオレンジと同じになる），滴定が完了する。

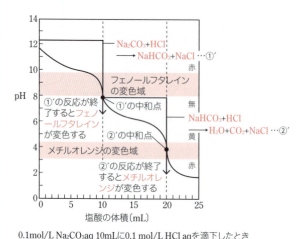

0.1mol/L Na₂CO₃aq 10mLに0.1 mol/L HCl aqを滴下したとき

 17 炭酸ナトリウムと水酸化ナトリウムを含む混合水溶液がある。この混合水溶液を 1 を用いて 10mL はかり取り，コニカルビーカーに入れ，指示薬 2 を加えた。次に，0.200mol/L 塩酸を 3 に入れ，炭酸ナトリウムと水酸化ナトリウムを含む混合水溶液に塩酸を滴下した。その結果，滴定開始から第一中和点までに要した塩酸の体積は 6.4mL であった。このとき，第一中和点での溶液の色は 4 から 5 に変化した。さらに，指示薬 6 を加え，塩酸を滴下したところ，第一中和点から第二中和点までに要した塩酸の体積は 2.5mL であった。このとき，第二中和点での溶液の色は 7 から 8 に変化した。

(高知大)

(1) ホールピペット
(2) フェノールフタレイン
(3) ビュレット
(4) 赤色
(5) 無色
(6) メチルオレンジ
　［圏メチルレッド］
(7) 黄色
(8) 赤色

〈解説〉（水酸化ナトリウム NaOH＋炭酸ナトリウム Na_2CO_3）の混合水溶液の塩酸 HCl による滴定
フェノールフタレイン変色（第1中和点）までに起こる反応
　$NaOH + HCl \longrightarrow NaCl + H_2O$
　$Na_2CO_3 + HCl \longrightarrow NaHCO_3 + NaCl$
フェノールフタレイン変色後，メチルオレンジ変色（第2中和点）までに起こる反応
　$NaHCO_3 + HCl \longrightarrow H_2O + CO_2 + NaCl$

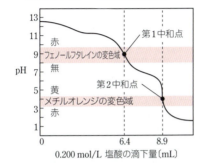

 18 濃度不明の水酸化ナトリウム NaOH と炭酸ナトリウム Na_2CO_3 を含む水溶液 25.0mL を試料とした。 1 を指示薬として，この試料水溶液を 0.100mol/L の塩酸で滴定した。塩酸を 20.0mL 滴下したところで，水溶液は 2 に変色し，第一中和点に達した。続いて，この第一中和点に達した水溶液に 3 を指示薬として加えて，再び塩酸を滴下した。さらに 5.0mL 滴下したところで，水溶液の色が変化し第二中和点に達した。以上の結果から，はじめの試料水溶液の NaOH の濃度は 4 mol/L（2ケタ），炭酸ナトリウム Na_2CO_3 の濃度は 5 mol/L（2ケタ）と求められる。
(明治大)

(1) フェノールフタレイン
(2) 無色
(3) メチルオレンジ [⑩メチルレッド]
(4) 0.060
(5) 0.020

解き方

NaOH の濃度を x mol/L，Na_2CO_3 の濃度を y mol/L とすると，試料水溶液 25.0mL 中の NaOH は $x \times \dfrac{25.0}{1000}$ mol，Na_2CO_3 は $y \times \dfrac{25.0}{1000}$ mol になる。

第一中和点のフェノールフタレイン変色までには，①式と②式の反応が起こる。

　$NaOH + HCl \longrightarrow NaCl + H_2O$ 　…①
　$Na_2CO_3 + HCl \longrightarrow NaHCO_3 + NaCl$ 　…②

【第2部】理論化学②－物質の変化－　**06**　酸と塩基

①式から，NaOH を滴定するには NaOH と同じ物質量〔mol〕の HCl $x \times \dfrac{25.0}{1000}$ mol が必要になり，②式から，Na_2CO_3 を滴定するには Na_2CO_3 と同じ物質量〔mol〕の HCl $y \times \dfrac{25.0}{1000}$ mol が必要になる。

この和が，フェノールフタレインが変色するまでに滴下した 0.100mol/L の HCl 20.0mL に相当する。

$$\underbrace{x \ \times \ \frac{25.0}{1000}}_{\substack{\text{NaOH を滴定するの}\\\text{に必要な HCl〔mol〕}}} + \underbrace{y \ \times \ \frac{25.0}{1000}}_{\substack{Na_2CO_3 \text{を滴定するの}\\\text{に必要な HCl〔mol〕}}} = \underbrace{0.100 \ \times \ \frac{20.0}{1000}}_{\text{滴下した HCl〔mol〕}} \cdots(1)$$

次に，第二中和点のメチルオレンジ変色までには，③式の反応が起こる。

$$NaHCO_3 + HCl \longrightarrow H_2O + CO_2 + NaCl \quad \cdots③$$

②式から，Na_2CO_3 $y \times \dfrac{25.0}{1000}$ mol から生じる $NaHCO_3$ は $y \times \dfrac{25.0}{1000}$ mol とわかり，③式から，$NaHCO_3$ を滴定するには $NaHCO_3$ と同じ物質量〔mol〕の HCl $y \times \dfrac{25.0}{1000}$ mol が必要になる。これが，メチルオレンジが変色するまでに滴下した 0.100mol/L の HCl 5.0mL に相当する。

$$\underbrace{y \ \times \ \frac{25.0}{1000}}_{\substack{NaHCO_3 \text{を滴定するの}\\\text{に必要な HCl〔mol〕}}} = \underbrace{0.100 \ \times \ \frac{5.0}{1000}}_{\text{滴下した HCl〔mol〕}} \cdots(2)$$

(1)，(2)より，$x = 0.060$〔mol/L〕　$y = 0.020$〔mol/L〕

9 塩の性質

▼ **ANSWER**

「弱酸の塩」＋「強酸」⟶「弱酸」＋「強酸の塩」

□**1** 酢酸ナトリウムの水溶液に塩酸を加えると，$\boxed{1\,\star\star}$
★★　が生成し刺激臭がする。　　　　　　　　　　　　（予想問題）

　〈解説〉$CH_3COONa + HCl \longrightarrow CH_3COOH + NaCl$
　　　　　弱酸の塩　　強酸　　　　弱酸　　　強酸の塩

(1) 酢酸 (さくさん)
CH_3COOH

□**2** 硫化鉄(Ⅱ)に希硫酸を加えると $\boxed{1\,\star\star\star}$ が発生する。
★★★　$\boxed{1\,\star\star\star}$ は，無色・悪臭のある気体で水に溶けると弱酸
　性を示す。　　　　　　　　　　　　　　　　　　　（甲南大）

　〈解説〉$FeS + H_2SO_4 \longrightarrow H_2S + FeSO_4$
　　　　　弱酸の塩　　強酸　　　　弱酸　強酸の塩

(1) 硫化水素 (りゅう か すい そ) H_2S

□**3** カルシウムの炭酸塩は塩酸に溶けて $\boxed{1\,\star\star\star}$ を発生
★★★　するが，水には難溶である。　　　　　　　　　（東京都市大）

　〈解説〉$CaCO_3 + 2HCl \longrightarrow CaCl_2 + H_2O + CO_2$
　　　　　弱酸の塩　　強酸　　　　強酸の塩　　　　弱酸

(1) 二酸化炭素 (に さん か たん そ)
CO_2

□**4** $\boxed{1\,\star\star}$ は亜硫酸ナトリウムに希硫酸を加えることで
★★　発生させることができる。　　　　　　　　　　（大阪工業大）

　〈解説〉$Na_2SO_3 + H_2SO_4 \longrightarrow H_2O + SO_2 + Na_2SO_4$
　　　　　弱酸の塩　　強酸　　　　　　弱酸　　強酸の塩
　　　　　亜硫酸水素ナトリウム $NaHSO_3$ を使用しても，発生させる
　　　　　ことができる。
　　　　　$2NaHSO_3 + H_2SO_4 \longrightarrow 2H_2O + 2SO_2 + Na_2SO_4$
　　　　　弱酸の塩　　強酸　　　　　　弱酸　　強酸の塩

(1) 二酸化硫黄 (に さん か い おう)
SO_2

「弱塩基の塩」＋「強塩基」⟶「弱塩基」＋「強塩基の塩」

□**5** 実験室では $\boxed{1\,\star\star\star}$ は塩化アンモニウムと水酸化カ
★★★　ルシウムの混合物を加熱し，合成される。　　　（京都大）

　〈解説〉$2NH_4Cl + Ca(OH)_2 \longrightarrow 2NH_3 + 2H_2O + CaCl_2$
　　　　　弱塩基の塩　　強塩基　　　弱塩基　　　　強塩基の塩

(1) アンモニア
NH_3

06

酸と塩基

8 塩の分類と塩の液性 ～ **9** 塩の性質

145

【第2部】理論化学②－物質の変化－　　**06** 酸と塩基

> 「揮発性の酸の塩」＋「不揮発性の酸（濃硫酸）」
>
> $\xrightarrow{\text{加熱}}$「揮発性の酸（HCl，HF，HNO₃ など）」
>
> ＋「不揮発性の酸の塩」

応用 □6 食塩に濃硫酸を加えて熱すると □ 1 ★★★ が発生する。
★★★
（昭和薬科大）

〈解説〉硫酸の沸点が高い（➡不揮発性という）ことを利用して，濃硫酸（沸点約300℃）よりも沸点が低い，つまり揮発性の酸である HCl（沸点－85℃）や HF（沸点20℃）を発生させることができる。

$$NaCl + H_2SO_4 \longrightarrow HCl + NaHSO_4$$
$$CaF_2 + H_2SO_4 \longrightarrow 2HF + CaSO_4$$

ホタル石 —主成分がフッ化カルシウム　　HF のときは 2mol 発生することに注意!!

(1) 塩化水素 HCl

応用 □7 □ 1 ★★ は，フッ化カルシウムに濃硫酸を加えて加熱
★★
すると得られる。
（千葉大）

〈解説〉$\underset{\substack{\text{揮発性の}\\\text{酸の塩}}}{CaF_2}$ ＋ $\underset{\text{不揮発性の酸}}{H_2SO_4}$ $\longrightarrow$ $\underset{\text{揮発性の酸}}{2HF}$ ＋ $\underset{\substack{\text{不揮発性の}\\\text{酸の塩}}}{CaSO_4}$

(1) フッ化水素 HF

応用 □8 □ 1 ★ は，実験室では硝酸塩に濃硫酸を加えて，加
★
熱して発生させる。
（近畿大）

〈解説〉$\underset{\substack{\text{揮発性の}\\\text{酸の塩}}}{NaNO_3}$ ＋ $\underset{\text{不揮発性の酸}}{H_2SO_4}$ $\longrightarrow$ $\underset{\text{揮発性の酸}}{HNO_3}$ ＋ $\underset{\substack{\text{不揮発性の}\\\text{酸の塩}}}{NaHSO_4}$

$\underset{\substack{\text{揮発性の}\\\text{酸の塩}}}{KNO_3}$ ＋ $\underset{\text{不揮発性の酸}}{H_2SO_4}$ $\longrightarrow$ $\underset{\text{揮発性の酸}}{HNO_3}$ ＋ $\underset{\substack{\text{不揮発性の}\\\text{酸の塩}}}{KHSO_4}$

(1) 硝酸 HNO₃

[第2部]

第 07 章

酸化・還元

1 酸化・還元

▼ ANSWER

□1 炭素は空気中で完全燃焼させると二酸化炭素を生じる
★★★ が，このように物質が酸素と化合する反応を $\boxed{1 ★★★}$
といい，逆に酸素を失う反応を $\boxed{2 ★★★}$ という。

(北海道大)

〈解説〉 $\underline{C} + O_2 \longrightarrow \underline{CO_2}$ （C が酸化された）
$\underline{CuO} + H_2 \longrightarrow \underline{Cu} + H_2O$ （CuO が還元された）

(1) 酸化
(2) 還元

□2 物質が水素を失うことを $\boxed{1 ★★★}$ といい，水素と結び
★★★ つくことを $\boxed{2 ★★★}$ という。 (愛知工業大)

〈解説〉 $2H_2S + SO_2 \longrightarrow 3\underline{S} + 2H_2O$ （H_2S が酸化された）
$\underline{Cl_2} + H_2 \longrightarrow 2HCl$ （Cl_2 が還元された）

(1) 酸化
(2) 還元

□3 アルミニウムと塩素から塩化アルミニウムを生成する
★★ 反応のように，酸素や水素が関与しない酸化還元反応
もあるので，一般的には $\boxed{1 ★★}$ の授受で酸化・還元
を定義する。 (北海道大)

〈解説〉 $2Al + 3Cl_2 \longrightarrow 2AlCl_3$
$AlCl_3$ は，Al^{3+} と Cl^- がクーロン力で結びついてできている
ので，次の反応のような e^- の受けわたしが起こっている。
$Al \longrightarrow Al^{3+} + 3e^- \qquad Cl_2 + 2e^- \longrightarrow 2Cl^-$

(1) 電子 e^-

□4 物質が電子を失うことを $\boxed{1 ★★★}$ といい，電子を得る
★★★ ことを $\boxed{2 ★★★}$ という。 (愛知工業大)

〈解説〉 $Al \longrightarrow Al^{3+} + 3e^-$ （Al が酸化された）
　　　 失っている
$Cl_2 + 2e^- \longrightarrow 2Cl^-$ （Cl_2 が還元された）
　　　 得ている

(1) 酸化
(2) 還元

	酸素	水素	電子
酸化(酸化される)	化合する	失う	失う
還元(還元される)	失う	化合する	受け取る

07
酸化・還元 **1** 酸化・還元

147

【第2部】理論化学②－物質の変化－ **07** 酸化・還元

□5
★★★
銅と塩素の反応で塩化銅(Ⅱ)ができる。このとき銅原子は [1 ***] され，塩素分子は [2 ***] される。

(青山学院大)

(1) 酸化
(2) 還元

〈解説〉
$$Cu \longrightarrow Cu^{2+} + 2e^- \quad (Cu が酸化された)$$
$$\underline{+) \quad Cl_2 + 2e^- \longrightarrow 2Cl^- \quad (Cl_2 が還元された)}$$
$$Cu + Cl_2 \longrightarrow CuCl_2$$

□6
★★
酸化・還元は，酸素や水素のやりとりだけでなく電子 e^- の授受からも定義することができる。次式の銅と塩素の反応では，銅原子 Cu は e^- を失って [1 **] になり，塩素原子 Cl は Cu が失った e^- を受け取って [2 **] になる。つまり Cu の酸化は Cu から Cl に e^- が移動する反応といえる。このように酸化と還元が同時におこる反応を酸化還元反応という。

$$Cu + Cl_2 \longrightarrow CuCl_2$$

(秋田大)

(1) 銅(Ⅱ)イオン Cu^{2+}
(2) 塩化物イオン Cl^-

□7
★★★
相手の物質に電子を与え，その物質を還元し，自身は酸化される物質を [1 ***] 剤という。また，相手の物質から電子を奪い，その物質を酸化し，自身は還元される物質を [2 ***] 剤という。

(昭和薬科大)

(1) 還元
(2) 酸化

〈解説〉{ 還元剤➡相手の物質を還元する物質。自身は酸化される。e^- を与える。
酸化剤➡相手の物質を酸化する物質。自身は還元される。e^- をうばう。

発展 □8
★★★
アセトアルデヒドをフェーリング液（フェーリング液は，[1 ***] 価の [2 ***] イオンの水溶液と，ロッシェル塩と水酸化ナトリウムを溶かした水溶液を混合して得る）に加え加熱すると，[2 ***] イオンが [3 ***] され，[4 ***] の赤色沈殿を生じる。

(大阪市立大)

(1) 2
(2) 銅(Ⅱ)Cu^{2+}
(3) 還元
(4) 酸化銅(Ⅰ) Cu_2O

〈解説〉アセトアルデヒド：$CH_3-C{<}^O_H$

フェーリング液：$CuSO_4$ の水溶液，ロッシェル塩(酒石酸のナトリウムカリウム塩)と $NaOH$ の水溶液を混合しつくる。
フェーリング液にアルデヒドを加えて加熱すると，
$$2Cu^{2+} + 2OH^- + 2e^- \longrightarrow Cu_2O \downarrow (赤) + H_2O$$
の反応が起こる。（フェーリング液の還元）

1 酸化・還元 ～ **2** 酸化数

2 酸化数 ▼ANSWER

□**1** 物質が電子を失った場合 $\boxed{1 \text{***}}$ されたといい，電子
★★★ を受け取った場合 $\boxed{2 \text{***}}$ されたという。このような
原子がもつ電子の増減を表す数値として $\boxed{3 \text{**}}$ が
用いられる。 （北海道大）

(1) 酸化
(2) 還元
(3) 酸化数

□**2** 硫黄原子の酸化数は，S では $\boxed{1 \text{***}}$，SO_2 では
★★★ $\boxed{2 \text{***}}$，H_2S では $\boxed{3 \text{***}}$，$SO_4{}^{2-}$では $\boxed{4 \text{***}}$ で
ある。 （岩手大）

(1) 0
(2) +4
(3) −2
(4) +6

07
酸化・還元
1
酸化・還元
～
2
酸化数

> **考え方**
>
> 酸化数は，次の①～⑥の「規則」に従って機械的に求めることができる。
>
> ①単体を構成する原子の酸化数は 0 とする。
>
> 例 $H_2(H:0)$，$S(S:0)$，$Cu(Cu:0)$
>
> ②化合物中の水素原子の酸化数は +1，酸素原子の酸化数は −2 とする。
>
> 例 $H_2O(H:+1, O:-2)$
>
> 注 水素化ナトリウム NaH などの金属の水素化合物や過酸化水素 H_2O_2 は，「規則」に従わない。
>
> 例 $NaH(Na:+1, H:-1)$，$H_2O_2(H:+1, O:-1)$
>
> ③化合物を構成する原子の酸化数の総和は 0 とする。
>
> 例 $SO_2(S:+4, O:-2$ $(+4)+2×(-2)=0)$
> $H_2S(H:+1, S:-2$ $2×(+1)+(-2)=0)$
>
> ④単原子イオンの酸化数はイオンの電荷に等しい。
>
> 例 $Al^{3+}(Al:+3)$，$S^{2-}(S:-2)$
>
> ⑤多原子イオンを構成する原子の酸化数の総和はイオンの電荷に等しい。
>
> 例 $SO_4{}^{2-}(S:+6, O:-2$ $(+6)+4×(-2)=-2)$
>
> ⑥化合物中でのアルカリ金属の酸化数は +1，アルカリ土類金属の酸化数は +2 とする。
>
> 例 $Na_2S(Na:+1, S:-2)$，$CaCl_2(Ca:+2, Cl:-1)$

149

【第2部】理論化学②－物質の変化－　07　酸化・還元

□**3** 過酸化水素の酸素原子の酸化数は　$\boxed{1\,\star\star\star}$　である。　(1) -1
★★★

(自治医科大)

□**4** NaH の水素の酸化数は　$\boxed{1\,\star\star\star}$　である。　(自治医科大)　(1) -1
★★★

□**5** Fe を空気中でバーナーで加熱した。この中には，未反　(1) 0
★★★ 応の Fe，酸化物の Fe_3O_4 および Fe_2O_3 が含まれてい　(2) $+\dfrac{8}{3}$
た。鉄の酸化数は，それぞれ　$\boxed{1\,\star\star\star}$，$\boxed{2\,\star}$，お　(3) $+3$
よび　$\boxed{3\,\star\star\star}$　となるが，ここで Fe_3O_4 の鉄の酸化数
$\boxed{2\,\star}$　が見かけ上整数とならないのは，Fe_3O_4 が
Fe（Ⅱ）および Fe（Ⅲ）の酸化物の組合せと考えられる
からである。　(法政大)

〈解説〉Fe の酸化数をそれぞれ x とすると，

$$\underline{Fe_3O_4} \Rightarrow x \times 3 + (-2) \times 4 = 0 \quad よって，\ x = +\frac{8}{3}$$
$$\underline{Fe_2O_3} \Rightarrow x \times 2 + (-2) \times 3 = 0 \quad よって，\ x = +3$$

□**6** 酸化数は，原子が酸化された場合に　$\boxed{1\,\star\star}$　し，還元　(1) 増加
★★ された場合に　$\boxed{2\,\star\star}$　する。　(愛知工業大)　(2) 減少

〈解説〉　　　　還元された＝酸化数減少＝電子を得る
　　　　　　　┌─────────────┐
　　　　還元剤＋酸化剤 ──→ 還元剤からの生成物＋酸化剤からの生成物
　　　　└───────────────┘
　　　　　　　酸化された＝酸化数増加＝電子を失う

□**7** ナトリウム（単体）の原子の酸化数は　$\boxed{1\,\star\star\star}$　である　(1) 0
★★★ が，塩素（気体）と反応すると酸化数は　$\boxed{2\,\star\star\star}$　とな　(2) $+1$
り，一方，塩素原子の酸化数は -1 となる。よって，ナ　(3) 還元
トリウム（単体）は，その作用から　$\boxed{3\,\star\star\star}$　剤とよばれ
る。　(香川大)

〈解説〉Na ──→ Na⁺ ＋ e⁻
　　　　Cl₂ ＋ 2e⁻ ──→ 2Cl⁻

還元剤	酸化される	電子を失う	酸化数が増加する
酸化剤	還元される	電子を得る	酸化数が減少する

2 酸化数

発展 8 共有結合からなる化合物ではイオンのように電子の完全な移動はないが，共有されている電子はより ⌈1★★⌋ が強い原子に引き寄せられる。したがって，この場合には移動したと仮定したときの ⌈2★⌋ を酸化数とする。例えば，水分子の場合には，水素原子の酸化数は ⌈3★★⌋，酸素原子の酸化数は ⌈4★★⌋ となる。

(東京理科大)

(1) 電気陰性度 [⑩陰性]
(2) 電荷
(3) $+1$
(4) -2

〈解説〉電気陰性度は O > H，電気陰性度の大きい原子に共有電子対を移動させる。

また，同じ元素の原子間では，それぞれの原子に電子を均等に割り振る。

発展 9 エタノールに含まれる 2 つの C 原子の酸化数は，値の小さい方が ⌈1★⌋，大きい方が ⌈2★⌋ である。

(青山学院大)

(1) -3
(2) -1

〈解説〉電気陰性度は O>C>H

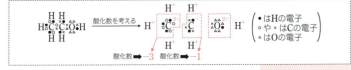

10 次の①〜④の反応のうち，酸化還元反応であるものを 1 つ選び，その番号を記せ。⌈1★⌋

① $K_2Cr_2O_7 + 2KOH \longrightarrow 2K_2CrO_4 + H_2O$
② $AgNO_3 + HCl \longrightarrow AgCl + HNO_3$
③ $CuO + 2HNO_3 \longrightarrow Cu(NO_3)_2 + H_2O$
④ $2KI + Cl_2 \longrightarrow I_2 + 2KCl$

(群馬大)

(1) ④

〈解説〉反応前後で同じ原子の酸化数が変化していれば，その反応は酸化還元反応である。

$$2KI + Cl_2 \longrightarrow I_2 + 2KCl$$
$$\;\;-1 \quad\;\; 0 \quad\quad 0 \quad\;\; -1$$

また，反応式中に単体があるとその反応は酸化還元反応になることも知っておきたい。

3 酸化剤・還元剤とそのはたらき ▼ANSWER

1 ナトリウムは塩素に対して ⟨1⟩ としてはたらく。

(上智大)

⟨解説⟩還元剤：相手の物質に電子 e^- を与えて相手を還元する物質。
　　　酸化剤：相手の物質から電子 e^- を受け取って相手を酸化する物質。

$$2Na \longrightarrow 2Na^+ + 2e^-$$
$$+)\ Cl_2 + 2e^- \longrightarrow 2Cl^-$$
$$\overline{\ 2Na + Cl_2 \longrightarrow 2NaCl\ }$$

(1) 還元剤

還元剤　　酸化剤

2 過マンガン酸イオンは ⟨1⟩ 剤としてはたらき、マンガンの酸化数は、次式に示すように、⟨2⟩ から +2 に変化する。

⟨3⟩ + $8H^+$ + ⟨4⟩
　　　$\longrightarrow Mn^{2+} + 4H_2O$　((3)(4)順不同)

(島根大)

(1) 酸化
(2) +7
(3) MnO_4^-
(4) $5e^-$

考え方

酸化剤や還元剤のはたらきを示す反応式のつくり方の例

【手順①】酸化剤、還元剤が何に変化するかを書く。

$$MnO_4^- \longrightarrow Mn^{2+}$$　◀ 変化後の形は覚えておく

【手順②】両辺の O の数が等しくなるように H_2O を加える。

$$MnO_4^- \longrightarrow Mn^{2+} + 4H_2O$$

【手順③】両辺の H の数が等しくなるように H^+ を加える。

$$MnO_4^- + 8H^+ \longrightarrow Mn^{2+} + 4H_2O$$

【手順④】両辺の電荷が等しくなるように e^- を加える。

$$MnO_4^- + 8H^+ + 5e^- \longrightarrow Mn^{2+} + 4H_2O$$

　左辺の電荷の総和は、$(-1) + 8 \times (+1) = +7$
　右辺の電荷の総和は、$(+2) + 4 \times (0) = +2$
　ここで、左辺と右辺の電荷をそろえるために左辺に -5 が必要になるので、$(+7) + (-5) = (+2)$ とするために、-5 の部分を $5e^-$ で表す。

3 酸化剤・還元剤とそのはたらき

3 過マンガン酸カリウムは強い [1★★★] 剤であり，この水溶液は [2★★★] 色である。この色はマンガン原子の酸化数が [3★★] の過マンガン酸イオンに由来するもので，酸性水溶液中で他の化合物に対して [1★★★] 剤として作用すると自らは [4★★★] され，酸化数が [5★★] のマンガンイオンとなり，その高濃度の水溶液は [6★] 色を呈する。　　（東京理科大）

(1) 酸化
(2) 赤紫
(3) +7
(4) 還元
(5) +2
(6) 淡桃 [例 淡赤]

〈解説〉Mn^{2+} のうすい水溶液は，ほぼ無色になる。

4 過マンガン酸イオンは酸化作用を示し，酸性水溶液中で反応式①のように反応し，硫化水素は還元作用を示し，酸性水溶液中で反応式②のように反応する。

$$MnO_4^- + 8H^+ + 5e^- \longrightarrow Mn^{2+} + 4H_2O \cdots ①$$
$$\boxed{1★★} \longrightarrow \boxed{2★★} + 2H^+ + 2e^- \cdots ② （崇城大）$$

(1) H_2S
(2) S

〈解説〉①主に酸化剤としてはたらくもの（赤字を覚える）

ハロゲン単体　(Cl_2, Br_2, I_2)	例　$Cl_2 + 2e^- \longrightarrow 2Cl^-$
オゾン　（酸性条件下）	$O_3 + 2H^+ + 2e^- \longrightarrow O_2 + H_2O$
硝酸　濃硝酸	$HNO_3 + H^+ + e^- \longrightarrow NO_2 + H_2O$
希硝酸	$HNO_3 + 3H^+ + 3e^- \longrightarrow NO + 2H_2O$
過マンガン酸イオン　（酸性条件下）	$MnO_4^- + 8H^+ + 5e^- \longrightarrow Mn^{2+} + 4H_2O$
（中性・塩基性条件下）	$MnO_4^- + 2H_2O + 3e^- \longrightarrow MnO_2 + 4OH^-$
酸化マンガン(Ⅳ)　（酸性条件下）	$MnO_2 + 4H^+ + 2e^- \longrightarrow Mn^{2+} + 2H_2O$
二クロム酸イオン　（酸性条件下）	$Cr_2O_7^{2-} + 14H^+ + 6e^- \longrightarrow 2Cr^{3+} + 7H_2O$
熱濃硫酸　（加熱した濃硫酸）	$H_2SO_4 + 2H^+ + 2e^- \longrightarrow SO_2 + 2H_2O$

②主に還元剤としてはたらくもの（赤字を覚える）

金属単体	例　$Zn \longrightarrow Zn^{2+} + 2e^-$
ハロゲン化物イオン(Cl^-, Br^-, I^-)	例　$2Cl^- \longrightarrow Cl_2 + 2e^-$
鉄(Ⅱ)イオン	$Fe^{2+} \longrightarrow Fe^{3+} + e^-$
スズ(Ⅱ)イオン	$Sn^{2+} \longrightarrow Sn^{4+} + 2e^-$
シュウ酸・シュウ酸イオン	$H_2C_2O_4 \longrightarrow 2CO_2 + 2H^+ + 2e^-$
	$C_2O_4^{2-} \longrightarrow 2CO_2 + 2e^-$
硫化水素・硫化物イオン	$H_2S \longrightarrow S + 2H^+ + 2e^-$
	$S^{2-} \longrightarrow S + 2e^-$
チオ硫酸イオン	$2S_2O_3^{2-} \longrightarrow S_4O_6^{2-} + 2e^-$

【第2部】理論化学②―物質の変化― 07 酸化・還元

□5 過マンガン酸イオン MnO_4^- は①式のように硫酸酸性溶液中で電子を $\boxed{1 \star\star}$ 性質があり，$\boxed{2 \star\star\star}$ 剤として作用する。一方，シュウ酸イオン $C_2O_4^{2-}$ は②式に示すように電子を $\boxed{3 \star\star\star}$ 性質があり，$\boxed{4 \star\star\star}$ 剤として作用する。

$$MnO_4^- + \boxed{5 \star\star}\ e^- + \boxed{6 \star\star}\ H^+ \longrightarrow Mn^{2+} + 4H_2O\ (酸性) \cdots ①$$
$$C_2O_4^{2-} \longrightarrow 2CO_2 + \boxed{7 \star\star}\ e^- \cdots ②$$
(上智大)

(1) うばう
(2) 酸化
(3) 与える
(4) 還元
(5) 5
(6) 8
(7) 2

応用 □6 過マンガン酸イオンは強い酸化剤としてはたらくことが知られているが，溶液の液性によりその反応が異なる。酸性溶液中では過マンガン酸イオン自身は $\boxed{1 \star\star}$ まで還元され，塩基性溶液中では $\boxed{2 \star}$ まで還元される。
(早稲田大)

(1) マンガン(II)イオン Mn^{2+}
(2) 酸化マンガン(IV) MnO_2

〈解説〉中性や塩基性条件下のときの反応式のつくり方
$$MnO_4^- + 4H^+ + 3e^- \longrightarrow MnO_2 + 2H_2O$$
の両辺に $4OH^-$ を加えてから式を簡単にするとよい。

$$\begin{array}{r} MnO_4^- + 4H^+ + 3e^- \longrightarrow MnO_2 + 2H_2O \\ +)\ \underline{\qquad 4OH^- \qquad\qquad\qquad\qquad 4OH^-} \\ MnO_4^- + 2H_2O + 3e^- \longrightarrow MnO_2 + 4OH^- \end{array}$$

□7 過酸化水素や二酸化硫黄は反応する相手の物質によって，酸化剤としてはたらくことも，$\boxed{1 \star\star\star}$ としてはたらくこともある。
(センター)

(1) 還元剤

〈解説〉酸化剤にも還元剤にもなる物質 (赤字を覚える)

過酸化水素	酸化剤としてはたらくとき	$H_2O_2 + 2H^+ + 2e^- \longrightarrow 2H_2O$
	還元剤としてはたらくとき	$H_2O_2 \longrightarrow O_2 + 2H^+ + 2e^-$
二酸化硫黄	酸化剤としてはたらくとき	$SO_2 + 4H^+ + 4e^- \longrightarrow S + 2H_2O$
	還元剤としてはたらくとき	$SO_2 + 2H_2O \longrightarrow SO_4^{2-} + 4H^+ + 2e^-$

□8 過酸化水素はよく $\boxed{1 \star\star\star}$ として用いられるが，反応の相手によっては $\boxed{2 \star\star\star}$ として作用する。(立教大)

(1) 酸化剤
(2) 還元剤

〈解説〉H_2O_2 はふつう酸化剤としてはたらくが，$KMnO_4$ や $K_2Cr_2O_7$ などの強い酸化剤に対しては還元剤としてはたらく。また，SO_2 はふつう還元剤としてはたらくが，H_2S などの強い還元剤に対しては酸化剤としてはたらく。

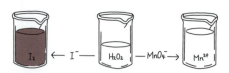

3 酸化剤・還元剤とそのはたらき

9 過酸化水素および二酸化硫黄は，反応する相手の物質によって酸化剤にも還元剤にもなりうることが知られている。

例えば，過酸化水素は硫酸酸性水溶液中で過マンガン酸カリウムと反応するが，このとき過酸化水素は [1] 剤としてはたらき，①式のように酸素を発生する。

$$H_2O_2 \longrightarrow O_2 + \boxed{2} + \boxed{3} \cdots ①$$

((2)(3)順不同)

また，過酸化水素は酸性水溶液中でヨウ化カリウムと反応するが，このとき過酸化水素は②式のように [4] 剤としてはたらき，ヨウ化物イオンは③式のように [5] 剤としてはたらく。

$$H_2O_2 + \boxed{6} + 2e^- \longrightarrow \boxed{7} \cdots ②$$
$$2I^- \longrightarrow \boxed{8} + 2e^- \cdots ③$$

一方，二酸化硫黄も④，⑤式のように，酸化剤にも還元剤にもなることができる。

$$SO_2 + \boxed{9} + 4e^- \longrightarrow \boxed{10} + 2H_2O \cdots ④$$
$$SO_2 + \boxed{11} \longrightarrow \boxed{12} + 4H^+ + 2e^- \cdots ⑤$$

(島根大)

(1) 還元
(2) $2H^+$
(3) $2e^-$
(4) 酸化
(5) 還元
(6) $2H^+$
(7) $2H_2O$
(8) I_2
(9) $4H^+$
(10) S
(11) $2H_2O$
(12) SO_4^{2-}

応用 10 ヨウ素は水に溶けにくい黒紫色の固体であるが，[1] 水溶液に加えると三ヨウ化物イオンが生じて溶解し，褐色のヨウ素液（ヨウ素 [1] 水溶液）として用いることができる。 (法政大)

〈解説〉$I_2 + I^- \rightleftarrows I_3^-$ の反応が起こる。

(1) ヨウ化カリウム KI

11 塩素を水に溶解させた塩素水は，消毒作用があることが知られている。これは塩素分子の一部が水と反応し，酸化力のある [1] を生じるためと考えられている。[1] のナトリウム塩は漂白剤や殺菌剤に用いられ，水道水の消毒にも使われている。 (大阪工業大)

〈解説〉塩素水 $Cl_2 + H_2O \rightleftarrows HCl + HClO$
次亜塩素酸
次亜塩素酸ナトリウム NaClO：漂白剤や殺菌剤に利用。

(1) 次亜塩素酸 HClO

【第2部】理論化学②－物質の変化－　**07** 酸化・還元

4 酸化還元の反応式　▼ **ANSWER**

□**1** 硫酸酸性水溶液中で，過マンガン酸カリウムは過酸化
★★　水素を酸化して □1★★ を発生する。　（高知大）

(1) 酸素 O_2

> **考え方**
>
> 電子を含むイオン反応式からの化学反応式のつくり方
> 【手順①】イオン反応式のつくり方
> 　還元剤と酸化剤について e^- を含むイオン反応式をつくり，e^- の数を
> 等しくするためにそれぞれの反応式を何倍かして，辺々加えて e^- を
> 消去する。
>
> $$2 \times (MnO_4^- + 8H^+ + 5e^- \longrightarrow Mn^{2+} + 4H_2O)$$
> $$\underline{+)\ 5 \times (\qquad\qquad H_2O_2 \longrightarrow O_2 + 2H^+ + 2e^-)}$$
> $$2MnO_4^- + 6H^+ + 5H_2O_2 \longrightarrow 2Mn^{2+} + 8H_2O + 5O_2$$
> $$\underline{(16H^+ - 10H^+)}$$
>
> 〈2つの式を $10e^-$ でそろえる〉
>
> 【手順②】化学反応式のつくり方
> 　両辺に必要な陽・陰イオンを加える。
> 　$KMnO_4$ なので，MnO_4^- 1個に対して K^+ 1個，硫酸 H_2SO_4 で酸性にし
> ているので H^+ 2個に対して SO_4^{2-} 1個をそれぞれ両辺に加える。
>
> $$2MnO_4^- + 6H^+ + 5H_2O_2 \longrightarrow 2Mn^{2+} + 8H_2O + 5O_2$$
> $$\underline{+)\ 2K^+ \qquad 3SO_4^{2-} \qquad\qquad 2K^+ \qquad 3SO_4^{2-}}$$
> $$2KMnO_4 + 3H_2SO_4 + 5H_2O_2 \longrightarrow 2MnSO_4 + 8H_2O + 5O_2 + K_2SO_4$$

□**2** 硫酸酸性条件下での過マンガン酸カリウムとシュウ酸
★★　の酸化還元反応は，次の式で表すことができる。

$$\boxed{1★★}\ KMnO_4 + \boxed{2★★}\ H_2C_2O_4$$
$$+ \boxed{3★★}\ H_2SO_4 \longrightarrow 2MnSO_4 + \boxed{4★★}\ K_2SO_4$$
$$+ \boxed{5★★}\ H_2O + \boxed{6★★}\ CO_2 \quad （東京薬科大）$$

(1) 2
(2) 5
(3) 3
(4) 1
(5) 8
(6) 10

〈解説〉
$$2 \times (MnO_4^- + 8H^+ + 5e^- \longrightarrow Mn^{2+} + 4H_2O)$$
$$\underline{+)\ 5 \times (H_2C_2O_4 \longrightarrow 2CO_2 + 2H^+ + 2e^-)}$$
$$2MnO_4^- + 5H_2C_2O_4 + 6H^+ \longrightarrow 2Mn^{2+} + 8H_2O + 10CO_2$$
両辺に $2K^+$ と $3SO_4^{2-}$ を加えて
$$2KMnO_4 + 5H_2C_2O_4 + 3H_2SO_4$$
$$\longrightarrow 2MnSO_4 + K_2SO_4 + 8H_2O + 10CO_2$$

156

4 酸化還元の反応式

□**3** マグネシウムは，空気中で燃えて $\boxed{1 \star}$ を生成する。
★
（静岡大）

〈解説〉
$$2 \times (Mg \longrightarrow Mg^{2+} + 2e^-)$$
$$\underline{+)\quad O_2 + 4e^- \longrightarrow 2O^{2-}}$$
$$2Mg + O_2 \longrightarrow 2MgO$$

応用 □**4** 銅（II）イオンとヨウ化物イオンは，次の反応によって
★　ヨウ化銅（I）の沈殿を生成する。

$$\boxed{1 \star}\ Cu^{2+} + \boxed{2 \star}\ I^-$$
$$\longrightarrow \boxed{3 \star}\ CuI + \boxed{4 \star}\ I_3^-$$

（北海道大）

〈解説〉
$$2 \times (Cu^{2+} + e^- \longrightarrow Cu^+)$$
$$\underline{+)\quad 2I^- \longrightarrow I_2 + 2e^-}$$
$$2Cu^{2+} + 2I^- \longrightarrow 2Cu^+ + I_2$$
両辺に $3I^-$ を加えて
$$2Cu^{2+} + 5I^- \longrightarrow 2CuI + I_3^-$$

□**5** 鉄に希塩酸を加えると，鉄が溶けて $\boxed{1 \star\star}$ が発生す
★★
る。
（高知大）

〈解説〉
$$Fe \longrightarrow Fe^{2+} + 2e^- \quad \langle Fe\ は\ Fe^{2+}\ へ\rangle$$
$$\underline{+)\ 2H^+ + 2e^- \longrightarrow H_2}$$
$$Fe + 2H^+ \longrightarrow Fe^{2+} + H_2$$
両辺に $2Cl^-$ を加えて
$$Fe + 2HCl \longrightarrow FeCl_2 + H_2$$

□**6** 銅を熱濃硫酸に加えると，気体 $\boxed{1 \star\star}$ を発生しなが
★★★
ら溶けて硫酸銅（II）を生じる。このとき，銅原子は
$\boxed{2 \star\star\star}$ される。
（大阪府立大）

〈解説〉
$$Cu \longrightarrow Cu^{2+} + 2e^-$$
$$\underline{+)\ H_2SO_4 + 2H^+ + 2e^- \longrightarrow SO_2 + 2H_2O}$$
$$Cu + H_2SO_4 + 2H^+ \longrightarrow Cu^{2+} + SO_2 + 2H_2O$$
両辺に SO_4^{2-} を加えて
$$\underset{0}{Cu} + 2H_2SO_4 \longrightarrow \underset{+2}{CuSO_4} + SO_2 + 2H_2O$$
酸化数が増加
＝
酸化される

□**7** 石油製品を製造する工程において，硫黄化合物は，水
★
素と反応させて硫化水素として取り除かれる。取り除か
れた硫化水素は，二酸化硫黄と反応させて $\boxed{1 \star}$
とし，回収されている。
（防衛大）

〈解説〉
$$2 \times (H_2S \longrightarrow S + 2H^+ + 2e^-)$$
$$\underline{+)\ SO_2 + 4H^+ + 4e^- \longrightarrow S + 2H_2O}$$
$$2H_2S + SO_2 \longrightarrow 3S + 2H_2O$$

(1) 酸化マグネシ
　　ウム MgO

(1) 2
(2) 5
(3) 2
(4) 1

(1) 水素 H_2

(1) 二酸化硫黄
　　SO_2
(2) 酸化

(1) 硫黄 S

07
酸化・還元
4
酸化還元の反応式

157

5 酸化還元滴定

1 濃度不明の過酸化水素水の濃度を求めるために、過マンガン酸カリウム水溶液による滴定を行った。濃度不明の過酸化水素水 10.0mL を [1★★★] を用いてはかり取り、コニカルビーカーに移した。硫酸を用いて酸性にしたのち、0.0200mol/L の過マンガン酸カリウム水溶液を [2★★★] に入れて、少しずつ滴下した。完全に反応させるのに過マンガン酸カリウム水溶液 16.00mL が消費された。このとき、コニカルビーカー中の溶液は [3★★] 色を示していた。　(筑波大)

ANSWER
(1) ホールピペット
(2) ビュレット
(3) (淡)赤 [わずかに赤紫]

〈解説〉$KMnO_4$ を用いる滴定の場合、$KMnO_4$ は「酸化剤」と「指示薬」の2つの役割をもっているので指示薬を必要としない。

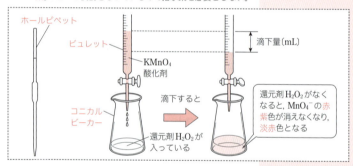

2 過マンガン酸カリウム 1mol は、硫酸酸性水溶液中で、過酸化水素 [1★★] mol (2ケタ) により、過不足なく還元される。　(センター)

(1) 2.5

解き方
この場合のイオン反応式は、

$2 \times (MnO_4^- + 8H^+ + 5e^- \longrightarrow Mn^{2+} + 4H_2O)$
$+) \ 5 \times (H_2O_2 \longrightarrow O_2 + 2H^+ + 2e^-)$
―――――――――――――――――――――――――――
$2MnO_4^- + 6H^+ + 5H_2O_2 \longrightarrow 2Mn^{2+} + 8H_2O + 5O_2$

となるので、$KMnO_4$ と H_2O_2 は物質量 [mol] の比が 2:5 で反応する。よって、$KMnO_4$ 1mol は H_2O_2 $\frac{5}{2} = 2.5$mol により過不足なく還元される。

5 酸化還元滴定

■ **3** 1.00molのKMnO₄を含む硫酸酸性水溶液をH₂O₂水溶液と反応させたところ，1.00molのMn²⁺が生成し，気体が発生した。この反応で発生した気体は0℃, 1.013×10⁵Pa（標準状態）で [1 ★★] L（2ケタ）となる。

(1) 56

（九州大）

> **解き方**
>
> $2MnO_4^- + 6H^+ + 5H_2O_2 \longrightarrow 2Mn^{2+} + 8H_2O + 5O_2$ より，
> KMnO₄ 1molから発生するO₂は $\frac{5}{2}$ molなので，
>
> $1.00 \times \frac{5}{2} \times 22.4 = 56$ [L]
>
> KMnO₄[mol]　　O₂[mol]　　O₂[L]

■ **4** 殺菌消毒用に用いるオキシドール（密度1.00g/mL）は，主成分が過酸化水素である。オキシドール2.00mLに，2.00mol/L硫酸20.0mLを加え，0.0200mol/L過マンガン酸カリウム水溶液で滴定したところ，36.0mLを要した。よって，このオキシドールの質量パーセント濃度は [1 ★★] %（3ケタ）となる。H₂O₂ = 34.0

(1) 3.06

（東邦大）

> **解き方**
>
> $2MnO_4^- + 6H^+ + 5H_2O_2 \longrightarrow 2Mn^{2+} + 8H_2O + 5O_2$ より，
> H₂O₂とKMnO₄は物質量[mol]の比が5:2で反応する。
> H₂O₂を x [mol/L]とすると，
>
> $\frac{x \text{ mol}}{1 \text{L}} \times \frac{2.00}{1000} \text{L} : \frac{0.0200 \text{ mol}}{1 \text{L}} \times \frac{36.0}{1000} \text{L} = 5:2$ が成立する。
>
> 　H₂O₂[mol]　　　　　KMnO₄[mol]
>
> よって，$x = 0.90$ [mol/L]
>
> オキシドールの質量パーセント濃度は，

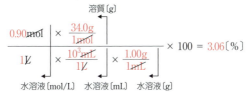

$$\frac{0.90 \text{ mol} \times \frac{34.0 \text{ g}}{1 \text{ mol}}}{1 \text{L} \times \frac{10^3 \text{ mL}}{1 \text{L}} \times \frac{1.00 \text{ g}}{1 \text{ mL}}} \times 100 = 3.06 \text{ [\%]}$$

水溶液[mol/L]　水溶液[mL]　水溶液[g]

【第2部】理論化学②ー物質の変化ー　07　酸化・還元

  5 ★★ 濃度のわからない過酸化水素水 10.0mL をコニカルビーカーに取り，希硫酸を加えたのち，2.0×10^{-2}mol/L の過マンガン酸カリウム水溶液を滴下して，水溶液の色が ① ★★ 色から ② ★★ 色に変化したときを反応の終点とした。終点までに要した過マンガン酸カリウム水溶液の体積は 13.2mL であった。この過酸化水素水のモル濃度は ③ ★★ mol/L（2ケタ）となる。

(立命館大)

(1) 無(む)
(2) (淡(たん))赤(せき)[❶わずかに赤紫(あかむらさき)]
(3) 6.6×10^{-2}

解き方

酸化還元滴定の終点では，

$$\begin{pmatrix} 還元剤が終点までに \\ 放出した\ e^-\ の物質量〔mol〕 \end{pmatrix} = \begin{pmatrix} 酸化剤が終点までに受け \\ 取った\ e^-\ の物質量〔mol〕 \end{pmatrix}$$

の関係式が成り立つことを利用する。

求める H_2O_2 水溶液のモル濃度を x mol/L とする。

$$\underline{1}\ H_2O_2 \longrightarrow O_2 + 2H^+ + \underline{2}\ e^-$$
$$\times 2$$

より，H_2O_2 は終点までに，

$$x \times \frac{10.0}{1000} \times 2 \ 〔mol〕$$

の e^- を放出し，

$$\underline{1}\ MnO_4^- + 8H^+ + \underline{5}\ e^- \longrightarrow Mn^{2+} + 4H_2O$$
$$\times 5$$

より，$KMnO_4$（MnO_4^-）は終点までに，

$$2.0 \times 10^{-2} \times \frac{13.2}{1000} \times 5 \ 〔mol〕$$

の e^- を受け取るので，この滴定の終点では，

$$x \times \frac{10.0}{1000} \times 2 = 2.0 \times 10^{-2} \times \frac{13.2}{1000} \times 5$$

が成立する。

よって，$x = 6.6 \times 10^{-2}$〔mol/L〕

5 酸化還元滴定

6 濃度不明の過酸化水素水を10mL正確にはかりとり，これに過剰量の硫酸酸性ヨウ化カリウム水溶液を加えたところ，ヨウ素が生成し，溶液の色は褐色になった。この褐色の溶液に0.10mol/Lのチオ硫酸ナトリウム水溶液を滴下したところ，ヨウ素が反応して溶液の色が薄くなり，溶液の色は黄色になった。反応の終点を明確にするため，この黄色の溶液にデンプン水溶液を指示薬として加えたところ，溶液の色は [1★★] になった。この [1★★] の溶液にさらに0.10mol/Lのチオ硫酸ナトリウム水溶液を滴下したところ，全部で20mL加えたところで，ヨウ素がすべて反応し，溶液の色が [1★★] から [2★★] へ変化したため，滴下を終了した。よって，過酸化水素水は [3★] mol/L (2ケタ) となる。

(千葉工業大)

(1) 青紫色
(2) 無色
(3) 0.10

解き方

$$2I^- \longrightarrow I_2 + 2e^-$$
$$+) \ H_2O_2 + 2H^+ + 2e^- \longrightarrow 2H_2O$$
$$\overline{H_2O_2 + 2I^- + 2H^+ \longrightarrow I_2 + 2H_2O} \quad \cdots ①$$

$$I_2 + 2e^- \longrightarrow 2I^-$$
$$+) \ 2S_2O_3^{2-} \longrightarrow S_4O_6^{2-} + 2e^-$$
$$\overline{I_2 + 2S_2O_3^{2-} \longrightarrow 2I^- + S_4O_6^{2-}} \quad \cdots ②$$

①式より H_2O_2 1molから I_2 1molが生成し，②式より I_2 1molとチオ硫酸イオン $S_2O_3^{2-}$ 2mol，すなわち，I_2 1molとチオ硫酸ナトリウム $Na_2S_2O_3$ 2molが反応することがわかる。

過酸化水素水の濃度を x mol/L とすると次の式が成り立つ。

$$\underbrace{\frac{x \text{ mol } H_2O_2}{1 L} \times \frac{10}{1000} L}_{H_2O_2 \text{(mol)}} \times \underbrace{\frac{1 \text{mol } I_2}{1 \text{mol } H_2O_2}}_{I_2 \text{(mol)}} \times \underbrace{\frac{2 \text{mol } Na_2S_2O_3}{1 \text{mol } I_2}}_{Na_2S_2O_3 \text{(mol)}}$$

$$= \underbrace{\frac{0.10 \text{mol}}{1 L} \times \frac{20}{1000} L}_{Na_2S_2O_3 \text{(mol)}} \qquad よって, \ x = 0.10 \text{(mol/L)}$$

第08章 酸化還元反応

1 金属のイオン化傾向 ▼ANSWER

1. 金属の 1 が,水溶液中で電子を放出して 2 になる性質の強さを表す指標を,金属の 3 という。 (東北大)

(1) 単体
(2) 陽イオン
(3) イオン化傾向

〈解説〉イオン列:いろいろな金属をイオン化傾向の大きなものから順に並べた列。

(大きい)　　　　イオン化傾向　　　　(小さい)
←─────────────────────────
Li K Ba Ca Na Mg Al Zn Fe Ni Sn Pb (H₂) Cu Hg Ag Pt Au
リ カ バ カ ナ マ ア テ ニ ス ナ ヒ ド ス ギる借金

順序は暗記!!

2. イオン化傾向が大きい金属ほど 1 されやすい。 (東北大)

(1) 酸化

3. 金属の反応は 1 に密接に関連しており,電池や電気分解における化学反応を理解する上で重要な要素である。 (東北大)

(1) イオン化傾向

4. 硫酸銅(Ⅱ)の水溶液に鉄板を浸すと,その表面に 1 が生じる。 (島根大)

(1) 銅樹 [⑳銅 Cu]

〈解説〉イオン化傾向は Fe > Cu なので,イオン化傾向の大きな Fe がイオン化傾向の小さな Cu を追い出す。

$$\begin{array}{l} Fe \longrightarrow Fe^{2+} + 2e^- \\ +)\ Cu^{2+} + 2e^- \longrightarrow Cu \\ \hline Fe + Cu^{2+} \longrightarrow Fe^{2+} + Cu \end{array}$$

—Cu(銅樹)

5. 硝酸銀水溶液の入った試験管に銅板を入れたところ,銅板付近では溶液が青色に変わるとともに析出物が生じた。この反応は,銀よりも銅のイオン化傾向が 1 ためにおこる反応である。 (長崎大)

(1) 大きい

〈解説〉イオン化傾向は Cu > Ag なので次の反応が起こり,Ag が析出してくる。
$$Cu\ +\ 2Ag^+ \longrightarrow\ Cu^{2+}\ +\ 2Ag$$
　　　　青色　　　銀樹となる

1 金属のイオン化傾向

□**6**
★★★
亜鉛は銅よりも $\boxed{1 ★★★}$ が大きいので，硫酸銅(II)水溶液中に亜鉛板を浸すと，その亜鉛は $\boxed{2 ★★}$ され $\boxed{3 ★★}$ となる。　　　　　(岡山大)

(1) **イオン化傾向**(けいこう)
(2) **酸化**(さんか)
(3) **亜鉛イオン** Zn^{2+}

〈解説〉イオン化傾向は $Zn > Cu$ なので次の反応が起こり，Cu が析出してくる。
$$Zn + Cu^{2+} \longrightarrow Zn^{2+} + Cu$$

□**7**
★
Ag, Zn, Au, Fe の金属板のうち，硫酸銅(II)水溶液に入れると，金属板の表面に銅が析出するのは，$\boxed{1 ★}$ の板である。　　　　　(大阪府立大)

(1) Zn と Fe

〈解説〉イオン化傾向 $\underset{\downarrow}{Zn > Fe} > Cu > Ag > Au$
　　　　Cu を析出させることができる。

□**8**
★★
イオン化傾向の大きいナトリウムは常温の水と反応し，空気中でも速やかに $\boxed{1 ★★}$ する。　　(甲南大)

(1) **酸化**(さんか)

〈解説〉水や空気中の O_2 との反応

イオン化列	Li K Ba Ca Na	Mg	Al Zn Fe	Ni Sn Pb (H₂) Cu Hg Ag Pt Au	
水との反応	冷水と反応する	熱水と反応する	高温の水蒸気と反応する	反応しにくい	
空気中の O_2 との反応	常温で速やかに酸化される	加熱により酸化される	強熱により酸化される		酸化されない

□**9**
★
水はイオン化傾向の大きい金属に対して $\boxed{1 ★}$ としてはたらく。　　　　　(立教大)

(1) **酸化剤**(さんかざい)

〈解説〉Na と冷水の反応
$$\begin{array}{l} 2 \times (Na \longrightarrow Na^+ + e^-) \\ +) \ \underline{2H_2O + 2e^- \longrightarrow H_2 + 2OH^-} \\ 2Na + 2\underline{H_2O} \longrightarrow 2NaOH + \underline{H_2} \\ \ \ \ \ \underset{+1}{\longrightarrow} \ \ \ \ \ \ \ \ \ \ \ \ \ \ \ \underset{0}{} \end{array}$$

$\left(\begin{array}{l} 2H^+ + 2e^- \longrightarrow H_2 \\ \text{の両辺に } 2OH^- \text{ を加} \\ \text{えてつくってもよい} \end{array} \right)$

酸化数が減少している➡ H_2O は酸化剤

□**10**
★★
イオン化傾向の大きなカルシウムは，$\boxed{1 ★★}$ 作用が強く，常温の水と反応して $\boxed{2 ★★}$ が発生する。　　　　　(岡山大)

(1) **還元**(かんげん)
(2) **水素** H_2

〈解説〉$Ca + 2H_2O \longrightarrow Ca(OH)_2 + H_2$

□ 11 ★★ アルミニウムは,冷水や熱水とは反応しないものの,高温水蒸気と反応して気体である □1★★ を発生する性質を持つ。 (高知大)

〈解説〉 $2Al + 3H_2O \longrightarrow Al_2O_3 + 3H_2$

(1) 水素 H_2

□ 12 ★★ イオン化傾向がナトリウムより □1★★ ,水素より大きい亜鉛は希塩酸に溶ける。 (甲南大)

(1) 小さく

〈解説〉 酸との反応

イオン化列	Li K Ba Ca Na Mg Al Zn Fe Ni Sn Pb	(H₂) Cu Hg Ag	Pt Au
酸との反応	希硫酸・塩酸に溶けて水素を発生する(注1)		
	熱濃硫酸・濃硝酸・希硝酸に溶けて SO_2・NO_2・NO を発生する(注2)		
	王水(濃硝酸:濃塩酸 = 1:3 ◀体積比)に溶ける		

(注1) Pb は,希硫酸や塩酸とは難溶性の $PbSO_4$ や $PbCl_2$ にその表面がおおわれてしまうためほとんど反応しない。

(注2) Fe, Ni, Al(→「手にある」と覚える!)などの金属は,濃硝酸 HNO_3 にはその表面にち密な酸化被膜(この状態を不動態という)ができて溶けにくい。

□ 13 ★★★ 鉄は希硫酸に溶けるのに対して,銀や銅は溶けない。これは,鉄のイオン化傾向が水素よりも □1★★★ のに対して,銀と銅は □2★★★ ためである。 (長崎大)

(1) 大きい
(2) 小さい

□ 14 ★★ 銅は塩酸や希硫酸には溶解 □1★★ が,熱濃硫酸や硝酸には溶解 □2★★ 。 (広島大)

(1) しない
(2) する

□ 15 ★★★ 鉄はイオン化傾向が比較的大きくさびやすいが,濃硝酸中では □1★★★ を形成する。 (新潟大)

(1) 不動態

□ 16 ★★★ 鉄はアルミニウム,ニッケルとともに濃硝酸に溶けない。これは,金属表面に緻密な □1★★★ を生じ,内部が保護されるからである。このような状態を □2★★★ という。 (宮崎大)

(1) 酸化被膜
(2) 不動態

1 金属のイオン化傾向

□**17** 金属亜鉛は，酸とも塩基とも反応する。例えば，酸と
★★ の反応では，亜鉛 Zn に希硫酸を加えると，亜鉛は気
体を発生しながら溶けて，$\boxed{1 ★★}$ になる。 （山口大）

〈解説〉①酸の水溶液とも強塩基の水溶液とも反応して，それぞれ
塩をつくるような金属を両性金属という。
両性金属は，Al(あ)Zn(あ)Sn(すん)Pb(なり)と覚えておく。
②$Zn + H_2SO_4 \longrightarrow ZnSO_4 + H_2$

(1) 亜鉛イオン Zn^{2+}
[例硫酸亜鉛
$ZnSO_4$]

□**18** 銅に濃硫酸を加えて加熱すると，$\boxed{1 ★★}$ が発生する。
★★ （松山大）

〈解説〉$Cu + 2H_2SO_4(熱濃) \longrightarrow CuSO_4 + SO_2 + 2H_2O$

(1) 二酸化硫黄
SO_2

□**19** 銅は塩酸や希硫酸とは反応しないが，酸化作用の強い
★★ 濃硝酸や希硝酸には反応して溶ける。濃硝酸と反応し
たときは赤褐色の有毒な気体である $\boxed{1 ★★}$ が発生
し，希硝酸との反応では，水に溶けにくい無色の気体
である $\boxed{2 ★★}$ が発生する。 （岐阜大）

〈解説〉$Cu + 4HNO_3(濃) \longrightarrow Cu(NO_3)_2 + 2NO_2 + 2H_2O$
$3Cu + 8HNO_3(希) \longrightarrow 3Cu(NO_3)_2 + 2NO + 4H_2O$

(1) 二酸化窒素
NO_2
(2) 一酸化窒素
NO

□**20** 銀は塩酸や希硫酸には溶解しないが，硝酸には溶解し
★★ て $\boxed{1 ★★}$ や $\boxed{2 ★★}$ （順不同）を発生する。 （広島大）

〈解説〉$3Ag + 4HNO_3(希) \longrightarrow 3AgNO_3 + NO + 2H_2O$
$Ag + 2HNO_3(濃) \longrightarrow AgNO_3 + NO_2 + H_2O$

(1) 一酸化窒素
NO
(2) 二酸化窒素
NO_2

□**21** 白金は化学的に安定であり，特に酸に対する耐性が強
★ い。そのため，白金を溶かすには，金を溶かす場合と
同様に，$\boxed{1 ★}$ と呼ばれる液体が用いられる。
$\boxed{1 ★}$ は，共に強酸である $\boxed{2 ★}$ と $\boxed{3 ★}$ を体
積比 1：3 で混合した液体である。 （神戸大）

(1) 王水
(2) 濃硝酸 HNO_3
(3) 濃塩酸 HCl

□**22** 金の単体は硝酸や熱濃硫酸にも溶けないが，濃硝酸
★★★ と $\boxed{1 ★}$ の体積比 1：3 の混合物（王水）には溶ける。
金の単体はやわらかく，$\boxed{2 ★★★}$ （線状に引きのばし
やすい性質）や $\boxed{3 ★★★}$ （薄く広げて箔にしやすい性
質）が単体の中でもっとも大きい。 （埼玉大）

(1) 濃塩酸 HCl
(2) 延性
(3) 展性

08

酸化還元反応 **1** 金属のイオン化傾向

165

【第2部】理論化学②－物質の変化－ 08 酸化還元反応

23 さびから鉄を守る方法として，その表面に他の金属を析出させるめっき法がある。鉄の表面に亜鉛をめっきしたものが ┃1★┃ であり，スズをめっきしたものが ┃2★┃ である。　　　　（立教大）

(1) トタン
(2) ブリキ

〈解説〉イオン化傾向は $Zn > Fe > Sn$ なので，傷さえつかなければトタンよりブリキの方がさびにくい。

24 ┃1★┃ では表面に傷がつき，鉄が露出しても，亜鉛が内部の鉄の腐食を防止するのに対し，┃2★┃ では鉄が露出すると，鉄の腐食が促進される。　（北海道大）

(1) トタン
(2) ブリキ

〈解説〉トタンでは，表面に傷がつき鉄が露出しても，イオン化傾向は $Zn > Fe$ なので，Zn が Zn^{2+} となり Fe の腐食を防止することができるが，ブリキでは，イオン化傾向は $Fe > Sn$ なので，Fe が Fe^{2+} となって Fe の腐食が促進される。

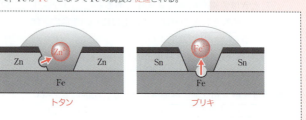

2 電池・ボルタ電池・ダニエル電池 ▼ANSWER

電池

1 化学電池は単に電池ともいい，一般に酸化還元反応により ［1★★］ エネルギーを ［2★★］ エネルギーに変換して取り出す装置のことを指す。電池には，使い捨ての ［3★★★］ と充電により繰り返し使うことができる ［4★★★］ がある。［4★★★］ は蓄電池とも呼ばれる。

(慶應義塾大)

(1) 化学
(2) 電気
(3) 一次電池
(4) 二次電池

2 図のように電球をつないだところ，金属板Aから金属板Bに導線を介して電流が流れた。このとき金属板Aと金属板Bの間で発生する電位差を，電池の ［1★★★］ という。また，導線に電子を送り出す極を ［2★★★］ 極，導線から電子が流れ込む極を ［3★★★］ 極といい，このように電池の両極を導線でつないで電流を流すことを，電池の ［4★★］ という。

(茨城大)

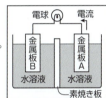

(1) 起電力
(2) 負
(3) 正
(4) 放電

〈解説〉電位：電圧を高さの位置のように表したもの
電圧(単位：ボルト(V))：電流を流そうとするはたらきの大きさ

3 電流は ［1★★★］ 極から ［2★★★］ 極へ，また電子は ［3★★★］ 極から ［4★★★］ 極へ流れる。電池は一般に，［5★★★］ の異なった二種類の金属を電極として電解液に浸し，電気的に接続することでつくられる。

(名城大)

(1) 正
(2) 負
(3) 負
(4) 正
(5) イオン化傾向

4 異なる2種類の金属を電解質溶液に浸し導線で結ぶと，［1★★★］ の大きな金属から小さな金属へ ［2★★★］ が移動して電池ができる。

(岡山大)

(1) イオン化傾向
(2) 電子 e^-

〈解説〉イオン化傾向の大きな金属板が負極になる。

【第2部】理論化学②―物質の変化― 08 酸化還元反応

5 電池には，正極と負極があり，その間を導線で結び，電子の流れを電流として外部に取り出している。導線に電子が流れ出る [1★★★] 極では [2★★★] 反応がおこり，導線から電子が流れ込む [3★★★] 極では [4★★★] 反応がおこる。　　　　　　　　　　　　　　（岡山大）

(1) 負
(2) 酸化
(3) 正
(4) 還元

6 電池の構成を一般的に表す場合には，左側に [1★★★] 極，中央に [2★★]，右側に [3★★★] 極を書く。
　　　　　　　　　　　　　　　　　　　　　　　　（工学院大）

(1) 負
(2) 電解質 ［⑩電解液］
(3) 正

〈解説〉（例）　⊖ Zn ｜ H₂SO₄aq ｜ Cu ⊕　ボルタ電池
　　　　　aq は水溶液を表す。

7 電池から電気エネルギーを取り出すことを [1★★★] といい，外部から電気エネルギーを与えて [2★★★] を回復させる操作を [3★★★] という。　　　　（岡山大）

(1) 放電
(2) 起電力
(3) 充電

発展 ボルタ電池　　⊖ Zn ｜ H₂SO₄aq ｜ Cu ⊕　起電力 1.1V

---

8 ボルタ電池の構造は次のようになっている。ここで aq は水溶液を表す。

　　　Zn ｜ H₂SO₄aq ｜ Cu

この電池の正極は [1★★] である。放電が始まると [2★★] から気体 [3★★] が発生する。正極および負極でおこっている変化を e⁻ を用いた反応式で表せば，それぞれ [4★★]，[5★★] のようになる。（金沢大）

(1) 銅 Cu（板）
(2) 正極 ［⑩銅板］
(3) 水素 H₂
(4) $2H^+ + 2e^- \longrightarrow H_2$
(5) $Zn \longrightarrow Zn^{2+} + 2e^-$

〈解説〉ボルタ電池
Zn は Cu よりもイオン化傾向が大きいので，Zn が Zn²⁺ になるとともに，亜鉛板から銅板に向かって e⁻ が流れる。この流れてくる e⁻ を銅板の表面上で H⁺ が受け取って H₂ が発生する。

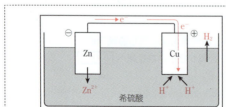

⊖ $Zn \longrightarrow Zn^{2+} + 2e^-$
⊕ $2H^+ + 2e^- \longrightarrow H_2$

2 電池・ボルタ電池・ダニエル電池

□**9** ボルタ電池には，放電後すぐに，電池の $\boxed{1 ★★}$ （電
★★ 圧の低下）が起こるという欠点があった。 （岩手大）

(1) 分極

□**10** ボルタ電池が放電すると，負極の亜鉛板が溶け，正極
★★ の銅板の表面に水素が発生する。このとき，電子は負
極から正極に流れており，銅板上では水素イオンが電
子を受け取る $\boxed{1 ★★}$ 反応が生じている。亜鉛，銅，
水素の中で，イオン化傾向が最も小さいのは $\boxed{2 ★★}$
である。また，ボルタ電池の放電では，正極に発生し
た水素のために起電力がすぐに低下する。これを電池
の $\boxed{3 ★★}$ といい，H_2O_2 などの酸化剤を $\boxed{4 ★★}$ 剤
として加えることにより防ぐことができる。 （崇城大）

〈解説〉イオン化傾向：$Zn > H_2 > Cu$ の順。

(1) 還元
(2) 銅 Cu
(3) 分極
(4) 減極

□**11** ボルタ電池は充電のできない $\boxed{1 ★★}$ 電池に分類さ
★★ れる。ボルタ電池は，約 1.1V の起電力をもつが，電
流を流すと急激な電圧の低下がおこる。これは，正極
の反応において生成する $\boxed{2 ★★}$ が電極表面に残っ
て反応の進行を阻害するという電池の分極がおこるた
めである。これを防ぐために減極剤を電解液に加える
と，電圧は回復する。 （岐阜大）

〈解説〉減極剤(酸化剤)：過酸化水素 H_2O_2 やニクロム酸カリウム
$K_2Cr_2O_7$ など。

(1) 一次
(2) 水素 H_2

発展 ダニエル電池 ⊖ Zn | $ZnSO_4aq$ | $CuSO_4aq$ | Cu ⊕ 起電力 1.1V

□**12** ダニエル電池やボルタ電池では，イオン化傾向の
★★★ $\boxed{1 ★★★}$ な金属が負極となる。 （神戸薬科大）

(1) 大き

□**13** ボルタ電池の起電力は，初期は約 1.1V であったが，放
★★★ 電すると，すぐに低下した。起電力を持続させるため
に，次のような改良を行った。亜鉛板を浸した硫酸亜
鉛水溶液と銅板を浸した硫酸銅(II)水溶液を素焼き板
で仕切り，それぞれの溶液が混じり合わないようにした。
両金属板を導線で結ぶと，電流は導線上を $\boxed{1 ★}$ の
方向に流れた。このとき，正極でおこる化学反応
は，$\boxed{2 ★★★}$ で表される。ボルタ電池を改良したこの
電池は $\boxed{3 ★★★}$ 電池とよばれる。 （滋賀医科大）

(1) 銅 Cu(板)から
亜鉛 Zn(板)
[⑩正極から負
極]
(2) $Cu^{2+} + 2e^-$
$\longrightarrow Cu$
(3) ダニエル

08
酸化還元反応
2
電池・ボルタ電池・ダニエル電池

〈解説〉ダニエル電池

亜鉛 Zn 板を浸した硫酸亜鉛 $ZnSO_4$ 水溶液と銅 Cu 板を浸した硫酸銅(II) $CuSO_4$ 水溶液を素焼き板で仕切り，導線で結んだ電池である。Zn は Cu よりもイオン化傾向が大きい（陽イオンになりやすい）ので，還元剤である Zn が Zn^{2+} になるとともに，Zn 板から Cu 板に向かって電子 e^- が流れる。この流れてくる e^- を Cu 板の表面上で酸化剤である Cu^{2+} が受け取って Cu が析出する。

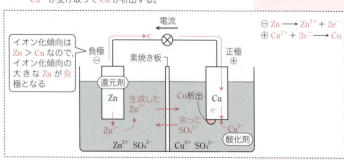

□**14** ダニエル電池は，負極の ［1★★★］ 板を ［2★★★］ 水溶液に，正極の ［3★★★］ 板を ［4★★★］ 水溶液にそれぞれ浸し，［2★★★］ 水溶液と ［4★★★］ 水溶液の間を素焼き板で仕切ったものである。 （三重大）

(1) 亜鉛 Zn
(2) 硫酸亜鉛 $ZnSO_4$
(3) 銅 Cu
(4) 硫酸銅(II) $CuSO_4$

□**15** ［1★★★］ 電池は以下の構成で表される。
  ⊖ Zn ｜ $ZnSO_4$aq ｜ $CuSO_4$aq ｜ Cu ⊕
この電池を放電させると，負極と正極では以下の反応が進行し，電流を取り出すことができる。
（負極）［2★★★］　　（正極）［3★★★］ （東京電機大）

(1) ダニエル
(2) $Zn \longrightarrow Zn^{2+} + 2e^-$
(3) $Cu^{2+} + 2e^- \longrightarrow Cu$

□**16** ダニエル電池の負極ではイオン化傾向の大きな ［1★★★］ が ［2★★］ されることでイオンとなって溶け出し，正極では ［3★★★］ イオンが電子を受け取ることで ［4★★］ され，電極上に金属として析出する。 （岐阜大）

(1) 亜鉛 Zn
(2) 酸化
(3) 銅(II) Cu^{2+}
(4) 還元

□**17** ダニエル電池では，放電すると正極板の質量は ［1★★★］ し，負極板の質量は ［2★★★］ する。 （芝浦工業大）
〈解説〉正極には銅 Cu が析出し，負極は亜鉛 Zn が溶解する。

(1) 増加
(2) 減少

2 電池・ボルタ電池・ダニエル電池

応用 □18 硫酸銅(Ⅱ)水溶液に銅板の電極を浸し,硫酸亜鉛水溶液に亜鉛板の電極を浸し,溶液同士を素焼き板で隔てた電池を発明者にちなんで [1★★★] 電池という。二つの電極を豆電球,電流計,スイッチを介して導線でつないだ。スイッチを入れると豆電球が光った。電流を長時間取り出すためには,二つの硫酸塩のうち硫酸 [2★★] の濃度を低く,もう一方の硫酸塩の濃度を高くする。銅は亜鉛よりも [3★★★] が低いので正極になる。[4★★] 極で生じた金属イオンと,反対の極側の硫酸イオンは,それぞれ素焼き板を通って逆向きに移動する。[1★★★] 電池の構成は,化学式を用いて [5★★] のように表す。これを電池式ともいう。

(大阪市立大)

(1) ダニエル
(2) 亜鉛
(3) イオン化傾向
(4) 負
(5) ⊖ Zn | ZnSO₄aq | CuSO₄aq | Cu ⊕

〈解説〉硫酸亜鉛水溶液の濃度を低くし,硫酸銅(Ⅱ)水溶液の濃度を高くすることで長時間放電することができる。

応用 □19 ダニエル電池において,電流を長く流し続けるには,[1★★] 水溶液の濃度を高くするとよい。(日本大)

(1) 硫酸銅(Ⅱ) CuSO₄

応用 □20 19世紀に発明されたダニエル電池では亜鉛板が [1★★] 水溶液に,銅板が [2★★] 水溶液に浸されている。また,それぞれの水溶液の混合を防ぐために素焼き板が用いられている。亜鉛板と銅板を導線で接続すると,亜鉛板から亜鉛イオンが溶液中に溶け出し,そのときに生じた [3★★★] は導線を通って流れ,銅板上では [4★★★] イオンが還元される。亜鉛板からは [3★★★] が流れ出るため,この極は電池の [5★★★] 極とよばれる。両極の金属のイオン化傾向の差が大きいほど,高い [6★★★] が得られ,これが両極間の電位差となる。

(熊本大)

(1) 硫酸亜鉛 ZnSO₄
(2) 硫酸銅(Ⅱ) CuSO₄
(3) 電子 e⁻
(4) 銅(Ⅱ) Cu²⁺
(5) 負
(6) 起電力

〈解説〉例えば,正極に銀板を使用した場合,イオン化傾向は Zn > Cu > Ag なので,起電力の大小関係は
⊖ Zn | ZnSO₄aq | AgNO₃aq | Ag ⊕
> ⊖ Zn | ZnSO₄aq | CuSO₄aq | Cu ⊕
になる。

171

【第2部】理論化学②－物質の変化－　**08** 酸化還元反応

3 〈発展〉鉛蓄電池・燃料電池　▼ ANSWER

鉛蓄電池　⊖ Pb｜H_2SO_4aq｜PbO_2 ⊕　起電力 **2.0V**

□**1** ★★★　鉛蓄電池では正極に　1 ★★★　，負極に　2 ★★★　，電解質に　3 ★★★　水溶液を用いる。　　（名城大）

(1) 酸化鉛(Ⅳ)
　　PbO_2
(2) 鉛 Pb
(3) (希)硫酸
　　H_2SO_4

□**2** ★★　鉛蓄電池は，化学電池のうちの充電および放電が可能な　1 ★★　電池の代表的なものの一つで，Pb 電極，PbO_2 電極および希硫酸電解液から構成されている。充電－放電を一つの式で表すと①式のようになる。放電時には，反応は右向きに進行する。

$$Pb + PbO_2 + 2H_2SO_4 \rightleftharpoons 2PbSO_4 + 2H_2O \cdots ①$$

放電に伴って，電解液中の硫酸濃度が変化し，電解液の密度は　2 ★★　なる。　　（岐阜大）

〈解説〉①式を見ると，放電に伴い硫酸 H_2SO_4 が減少し水 H_2O が増加することがわかる。

(1) 二次 [⑩蓄]
(2) 小さく

□**3** ★★★　鉛蓄電池は充電可能で，その酸化還元反応式は以下の通りである。ただし，3 ★★★，4 ★★★　には放電または充電の語句が入る。

$$Pb + \boxed{1 ★★★} + 2H_2SO_4 \rightleftharpoons 2\boxed{2 ★★★} + 2H_2O$$

（上 3 ★★★　／下 4 ★★★）　　（金沢大）

(1) PbO_2
(2) $PbSO_4$
(3) 放電
(4) 充電

□**4** ★★★　1 ★★★　である鉛蓄電池は自動車のバッテリーに利用されており，2 ★★★　には鉛が，3 ★★★　には酸化鉛(Ⅳ)が，電解液には希硫酸が用いられる。放電時には，両極の表面に水に溶け　4 ★★　い　5 ★★　色の　6 ★★　が析出し，電解液の密度は　7 ★★　。　（鳥取大）

〈解説〉鉛蓄電池
　Pb が還元剤で負極，PbO_2 が酸化剤で正極となる。e⁻ が流れると Pb および PbO_2 は，ともに Pb^{2+} に変化した後に希硫酸中の SO_4^{2-} と結びつき，水に不溶な $PbSO_4$ となって，極板の表面に析出する。

(1) 二次電池
　　[⑩蓄電池]
(2) 負極
(3) 正極
(4) にく
(5) 白
(6) 硫酸鉛(Ⅱ)
　　$PbSO_4$
(7) 小さくなる
　　[⑩低くなる]

172

3 〈発展〉鉛蓄電池・燃料電池

5 鉛蓄電池では，負極には 1 *** が，正極には 2 *** が用いられる。また，電解液には希硫酸が用いられる。電池の両極を導線で接続し放電したとき，負極では 1 *** の 3 *** 反応が，正極では 2 *** の 4 *** 反応がおこる。 (三重大)

(1) 鉛 Pb
(2) 酸化鉛(Ⅳ) PbO_2
(3) 酸化
(4) 還元

〈解説〉
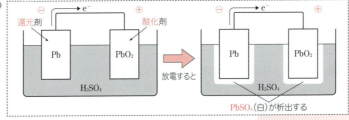

6 鉛蓄電池を放電させたとき，各電極で次の反応がおこる。
負極：$Pb +$ 1 *** $\longrightarrow PbSO_4 +$ 2 ***
正極：$PbO_2 +$ 3 *** $\longrightarrow PbSO_4 +$ 4 *** (センター)

(1) SO_4^{2-}
(2) $2e^-$
(3) $4H^+ + SO_4^{2-} + 2e^-$
(4) $2H_2O$

〈解説〉負極と正極の反応式のつくり方
$-$極　　$Pb \longrightarrow Pb^{2+} + 2e^-$ ◀ Pb は Pb^{2+} へ
+)　　$SO_4^{2-}　　SO_4^{2-}$ ◀ Pb^{2+} が SO_4^{2-} と結びつく
　　　$Pb + SO_4^{2-} \longrightarrow PbSO_4 + 2e^-$

$\oplus$極 $PbO_2 + 4H^+ + 2e^- \longrightarrow Pb^{2+} + 2H_2O$ ◀ PbO_2 も Pb^{2+} へ
+)　　$SO_4^{2-}　　SO_4^{2-}$ ◀ Pb^{2+} が SO_4^{2-} と結びつく
　　$PbO_2 + 4H^+ + SO_4^{2-} + 2e^- \longrightarrow PbSO_4 + 2H_2O$

7 鉛蓄電池の起電力はおよそ 1 ★ V である。(明治大)

(1) 2.0

8 鉛蓄電池を充電する場合，鉛蓄電池の 1 ** 極の鉛板と 2 ** 極の酸化鉛(Ⅳ)板を，外部電源の 3 ** 極と 4 ** 極にそれぞれ接続することで起電力が回復する。 (日本大)

(1) 負
(2) 正
(3) 負
(4) 正

〈解説〉充電は，$-$と$-$，$+$と$+$を接続する。

9 ある程度放電した鉛蓄電池の両極板を外部電源に接続し充電すると，正極に 1 ** が，負極に 2 ★ が析出する。また電解液中には陰イオンである 3 ★ が増加し，放電可能の状態となる。 (芝浦工業大)

(1) 酸化鉛(Ⅳ) PbO_2
(2) 鉛 Pb
(3) 硫酸イオン SO_4^{2-}

173

【第2部】理論化学②ー物質の変化ー 08 酸化還元反応

応用 □10 ある程度放電した鉛蓄電池に直流電源を接続し，充電した。このとき負極で進行する反応は [1★] の反応式で表される。一方，正極では [2★] が [3★] される反応が進行する。 (明治大)

〈解説〉充電は放電の逆反応になる。
(負極) $PbSO_4 + 2e^- \longrightarrow Pb + SO_4^{2-}$ （還元反応）
(正極) $PbSO_4 + 2H_2O \longrightarrow PbO_2 + 4H^+ + SO_4^{2-} + 2e^-$ （酸化反応）

(1) $PbSO_4 + 2e^- \longrightarrow Pb + SO_4^{2-}$
(2) 硫酸鉛(Ⅱ) $PbSO_4$
(3) 酸化

燃料電池 | $\ominus H_2$ | H_3PO_4aq | $O_2 \oplus$ や$\ominus H_2$ | $KOHaq$ | $O_2 \oplus$ など　起電力1.2V

□11 水素ガスと酸素ガスが反応して水（液体）が生成する反応は，[1★] 反応である。この反応をたくみに利用して，反応のエネルギーを直接電気エネルギーとして取り出す装置が [2★★★] 電池である。 (名古屋大)

(1) 発熱
(2) 燃料

□12 燃料電池の内部では化学反応のおこる場所が物理的に2箇所に隔離されており，2種類の反応が電池内部の別々の場所で進行している。[1★★] では，燃料が電子を失う [2★★] がおこり，[3★★] では，酸化剤の [4★★] がおこっている。 (愛媛大)

(1) 負極
(2) 酸化(反応)
(3) 正極
(4) 還元(反応)

応用 □13 図の燃料電池では，リン酸水溶液を電解液，触媒作用をもつ多孔質金属膜を電極として用いている。A極側に水素をB極側に酸素をそれぞれ供給すると，A極側では [1★★] で表される反応が起こり，ここで生じた [2★★] が外部回路を，同じく生じた [3★★] が電解液中をB極側へと移動する。B極側ではそれぞれ移動してきた [2★★] と [3★★] などにより [4★★] で表される反応が起こり，[5★★] が生成物として外部に放出される。

(1) $H_2 \longrightarrow 2H^+ + 2e^-$
　[例 $2H_2 \longrightarrow 4H^+ + 4e^-$]
(2) 電子 e^-
(3) 水素イオン H^+
(4) $O_2 + 4H^+ + 4e^- \longrightarrow 2H_2O$
(5) 水 H_2O

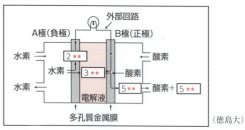

(徳島大)

〈解説〉A極が負極，B極が正極になる。

3 〈発展〉鉛蓄電池・燃料電池

 14 電解液に水酸化カリウム水溶液を使ったアルカリ型燃料電池では，おのおのの電極で次の①式もしくは②式で示される反応がおこる。ここで①式の反応がおこる ［1★★］ 極では，［2★★］ の ［3★★］ 反応がおき，一方②式の反応がおこる ［4★★］ 極では，［5★★］ の ［6★★］ 反応がおこる。したがって，燃料電池でおこる全体の反応（③式）は ［7★★］ の電気分解と ［8★★］ 向きの反応である。

$$H_2 + 2OH^- \longrightarrow 2H_2O + 2e^- \cdots ①$$

$$\frac{1}{2}O_2 + H_2O + 2e^- \longrightarrow 2OH^- \cdots ②$$

$$\boxed{9★★} + \frac{1}{2}\boxed{10★★} \longrightarrow \boxed{11★★} \cdots ③$$

(東京理科大)

〈解説〉③式は，①式＋②式よりつくる。

(1) 負
(2) 水素 H_2
(3) 酸化
(4) 正
(5) 酸素 O_2
(6) 還元
(7) 水 H_2O
(8) 逆
(9) H_2
(10) O_2
(11) H_2O

15 水素－酸素燃料電池について，正極に ［1★★］，負極に ［2★★］ をそれぞれ活物質として供給し，電解液として KOH 水溶液を用いたものは，有人宇宙船の電源に用いられ，発電後に生じた ［3★★］ は，乗組員の飲料として使われた実績がある。

(東京理科大)

(1) 酸素 O_2
(2) 水素 H_2
(3) 水 H_2O

 16 図の負極と正極でおこる反応について，以下の反応式の空欄の適切な係数を答えよ。

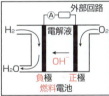

負極：$H_2 + \boxed{1★★}\,OH^-$
　　$\longrightarrow \boxed{2★★}\,H_2O + \boxed{3★★}\,e^-$

正極：$O_2 + \boxed{4★★}\,H_2O + \boxed{5★★}\,e^-$
　　$\longrightarrow \boxed{6★★}\,OH^-$

(電気通信大)

(1) 2
(2) 2
(3) 2
(4) 2
(5) 4
(6) 4

〈解説〉電解質として KOH などの塩基を用いた場合は酸を用いたときの反応を中和することで反応式をつくればよい。

$$\begin{array}{rl} \ominus 極 & H_2 \longrightarrow 2H^+ + 2e^- \\ +) & 2OH^- \quad 2OH^- \\ \hline & H_2 + 2OH^- \longrightarrow 2H_2O + 2e^- \end{array}$$

$$\begin{array}{rl} \oplus 極 & O_2 + 4H^+ + 4e^- \longrightarrow 2H_2O \\ +) & 4OH^- \quad 4OH^- \\ \hline & O_2 + 2H_2O + 4e^- \longrightarrow 4OH^- \end{array}$$

【第2部】理論化学②ー物質の変化ー　08　酸化還元反応

4 〈発展〉さまざまな電池　▼ANSWER

マンガン乾電池　$\ominus$ Zn ｜ ZnCl₂aq，NH₄Claq ｜ MnO₂, C $\oplus$ など　起電力 1.5V

□1 ★★ 亜鉛板の容器に酸化マンガン(Ⅳ)と炭素粉末と塩化アンモニウムをねりあわせたものをつめ，その中心部に炭素棒を入れたものは ［1★★］ 電池である。この電池では亜鉛板が ［2★★］ 極になる。なお，酸化マンガン(Ⅳ)は ［3★］ を防止する役割を果たしている。

(明治大)

(1) マンガン(乾) ［＠乾］
(2) 負
(3) 分極

マンガン(乾)電池

□2 ★★ マンガン乾電池では，負極には亜鉛が，正極には ［1★］ が用いられ，この電池が放電するときは，負極から正極に移動した電子が ［1★］ を ［2★★］ する。したがって，この電池では ［3★］ が発生しないため，分極がおこらない。

(星薬科大)

(1) 酸化マンガン(Ⅳ) MnO₂
(2) 還元
(3) 水素 H₂

〈解説〉Zn が還元剤で負極，MnO₂ が酸化剤で正極。
　負極：$Zn + 4NH_4^+ \longrightarrow [Zn(NH_3)_4]^{2+} + 4H^+ + 2e^-$
　正極：$MnO_2 + H^+ + e^- \longrightarrow MnO(OH)$ など

応用 □3 ★★ 実用電池の一つであるマンガン乾電池では，正極活物質に ［1★］ が用いられ，負極活物質には ［2★★］ が用いられている。

　この電池を放電したとき，負極では，［2★★］ イオンが溶出する。一方，正極では，［1★］ が反応するが，［3★］ である ［1★］ があるために，ボルタ電池のように ［4★］ は発生せず，これによる ［5★］ はおこらない。よって，起電力の ［6★］ が抑えられる。ここで，マンガン乾電池の起電力は室温で約 ［7★］ V であり，ダニエル電池と比較すると，［8★］ 。

(東京理科大)

(1) 酸化マンガン(Ⅳ) MnO₂
(2) 亜鉛
(3) 酸化剤
(4) 水素 H₂
(5) 分極
(6) 減少［＠低下］
(7) 1.5
(8) 大きい

〈解説〉負極では Zn^{2+} が溶出し，$[Zn(NH_3)_4]^{2+}$ となる。
　ダニエル電池の起電力は約 1.1V。

4 〈発展〉さまざまな電池

アルカリマンガン乾電池 ⊖ Zn | KOHaq | MnO₂ ⊕ 　起電力 1.5V

■4 アルカリマンガン乾電池では，マンガン乾電池と異なる電解液である [1★] 水溶液に，[2★] の酸化物の粉末などを混ぜて用いる。このような構造をとることにより，アルカリマンガン乾電池では，マンガン乾電池と比べて [3★] を長時間安定して取り出すことができる。
(東京理科大)

(1) 水酸化カリウム KOH
(2) 亜鉛 Zn
(3) 大電流

〈解説〉還元剤である亜鉛 Zn が負極，酸化剤である酸化マンガン(Ⅳ) MnO₂ が正極。

- 正極
- 負極合剤(Zn, KOHaq, ZnO)
- 正極合剤(MnO₂, C粉末)
- 負極

リチウム電池 ⊖Li | Li塩 | (CF)ₙ ⊕ や ⊖Li | Li塩 | MnO₂ ⊕など　起電力 3.0V

応用 ■5 リチウムを電極とした電池は，多くの実用一次電池の起電力が 1.5V 以下であるのに対して，3V 以上の高い起電力と軽量化が期待できるため，その研究開発が精力的に行われた。その結果，リチウム電池とよばれる一次電池が実用化された。このリチウム電池では，[1★] 極にフッ化黒鉛を，[2★] 極に金属リチウムを使用する。放電時に，[1★] 極では Li⁺ イオンがフッ化黒鉛に侵入し，[2★] 極では Li が [3★] され Li⁺ イオンとなる。また，[4★★] 液としては有機溶媒に LiBF₄ などの塩を溶解したものが使用される。
(東北大)

(1) 正
(2) 負
(3) 酸化
(4) 電解

〈解説〉Li が還元剤で負極となる。
　　負極：Li ⟶ Li⁺ + e⁻ （Li が酸化される）

応用 ■6 リチウム電池は，負極に金属リチウムが，正極にはマンガン乾電池と同様に [1★] が用いられることもある。
(星薬科大)

(1) 酸化マンガン(Ⅳ) MnO₂

【第2部】理論化学②ー物質の変化ー　08　酸化還元反応

| 亜鉛・空気電池 | ⊖ Zn ｜ KOHaq ｜ O₂ ⊕　起電力 1.3V |

□7
★★
燃料電池ではないが，補聴器などの用途で実用化されている亜鉛・空気電池においても同様に酸素が用いられ，電気エネルギーを得るために全体として次の反応が利用されている。

$$Zn + \frac{1}{2} O_2 \longrightarrow ZnO$$

水素・酸素燃料電池における水素，亜鉛・空気電池における亜鉛は，いずれも電池の反応では ［ 1 ★★ ］としてはたらいている。このとき，水素と亜鉛そのものは ［ 2 ★★ ］される。
(横浜国立大)

〈解説〉還元剤である亜鉛 Zn が負極，正極では空気中の酸素 O₂ が酸化剤としてはたらく。

(1) 還元剤
(2) 酸化

| ニッケル・カドミウム電池 | ⊖ Cd ｜ KOHaq ｜ NiO(OH) ⊕　起電力 1.3V |

応用 **□8**
★★
日常生活に用いられるニッケル・カドミウム電池は ［ 1 ★ ］極にカドミウム Cd，［ 2 ★ ］極にオキシ水酸化ニッケル NiO(OH)，電解質溶液に水酸化カリウム KOH 水溶液を用いる ［ 3 ★★ ］電池である。この電池の放電と充電の化学反応式は，次の通りである。

$$Cd + 2NiO(OH) + 2H_2O \underset{充電}{\overset{放電}{\rightleftarrows}} Cd(OH)_2 + 2Ni(OH)_2$$

(明治大)

(1) 負
(2) 正
(3) 二次 [蓄]

4 〈発展〉さまざまな電池

リチウムイオン電池 ⊖ C(黒鉛)とLiの化合物 | Li塩+有機溶媒 | $LiCoO_2$ ⊕ 起電力 4.0V

応用 □9 ★★ 電極にリチウムを用い，電解液を有機溶媒にすることで起電力を大きくすることが可能であり，リチウム電池の起電力は 3.0V である。このリチウム電池の ① 化の試みは精力的に行われたが，なかなか実用化に至らなかった。この実用化への大きな貢献が 2019 年ノーベル化学賞の対象である。この実用化された電池は ②★★ と呼ばれ，現在ではスマートフォンやパソコンなどに用いられている。②★★ は，正極に $LiCoO_2$，負極にリチウムイオンを含む黒鉛を使用する。各極では，以下のような反応が起こる。

[正極] $Li_{1-x}CoO_2 + xLi^+ + xe^- \longrightarrow LiCoO_2$
[負極] $LiC_6 \longrightarrow Li_{1-x}C_6 + xLi^+ + xe^-$

$(0 \leqq x \leqq 1)$ （慶應義塾大）

(1) 二次電池 [⑩蓄電池]
(2) リチウムイオン電池

応用 □10 ★ リチウムイオン電池では，電極に金属リチウムを使用せず，図に示すように，①★ 極に $LiCoO_2$ を，②★ 極に黒鉛を使用する。

また，③★ 液としては有機溶媒に $LiPF_6$ などの塩を溶解したものが使われる。

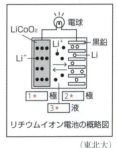
リチウムイオン電池の概略図
（東北大）

(1) 正
(2) 負
(3) 電解

〈解説〉図の Li と Li^+ に注目して負極と正極を決定すればよい。Li（還元剤）のある方が負極となる。

179

【第2部】理論化学②－物質の変化－　08　酸化還元反応

5 〈発展〉陽極と陰極の反応　▼ANSWER

□1
★★★
電解質の水溶液や融解塩に外部から直流電流を通じ，両極で酸化還元反応をおこさせることを　1★★★　とよぶ。
(早稲田大)

(1) 電気分解

□2
★★★
電気分解では，電池の正極につながっている電極を　1★★★　極，電池の負極につながっている電極を　2★★★　極という。
(神戸薬科大)

(1) 陽
(2) 陰

□3
★★★
電解質の水溶液や融解液に電極を浸し，外部から直流電流を流すと電気分解がおこる。外部の直流電源の負極と接続した電極は　1★★★　とよばれ，直流電源から流れ込んだ　2★★　によって，この電極では　3★★★　がおこる。一方，正極と接続した電極は　4★★★　とよばれ，　2★★　が流れ出ることによって，この電極では　5★★★　がおこる。
(東海大)

(1) 陰極
(2) 電子 e⁻
(3) 還元(反応)
(4) 陽極
(5) 酸化(反応)

〈解説〉

(負極)⊖ ⊕(正極)

e⁻ ←→ e⁻

(陰極)⊖ ⊕(陽極)

－ ＋

M⁺　X⁻
H⁺　OH⁻

電気分解では，
(陰極(－極)：外部電源の負極(－極)とつないだ電極
(陽極(＋極)：外部電源の正極(＋極)とつないだ電極

□4
★★★
電気分解では電極上で電子の授受が行われる。外部電源より電子が流れ込む電極が陰極であり，外部電源に電子が流れ出す電極が陽極である。すなわち，電気分解の陰極上では　1★★★　反応がおこり，陽極上では　2★★★　反応がおこる。
(東京電機大)

(1) 還元
(2) 酸化

〈解説〉電子を受け取る反応＝還元反応
　　　　電子を失う反応＝酸化反応

□5
★★
電気分解の際に溶質，溶媒，電極自身のうち最も還元されやすい物質が陰極で電子を　1★★　，最も酸化されやすい物質が陽極で電子を　2★★　。
(早稲田大)

(1) 受け取り
(2) 失う

電極反応の考え方

水溶液の電気分解について,陰極と陽極の反応に分けて考える。このとき,水のわずかな電離で生じている H^+, OH^- の存在に注意しよう。

(1)陰極の反応:還元反応

イオン化傾向の小さな陽イオンが反応し,e^- を受け取る。注

(水溶液の濃度や電圧などの条件によっては,イオン化傾向の小さくない金属イオン(Zn, Fe, Ni, Sn, Pb などの陽イオン)が反応することもあるが,そのときには問題中のヒントから判断できるように出題される。)

注 イオン化傾向の小さな陽イオンとして H^+ が反応するときは,水溶液の液性(酸性・中性・塩基性)により,(a), (b)のように反応式を書き分ける必要がある。

(a)酸性下 $2H^+ + 2e^- \longrightarrow H_2$

(b)中性または塩基性下

$$\begin{array}{r} 2H^+ + 2e^- \longrightarrow H_2 \\ +)\ 2OH^- 2OH^- \\ \hline 2H_2O + 2e^- \longrightarrow H_2 + 2OH^- \end{array}$$

← $2H^+$ を $2H_2O$ にするために両辺に $2OH^-$ を加えてまとめる。

(2)陽極の反応:酸化反応

次の手順に従って考える。

【手順①】陽極板が炭素 C,白金 Pt,金 Au 以外の場合,陽極板自身が溶解する。

 例 $Cu \longrightarrow Cu^{2+} + 2e^-$

【手順②】陽極板が炭素 C,白金 Pt,金 Au のいずれかの場合

 (1) Cl^- または I^- が存在する… Cl^- や I^- が反応し,
  $2Cl^- \longrightarrow Cl_2 + 2e^-$ または $2I^- \longrightarrow I_2 + 2e^-$ となる。

 (2) Cl^- や I^- が存在しない… OH^- が反応する。注

注 OH^- が反応するときは,水溶液の液性(酸性・中性・塩基性)により,(a), (b)のように反応式を書き分ける必要がある。

(a)塩基性下 $4OH^- \longrightarrow O_2 + 2H_2O + 4e^-$

(b)中性または酸性下

$$\begin{array}{r} 4OH^- \longrightarrow O_2 + 2H_2O + 4e^- \\ +)\ 4H^+ 4H^+ \\ \hline 2H_2O \longrightarrow O_2 + 4H^+ + 4e^- \end{array}$$

← $4OH^-$ を $4H_2O$ にするために両辺に $4H^+$ を加えてまとめる。

□6 陰極および陽極に炭素棒を用い，塩化銅(II)水溶液を電気分解すると，片方の電極では銅が析出し，もう一方の電極では $\boxed{1 \star\star}$ が発生する。 (同志社大)

(1) 塩素 Cl_2

〈解説〉塩化銅(II) $CuCl_2$ 水溶液の電気分解のようす

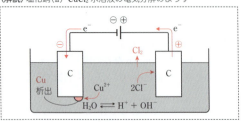

(陰極)イオン化傾向は $H_2 > Cu$ なので，イオン化傾向の小さな Cu^{2+} が反応する。
$$Cu^{2+} + 2e^- \longrightarrow Cu$$
(陽極)陽極板が C なので，極板は溶解しない。
Cl^- が存在しているので，Cl^- が反応する。
$$2Cl^- \longrightarrow Cl_2 + 2e^-$$

□7 白金電極を用いて硫酸銅(II)水溶液を電気分解したときの陰極，陽極での反応を，それぞれ e^- を含むイオン反応式で書け。

陰極：$\boxed{1 \star\star}$ 陽極：$\boxed{2 \star\star}$ (早稲田大)

(1) $Cu^{2+} + 2e^- \longrightarrow Cu$
(2) $2H_2O \longrightarrow O_2 + 4H^+ + 4e^-$

〈解説〉Cu^{2+}, SO_4^{2-}, $H_2O \rightleftarrows H^+ + OH^-$
(陰極)イオン化傾向は $H_2 > Cu$ なので，イオン化傾向の小さな Cu^{2+} が反応する。
$$Cu^{2+} + 2e^- \longrightarrow Cu$$
(陽極)陽極板が Pt なので，極板は溶解しない。
Cl^- や I^- が存在しないので，OH^- が反応する。
$$4OH^- \longrightarrow O_2 + 2H_2O + 4e^-$$
$CuSO_4$ 水溶液は弱酸性なので，両辺に $4H^+$ を加えてまとめる。
$$\begin{array}{r} 4OH^- \longrightarrow O_2 + 2H_2O + 4e^- \\ +)\ \ 4H^+ \qquad\qquad 4H^+ \qquad\qquad \\ \hline 2H_2O \longrightarrow O_2 + 4H^+ + 4e^- \end{array}$$

5 〈発展〉陽極と陰極の反応

□ **8** 溶液を硫酸水溶液にして白金電極を用いて電気分解する
★★ と，陰極および陽極では以下の反応がおこる。

(陰極) $\boxed{1 ★★}$

(陽極) $2H_2O \longrightarrow O_2 + 4H^+ + 4e^-$

全体の反応は，水が電気分解されて水素と酸素が発生したことになっており，水素の発生量は酸素の発生量の $\boxed{2 ★}$ 倍である。

(東京電機大)

〈解説〉H^+，HSO_4^-，$H_2O \rightleftharpoons H^+ + OH^-$
(陰極)H^+ が反応する。
$$2H^+ + 2e^- \longrightarrow H_2 \quad \cdots ①$$
H_2SO_4 水溶液は強酸性なので，反応式はこのままでよい。
(陽極)陽極板が Pt なので，極板は溶解しない。
Cl^- や I^- が存在しないので，OH^- が反応する。
$$4OH^- \longrightarrow O_2 + 2H_2O + 4e^-$$
H_2SO_4 水溶液は強酸性なので，両辺に $4H^+$ を加えてまとめる。
$$2H_2O \longrightarrow O_2 + 4H^+ + 4e^- \cdots ②$$
全体の反応は，①×2＋②より，
$$2H_2O \longrightarrow 2H_2 + O_2$$
となり，O_2 が $1mol$ 発生すると，H_2 が $2mol$ 発生することがわかる。

□ **9** 例えば，白金電極を用いて水酸化ナトリウム水溶液を
★★★ 電気分解すると，陰極および陽極では以下の反応がおこる。

(陰極) $\boxed{1 ★★★}$

(陽極) $\boxed{2 ★★}$

(東京電機大)

〈解説〉$Na^+ OH^-$，$H_2O \rightleftharpoons H^+ + OH^-$
(陰極)イオン化傾向は $Na > H_2$ なので，イオン化傾向の小さな H^+ が反応する。
$$2H^+ + 2e^- \longrightarrow H_2$$
NaOH 水溶液は強塩基性なので，両辺に $2OH^-$ を加えてまとめる。
$$\begin{array}{r} 2H^+ + 2e^- \longrightarrow H_2 \\ +)\ 2OH^- \qquad\qquad 2OH^- \\ \hline 2H_2O + 2e^- \longrightarrow H_2 + 2OH^- \end{array}$$
(陽極)陽極板が Pt なので，極板は溶解しない。
Cl^- や I^- が存在しないので，OH^- が反応する。
$$4OH^- \longrightarrow O_2 + 2H_2O + 4e^-$$
NaOH 水溶液は強塩基性なので，反応式はこのままでよい。

---

(1) $2H^+ + 2e^-$
$\longrightarrow H_2$

(2) 2

(1) $2H_2O + 2e^-$
$\longrightarrow H_2 + 2OH^-$

(2) $4OH^- \longrightarrow O_2$
$+ 2H_2O + 4e^-$

08
酸化還元反応 **5** 〈発展〉陽極と陰極の反応

183

【第2部】理論化学②－物質の変化－ 08 酸化還元反応

□ **10** 硫酸ナトリウムの水溶液を両極に白金を用いて電気分
★★ 解し， 1 ★★ と 2 ★★ （順不同）を得た。(神戸薬科大)

〈解説〉$Na^+ SO_4^{2-}$ ⎰ $\ominus$(Pt)$2H_2O + 2e^- \longrightarrow H_2 + 2OH^-$ …①
　　　　$(H^+ OH^-)$ ⎱　　水の H^+ がなくなって OH^- が余り，水酸
Na_2SO_4 水溶液　　　　化物イオン濃度が増加するので，塩基性
は，ほぼ中性。　　　　(pH > 7)となる。
　　　　　　　　　$\oplus$(Pt)$2H_2O \longrightarrow O_2 + 4H^+ + 4e^-$ …②
　　　　　　　　　　　水の OH^- がなくなって H^+ が余り，水素
　　　　　　　　　　　イオン濃度が増加するので，酸性(pH <
　　　　　　　　　　　7)となる。
　　　　全体では，①× 2 +②より，
　　　　　$2H_2O \longrightarrow 2H_2 + O_2$　となる。

(1) 水素 H_2
(2) 酸素 O_2

□ **11** 電解質の水溶液として蒸留水に塩化ナトリウムを溶か
★★ した水溶液を用い，陰極および陽極にはいずれも炭素
棒を使って電気分解した。陰極でおこる反応を電子 e^-
を含むイオン反応式で書くと 1 ★★ となる。

(同志社大)

〈解説〉$Na^+ Cl^-$ ⎰ $\ominus$(C)$2H_2O + 2e^- \longrightarrow H_2 + 2OH^-$
　　　　$(H^+ OH^-)$ ⎱ $\oplus$(C)$2Cl^- \longrightarrow Cl_2 + 2e^-$
$NaCl$ 水溶液は中性。

(1) $2H_2O+2e^-$
　　$\longrightarrow H_2+2OH^-$

応用 □ **12** 塩化ナトリウムはナトリウムイオンと塩化物イオンか
★★ らなる塩である。塩化ナトリウムが融解して液体にな
るとナトリウムイオンと塩化物イオンが動きやすくな
る。融解した塩化ナトリウムを，白金板を電極として
電気分解すると，陰極で 1 ★★ が，陽極で 2 ★
が生成する。

(静岡大)

〈解説〉融解液なので H_2O が存在しない。
$Na^+ Cl^-$ ⎰ $\ominus$ (Pt) $Na^+ + e^- \longrightarrow Na$ ◀陽イオンは Na^+ しか
　　　　　　　　　　　　　　　　　　　　存在しない
　　　　⎱ $\oplus$ (Pt) $2Cl^- \longrightarrow Cl_2 + 2e^-$ ◀極板は溶解せず，陰
　　　　　　　　　　　　　　　　　　　イオンは Cl^- しか
　　　　　　　　　　　　　　　　　　　存在しない

(1) ナトリウム Na
(2) 塩素 Cl_2

6 〈発展〉電気分解と電気量　▼ANSWER

1 2.00Aの一定電流で48分15秒間，電気分解を行った。電気分解によって流れた電気量は　1　C（3ケタ）となる。　　　（秋田大）

(1) 5.79×10^3

〈解説〉1アンペア(A)の電流が1秒(s)間流れたときに運ばれる電気量を1クーロン(C)といい，電流の単位であるアンペア(A)とクーロン(C)や秒(s)の関係は，

$$(A) = \left(\frac{C}{s}\right)$$

となるので，この単位から次の関係が成り立つことがわかる。
アンペア(A) × 秒(s) = クーロン(C)
また，電子 e^- 1(mol)のもつ電気量の絶対値をファラデー定数 F といって，
　$F = 96500$(C/mol)となる。

解き方
48分15秒 = 48分 × $\frac{60秒}{1分}$ + 15秒 = 2895秒では，

$\frac{2.00C}{1秒} \times 2895秒 = 5.79 \times 10^3$ [C]

(A = C/秒)　　[C]

2 白金電極を用いた硫酸銅(Ⅱ)水溶液の電気分解で一定の電流を流して30分間電気分解したところ陰極の質量が3.175g増えた。この電気分解に要した電気量は　1　C（3ケタ）で，電気分解中に流れた電流は　2　A（3ケタ）となる。Cu = 63.5，ファラデー定数 96500C/mol　　　（早稲田大）

(1) 9.65×10^3
(2) 5.36

解き方

$$\text{Cu}^{2+}\text{SO}_4^{2-} \begin{cases} \ominus(\text{Pt})\text{Cu}^{2+} + 2\text{e}^- \longrightarrow \text{Cu} \\ \oplus(\text{Pt})2\text{H}_2\text{O} \longrightarrow \text{O}_2 + 4\text{H}^+ + 4\text{e}^- \end{cases}$$
(H^+OH^-)

陰極では，Cu が 1mol 析出するとき e^- が 2mol 流れることがわかるので，この電気分解に要した電気量は，

$$3.175\ \cancel{g} \times \frac{1\text{mol}}{63.5\ \cancel{g}} \times \frac{2\cancel{\text{mol}}}{1\cancel{\text{mol}}} \times \frac{96500\text{C}}{1\cancel{\text{mol}}} = 9.65 \times 10^3\ [\text{C}]$$

析出した Cu〔g〕／析出した Cu〔mol〕／流れた e^-〔mol〕／流れた e^-〔C〕

となる。

また，流れた電流を x〔A〕とすると，電気分解に要した電気量が 9.65×10^3〔C〕であり，30 分 = $30\ \cancel{分} \times \dfrac{60\ 秒}{1\ \cancel{分}} = 1800$ 秒 より，

$$\frac{x\text{C}}{1\ \cancel{秒}} \times 1800\ \cancel{秒} = 9.65 \times 10^3\ [\text{C}]$$

〔A = C/秒〕／流れた e^-〔C〕

となり，$x \fallingdotseq 5.36$〔A〕

 硫酸銅(Ⅱ)の水溶液に 2 本の白金電極をさして，1.93A の電流で 40 分間電気分解を行った。その結果，陰極に銅が析出し，陽極からは気体 1★★ が標準状態で 2★★ L（2ケタ）発生した。ファラデー定数は 96500C/mol とする。　　　　　　　　　　　　（筑波大）

(1) 酸素 O_2
(2) 0.27

〈解説〉I〔A〕の電流を t〔s〕間流したときに流れる電子の物質量〔mol〕は，

式：$I \times t \times \dfrac{1}{96500}$〔mol〕

単位：$\dfrac{\cancel{C}}{\cancel{s}} \times \cancel{s} \times \dfrac{\text{mol}}{\cancel{C}}$

となる。

6 〈発展〉電気分解と電気量

> **解き方**
>
> 40 分 $= 40$ 分 $\times \dfrac{60 \text{秒}}{1 \text{分}} = 2400$ 秒より，この電気分解に関与する e^- の物質量〔mol〕は，
>
> $$\underset{\text{(A = C/秒)}}{\dfrac{1.93C}{1 \text{秒}}} \times \underset{\text{(C)}}{2400 \text{秒}} \times \underset{e^- \text{(mol)}}{\dfrac{1 \text{mol}}{96500 C}} = 0.048 \text{〔mol〕}$$
>
> となる。
>
> $$\begin{array}{l} Cu^{2+} \, SO_4^{2-} \\ (H^+ OH^-) \end{array} \left\{ \begin{array}{l} \ominus \text{(Pt)} \; Cu^{2+} + 2e^- \longrightarrow Cu \\ \oplus \text{(Pt)} \; 2H_2O \longrightarrow O_2 + 4H^+ + 4e^- \end{array} \right.$$
>
> 陽極からは e^- が 4 mol 流れると O_2 が 1 mol 発生することがわかるので，発生した O_2 は標準状態で，
>
> $$\underset{\substack{\text{流れた } e^- \\ \text{〔mol〕}}}{0.048 \text{mol}} \times \underset{\substack{\text{発生した } O_2 \\ \text{〔mol〕}}}{\dfrac{1 \text{mol}}{4 \text{mol}}} \times \underset{\substack{\text{発生した } O_2 \\ \text{〔L〕}}}{\dfrac{22.4 \text{L}}{1 \text{mol}}} \fallingdotseq 0.27 \text{〔L〕}$$
>
> となる。

□ **4**
★★
水酸化ナトリウム水溶液を炭素電極を使って電気分解した。陰極で発生した気体は，標準状態での体積が 4.5 mL であった。電気分解により陽極で生成する物質の質量は $\boxed{1 ★★}$ 〔mg〕(2ケタ)となる。ただし，発生した気体は理想気体とする。$H = 1.0$，$O = 16$

(立命館大)

(1) 3.2

> **解き方**
>
> $$\begin{array}{l} Na^+ OH^- \\ (H^+ OH^-) \end{array} \left\{ \begin{array}{l} \ominus \text{(C)} \, 2H_2O + 2e^- \longrightarrow H_2 + 2OH^- \cdots ① \\ \oplus \text{(C)} \, 4OH^- \longrightarrow O_2 + 2H_2O + 4e^- \cdots ② \end{array} \right.$$
>
> 全体では，① $\times 2 +$ ②より，
>
> $$2H_2O \longrightarrow 2H_2 + O_2$$
>
> となり，全体の反応式から陰極で H_2 が 2 mol 発生すると陽極で O_2 が 1 mol 発生することがわかる。
>
> よって，標準状態での 1 mol の気体の体積は $22.4 L \times \dfrac{10^3 \text{mL}}{1 L}$ であり，$O_2 = 32$ より，
>
> $$\underset{\substack{\text{発生した } H_2 \\ \text{〔mL〕}}}{4.5 \text{mL}} \times \underset{\substack{\text{発生した } H_2 \\ \text{〔mol〕}}}{\dfrac{1 \text{mol}}{22.4 \times 10^3 \text{mL}}} \times \underset{\substack{\text{発生した } O_2 \\ \text{〔mol〕}}}{\dfrac{1 \text{mol}}{2 \text{mol}}} \times \underset{\substack{\text{発生した } O_2 \\ \text{〔g〕}}}{\dfrac{32 g}{1 \text{mol}}} \times \underset{\substack{\text{発生した } O_2 \\ \text{〔mg〕}}}{\dfrac{10^3 \text{mg}}{1 g}} \fallingdotseq 3.2 \text{〔mg〕}$$

【第2部】理論化学②ーー物質の変化ーー **08** 酸化還元反応

□**5** 白金電極を陰極として硫酸銅(II) $CuSO_4$ 水溶液の電解を行う。流す電流を i [A]，電解時間を t [s]，ファラデー定数を F [C/mol] とすると，陰極に析出する銅の質量は 1★ [g] である。

一方，陽極では酸素の発生がおこる。この電解によって発生する酸素の体積は標準状態において 2★ [L] である。$Cu = 64$

(東京理科大)

(1) $\dfrac{32it}{F}$

(2) $\dfrac{5.6it}{F}$

解き方

この電気分解に関与する e^- の物質量は，t [s] = t [秒] より，

$$\dfrac{i\,C}{1\,秒} \times t\,秒 \times \dfrac{1\,mol}{F\,C} = \dfrac{it}{F}\,[mol]$$

(A = C/秒)　(C)　流れた e^- (mol)

となる。

$$\begin{array}{l} Cu^{2+}\ SO_4{}^{2-} \\ (H^+\ OH^-) \end{array} \begin{cases} \ominus\ (Pt)\ Cu^{2+} + 2e^- \longrightarrow Cu \\ \oplus\ (Pt)\ 2H_2O \longrightarrow O_2 + 4H^+ + 4e^- \end{cases}$$

陰極では，e^- が 2 mol 流れると Cu が 1 mol 析出することがわかるので，析出した Cu は，

$$\dfrac{it}{F}\,mol \times \dfrac{1\,mol}{2\,mol} \times \dfrac{64\,g}{1\,mol} = \dfrac{32it}{F}\,[g]$$

流れた e^- 　析出した Cu 　析出した Cu
(mol) 　　　 (mol) 　　　　(g)

となる。

一方，陽極では，e^- が 4 mol 流れると O_2 が 1 mol 発生することがわかるので，発生する O_2 は標準状態において，

$$\dfrac{it}{F}\,mol \times \dfrac{1\,mol}{4\,mol} \times \dfrac{22.4\,L}{1\,mol} = \dfrac{5.6it}{F}\,[L]$$

流れた e^- 　発生した O_2 　発生した O_2
(mol) 　　　 (mol) 　　　　(L)

となる。

7 電気分解の応用／金属の製錬／ハロゲン ▼ANSWER

□1 水酸化ナトリウムは，工業的には， 1★★ を電気分解してつくられる。
(滋賀医科大)

(1) 塩化ナトリウム
NaCl水溶液

発展 □2 水酸化ナトリウムは，塩化ナトリウム水溶液を電気分解してつくられる。工業的製法としてはイオン交換膜法があり，陽イオン交換膜で仕切った容器の陽極側に飽和塩化ナトリウム水溶液，陰極側に水を入れた図のような装置が使われる。

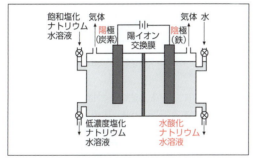

このとき，陽極と陰極でおこる反応を e^- を含むイオン反応式で書くと，陽極： 1★★ ，陰極： 2★★ となる。上記の反応によって，陽極側で 3★ イオンが減少し，陰極側で 4★ イオンが増加する。その電荷を打ち消すために 5★ イオンが陽極側から陰極側へ陽イオン交換膜を通って移動してくる。結果として，陰極側に水酸化ナトリウム水溶液が生成する。これを濃縮すると，純度の高い水酸化ナトリウムが得られる。
(神戸薬科大)

(1) $2Cl^- \longrightarrow Cl_2 + 2e^-$

(2) $2H_2O + 2e^- \longrightarrow H_2 + 2OH^-$

(3) 塩化物 Cl^-

(4) 水酸化物 OH^-

(5) ナトリウム Na^+

【第2部】理論化学②ー物質の変化ー　**08** 酸化還元反応

〈解説〉電子 e^- の流れと，各極の反応は次のようになる。

$$\ominus(Fe) \quad 2H_2O + 2e^- \longrightarrow H_2 + 2OH^-$$
◀ H^+ が反応し，水は中性なので

$$\oplus(C) \quad 2Cl^- \longrightarrow Cl_2 + 2e^-$$
◀ 極板は変化せず，Cl^- が存在するため

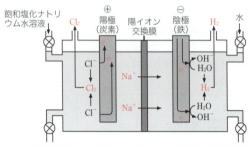

陰極室では，OH^- が生成し，陽イオン交換膜を Na^+ が通過してくるため，NaOHaq が得られる。

発展 □**3** 水酸化ナトリウムを工業的につくる方法の一つは，[1 ★★] 水溶液の電気分解である。このとき，陽極に炭素，陰極に鉄を用い，両極間を陽イオン交換膜で仕切ると，陽極からは [2 ★★] が，陰極からは [3 ★★] が発生して，[4 ★★] 極のまわりに水酸化ナトリウムができる。

　水酸化ナトリウムは二酸化炭素を吸収して [5 ★★★] を生じる。また，水酸化ナトリウムは空気中の水分を吸収してその水に溶けるが，この現象を [6 ★★★] という。
(東京理科大)

(1) 塩化ナトリウム NaCl
(2) 塩素 Cl_2
(3) 水素 H_2
(4) 陰
(5) 炭酸ナトリウム Na_2CO_3
(6) 潮解

〈解説〉$CO_2 + 2NaOH \longrightarrow Na_2CO_3 + H_2O$

鉄の製錬

□**4** 鉄は現代の物質文明を支える基本的な物質として，広範囲かつ多量に使用されているが，人類史上，鉄の量産が始まったのは銅よりも遅い。その理由として，鉄鉱石の還元は難しく，鉄の融点は銅に比べて 500℃ほど [1 ★] ことがあげられる。
(三重大)

(1) 高い

7 電気分解の応用／金属の製錬／ハロゲン

応用 □5 ★★★ 地殻中の金属元素の質量濃度を比較すると，鉄は，[1★★★]の次に多く存在する元素であり，地球上の岩石中に酸化物や硫化物として多量に含まれている。

(中央大)

〈解説〉地殻中：O＞Si＞Al＞Fe＞…

(1) アルミニウム
Al

□6 ★★★ 天然の鉄は赤鉄鉱，磁鉄鉱，褐鉄鉱などの鉄鉱石として存在する。赤鉄鉱の主成分は鉄を湿った空気中に放置すると酸化されて生成する[1★★★]であり，磁鉄鉱の主成分は鉄を強熱すると生成する黒色の[2★★★]である。

(横浜国立大)

(1) 酸化鉄(Ⅲ)
Fe_2O_3
(2) 四酸化三鉄
Fe_3O_4

□7 ★★★ 単体の鉄 Fe は，鉄鉱石を還元してつくられる。原料の鉄鉱石には，主成分が[1★★★]の赤鉄鉱や，主成分が[2★★★]の磁鉄鉱がある。鉄 Fe は[3★]族に属する元素で，[1★★★]における鉄の酸化数は[4★★]であり，[2★★★]の場合の酸化数は[5★★]である。

(近畿大)

〈解説〉$\underset{+3}{Fe_2}O_3$, $Fe_3O_4 = \underset{+2}{FeO} + \underset{+3}{Fe_2O_3}$

(1) 酸化鉄(Ⅲ)
Fe_2O_3
(2) 四酸化三鉄
Fe_3O_4
(3) 8
(4) +3
(5) +2, +3

□8 ★★ 単体の鉄は，Fe_2O_3 を主成分とする赤鉄鉱などを含む鉄鉱石を，コークスなどと加熱することで得られる。このとき Fe_2O_3 は[1★★]されたことになり，その鉄原子の酸化数は[2★★]したことになる。

(法政大)

〈解説〉$\underset{+3}{Fe_2O_3} + 3CO \longrightarrow 2\underset{0}{Fe} + 3CO_2$

(1) 還元
(2) 減少

□9 ★★★ 鉄の製錬は，溶鉱炉中に鉄鉱石，コークス，石灰石を入れ，溶鉱炉の下部から約 1300℃の熱風を吹き込むことにより行われる。溶鉱炉中では，コークスの燃焼により発生した[1★★★]が鉄鉱石を還元することにより鉄が生成する。

(長崎大)

〈解説〉コークス C，石灰石 $CaCO_3$

(1) 一酸化炭素
CO

【第2部】理論化学②－物質の変化－　08 酸化還元反応

10 右図は，製鉄用溶鉱炉の模式図である。赤鉄鉱を原料として鉄をつくるときは，鉄鉱石と石灰石と [1] を図の [2] から投入して [3] を還元する。溶鉱炉から得られる鉄は [4] とよばれ，約4%の炭素と微量の不純物を含む。石灰石の熱分解で生じた [5] は，鉄鉱石中の不純物と反応し，[4] の上に浮かび [6] となる。[6] を除いた高温の [4] を図の [7] から取り出して転炉に移し，[8] を吹き込むと，炭素の含有量がおよそ 0.02%～2% の [9] になる。

(近畿大)

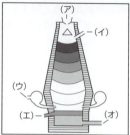

〈解説〉 $CaCO_3 \longrightarrow CaO + CO_2$
　　　石灰石

(1) コークス C
(2) (ア)
(3) 酸化鉄(III) Fe_2O_3 [例]赤鉄鉱]
(4) 銑鉄
(5) 酸化カルシウム CaO [例]生石灰]
(6) スラグ
(7) (オ)
(8) 酸素 O_2
(9) 鋼

11 銑鉄は [1] を重量で約4%含み硬くてもろいが，融点が低いので鋳物に用いられる。高温にした銑鉄を転炉に入れて酸素を吹きこみ [1] 含有量を重量で2～0.02%にしたものを鋼という。鋼は建築材料や自動車，その他多くの材料として用いられている。

(東北大)

(1) 炭素 C

12 鉄をさびにくくするために，キッチンシンク，食器，浴槽やプラントでは，鉄と [1] やニッケルを合金化したステンレス鋼が用いられている。ステンレス鋼の食器などで見かける「18-8」のような表示はそれぞれの成分の質量パーセント濃度を示したものである。

(東北大)

(1) クロム Cr

7 電気分解の応用／金属の製錬／ハロゲン

□**13**
★★★
周期表 $\boxed{1 \text{★★}}$ ～ 11 族の元素を遷移元素という。この中には鉄が含まれる。純粋な鉄は，灰白色の光沢をもった金属で，希硫酸と反応して $\boxed{2 \text{★★★}}$ を発生しながら溶けるが，濃硝酸とは $\boxed{3 \text{★★★}}$ をつくる。鉄のイオンには鉄(Ⅱ)イオンと鉄(Ⅲ)イオンとがあり，またよく知られている化合物には $\boxed{4 \text{★★★}}$ （赤さびの主成分），$\boxed{5 \text{★★★}}$ （黒さびの主成分）や硫酸鉄(Ⅱ)七水和物などがある。　　　　　　　　　　　　　　（鳥取大）

〈解説〉Fe + H$_2$SO$_4$(希) $\longrightarrow$ FeSO$_4$ + H$_2$
　　　硫酸鉄(Ⅱ)七水和物　FeSO$_4$・7H$_2$O

(1) 3
(2) 水素 H$_2$
(3) 不動態
(4) 酸化鉄(Ⅲ)
　　Fe$_2$O$_3$
(5) 四酸化三鉄
　　Fe$_3$O$_4$

□**14**
★★★
遷移元素では複数の酸化数をとり，有色のイオンをつくるものが多い。鉄イオンには +2 と +3 の酸化数をとる 2 種類が存在し，鉄(Ⅱ)イオン水溶液は $\boxed{1 \text{★★}}$ 色，鉄(Ⅲ)イオン水溶液は $\boxed{2 \text{★★★}}$ 色である。（三重大）

(1) 淡緑
(2) 黄褐

応用 □**15**
★★
鉄は酸化数 +2 と +3 の化合物をつくるが，$\boxed{1 \text{★}}$ の化合物の方が安定している。したがって，鉄(Ⅱ)イオンは酸化されやすく，空気中の酸素によっても徐々に酸化されて，黄褐色の鉄(Ⅲ)イオンになる。鉄(Ⅱ)イオンや鉄(Ⅲ)イオンを含む水溶液にアルカリ水溶液を加えると，それぞれ緑白色の $\boxed{2 \text{★★}}$ や赤褐色の $\boxed{3 \text{★★★}}$ の沈殿が生じる。　　　　（鳥取大）

〈解説〉Fe^{2+} $\xrightarrow{\text{NaOH}}$ Fe(OH)$_2$ ↓
　　　　淡緑色　　　　　　緑白色
　　　Fe^{3+} $\xrightarrow{\text{NaOH}}$ Fe(OH)$_3$ ↓
　　　　黄褐色　　　　　　赤褐色

(1) +3
(2) 水酸化鉄(Ⅱ)
　　Fe(OH)$_2$
(3) 水酸化鉄(Ⅲ)
　　Fe(OH)$_3$

発展 □**16**
応用 ★★
鉄(Ⅱ)イオンを含む水溶液に $\boxed{1 \text{★★}}$ 水溶液を加えると，濃青色の沈殿が生じる。また鉄(Ⅲ)イオンを含む水溶液に $\boxed{2 \text{★★}}$ 水溶液を加えると，同じく濃青色の沈殿が生じる。一方，鉄(Ⅲ)イオンを含む水溶液に $\boxed{3 \text{★★}}$ 水溶液を加えると，血赤色の溶液になる。

　　　　　　　　　　　　　　　　　　　（鳥取大）

(1) ヘキサシアニド鉄(Ⅲ)酸カリウム
　　K$_3$[Fe(CN)$_6$]
(2) ヘキサシアニド鉄(Ⅱ)酸カリウム
　　K$_4$[Fe(CN)$_6$]
(3) チオシアン酸カリウム
　　KSCN

08
酸化還元反応 **7** 電気分解の応用／金属の製錬／ハロゲン

アルミニウムの製錬

□17 電気分解は，アルミニウムや銅の単体の製造に利用されている。アルミニウムの単体は，原料となる鉱石の [1] から白色のアルミナ Al_2O_3 をつくり，これを [2] 電極で溶融塩電解して製造される。このとき，融解した氷晶石にアルミナを溶かして電解する。

(日本女子大)

(1) ボーキサイト
$Al_2O_3 \cdot nH_2O$
(2) 炭素 C

〈解説〉酸化アルミニウム Al_2O_3 までの工程
ボーキサイトから純粋な Al_2O_3 を得るまでの工程は次のようになる。

発展 □18 アルミニウムの単体を工業的に得るには，図に示すように，原料を高温で融解状態にして電気分解を行う。この方法は [1] とよばれる。

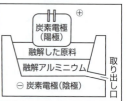

この方法においては，[2] とよばれる鉱石を用いて，その主成分である酸化アルミニウムを水酸化ナトリウム水溶液に溶解し，つづいて，水酸化アルミニウムとして沈殿させた後，強熱することによって得られる酸化アルミニウムを原料として用いる。さらに酸化アルミニウムの融点を下げるために [3] を加え，電極には炭素を用いて，約1000℃で電気分解を行う。

(神戸大)

(1) 溶融塩電解
[⑳融解塩電解]
(2) ボーキサイト
$Al_2O_3 \cdot nH_2O$
(3) 氷晶石
Na_3AlF_6

発展 ■19 アルミニウムの単体を得るには酸化アルミニウムを原料とする。ただしその融点は2000℃以上と高いため，氷晶石を加熱・融解し，これに少しずつ酸化アルミニウムを溶解させて約1000℃で溶融塩電解を行う。このとき，陽極の炭素電極には気体 $\boxed{1 \star\star\star}$ と気体 $\boxed{2 \star\star\star}$ （順不同）が発生する一方，陰極にはアルミニウムの単体が生じる。

(九州大)

(1) 一酸化炭素
CO
(2) 二酸化炭素
CO_2

〈解説〉溶融塩電解（融解塩電解）

純粋なAl_2O_3（アルミナ）の融点は約2000℃と非常に高いため，融点の低い氷晶石(主成分Na_3AlF_6)を利用すると，約1000℃でアルミナを融解させることができる。

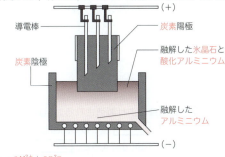

$Al_2O_3 \longrightarrow 2Al^{3+} + 3O^{2-}$

この融解液を陽極，陰極の両方にCを使って電気分解すると，陰極では融解液中のAl^{3+}が還元されてAlとなって電解槽の底に沈む。

陰極での反応：$Al^{3+} + 3e^- \longrightarrow Al$

陽極では，融解液中のO^{2-}が反応するが，非常に高い温度で溶融塩電解しているので発生したO_2がただちに陽極のCと反応して，COやCO_2が生成する。

陽極での反応：$C + O^{2-} \longrightarrow CO + 2e^-$
$C + 2O^{2-} \longrightarrow CO_2 + 4e^-$

このとき，陽極のCは消費されていくので，常に補給する必要がある。

■20 アルミニウムは塩酸に溶解し，3価の陽イオンを生じる。この溶液を電気分解すると，陰極ではAl^{3+}が還元されAlが析出するように思えるが，AlはH_2よりも $\boxed{1 \star\star}$ が大きいため，実際にはH^+が還元され，水素の発生が起きてAlを得ることができない。このような理由により，アルミニウムの製造では，鉱石であるボーキサイトに含まれる酸化アルミニウム（Al_2O_3）を氷晶石（Na_3AlF_6）に高温で溶かし，溶融塩電解することでアルミニウムを得ている。

(秋田大)

(1) イオン化傾向

銅の製錬

21 銅の鉱石（ 1 ★ －主成分 CuFeS₂）をコークスと石灰石やケイ砂（主成分 SiO₂）などとともに高温の炉で加熱すると，銅の硫化物が得られる。これを転炉に移し，強熱しながら空気を吹き込むと 2 ★★ ができる。さらに 3 ★★★ によって純銅が得られる。
(横浜市立大)

(1) 黄銅鉱
(2) 粗銅
(3) 電解精錬

〈解説〉
2CuFeS₂ + O₂ ⟶ Cu₂S + 2FeS + SO₂
　黄銅鉱　　　　　　　硫化銅(I)

2FeS + 3O₂ + 2SiO₂ ⟶ 2FeSiO₃ + 2SO₂
　　　　　　ケイ砂　　　スラグ → 分離し，除く。

CaCO₃ ⟶ CaO + CO₂
石灰石

CaO + SiO₂ ⟶ CaSiO₃
　　　ケイ砂　　スラグ

Cu₂S + O₂ ⟶ 2Cu + SO₂
硫化銅(I)　　　　粗銅

22 純度の高い銅は電解精錬により製造される。粗銅板を 1 ★★★ 極，純銅板を 2 ★★★ 極として，硫酸酸性の硫酸銅(Ⅱ)水溶液中で電気分解すると， 2 ★★★ 極で純銅が得られる。
(岐阜大)

(1) 陽
(2) 陰

発展 応用 23 銅は黄銅鉱 CuFeS₂ から製錬されてつくられるが，このようにして得られた銅は粗銅とよばれ，純度は99%程度である。不純物を含む粗銅は電解精錬を用いてさらに精製される。粗銅を 1 ★★ 極，純銅を 2 ★★ 極として硫酸酸性の硫酸銅(Ⅱ)水溶液中で低電圧で電気分解をすると，粗銅中に含まれる銅よりもイオン化傾向の 3 ★★ 金属は銅(Ⅱ)イオンとともに 4 ★★ イオンとなって溶け出し，また，粗銅中に含まれる銅よりもイオン化傾向の 5 ★★ 金属は 6 ★★ 極の下にたまる。これを 7 ★★ という。
(関西学院大)

(1) 陽
(2) 陰
(3) 大きい
(4) 陽
(5) 小さい
(6) 陽
(7) 陽極泥

〈解説〉銅の電解精錬について
陽極：粗銅
陰極：純銅
電解液：硫酸銅(Ⅱ)水溶液

　　　　大　イオン化傾向　小
　　　Zn, Fe, Ni > Cu > Ag, Au
　　陽イオンとなっ　　　陽極泥と
　　て溶液中に溶出　　　して沈殿

7 電気分解の応用／金属の製錬／ハロゲン

□24
★★★

硫酸酸性の硫酸銅(Ⅱ)水溶液中で，純度99%程度の粗銅板を陽極，純銅板を陰極として，0.3V程度の電圧をかけて電気分解すると，陰極の表面に純度99.99%以上の銅が析出する。このように，電気分解によって純粋な銅をつくる方法を銅の ┌1★★★┐ という。

いま，陽極に，不純物として金，鉛，鉄を含んだ粗銅板を用いた場合を例として，各金属の挙動を見てみよう。粗銅板中に存在している金属のうち，┌2★★┐ は陽イオンにならず，電極板からはがれ落ちて沈殿する。一般に，このような沈殿は ┌3★★┐ とよばれる。一方，┌4★★┐ ，┌5★★┐ ，┌6★★┐ の金属は，酸化され陽イオンになるが，このうち，┌4★★┐ の硫酸塩は水に溶けにくいので沈殿となりやすい。また，┌5★★┐ のイオンは，陰極表面に金属として析出せず溶液中に残る。結果として，┌6★★┐ だけが陰極表面に析出することになる。

(愛知工業大)

(1) 電解精錬
(2) 金 Au
(3) 陽極泥
(4) 鉛 Pb
(5) 鉄 Fe
(6) 銅 Cu

〈解説〉銅の電解精錬

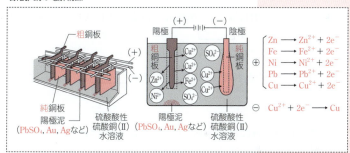

【第2部】理論化学②―物質の変化― 08 酸化還元反応

発展 ハロゲン

□25 ハロゲンは [1] 族の元素であり，その原子は [2] 個の価電子をもつことから [3] 価の陰イオンになりやすい。また，ハロゲンの単体の酸化力は [4] が最も弱く，[5] が最も強い。(九州大)

(1) 17
(2) 7
(3) 1
(4) ヨウ素 I_2
(5) フッ素 F_2

□26 常温常圧下でフッ素は淡黄色の [1] で存在し，水と激しく反応して酸素を発生させる。常温常圧下で塩素は黄緑色の [2] で存在し，水に少し溶ける。臭素は常温常圧下で赤褐色の [3] で存在し，水にわずかに溶けて赤褐色の水溶液となる。ヨウ素は常温常圧下で黒紫色の [4] で存在し，水には溶けにくいが，エタノールにはよく溶け褐色の溶液となる。

(北里大)

(1) 気体
(2) 気体
(3) 液体
(4) 固体

〈解説〉①ハロゲン単体の常温・常圧での状態と色は暗記する。
② $2F_2 + 2H_2O \longrightarrow 4HF + O_2$

□27 ハロゲンの単体には酸化力があり，原子番号が小さいものほど酸化力が [1] 。(群馬大)

(1) 強い（大きい）

〈解説〉ハロゲン単体の酸化力 $F_2 > Cl_2 > Br_2 > I_2$ の順。

□28 ヨウ化カリウム水溶液に塩素を通じると [1] が遊離する。(群馬大)

(1) ヨウ素 I_2

解き方

KI 水溶液に Cl_2 を反応させると，酸化力の強さは $Cl_2 > I_2$（Cl_2 は I_2 よりも陰イオンになりやすい）なので，

$Cl_2 + \boxed{2e^-} \longrightarrow 2Cl^-$ …① ◀ Cl_2 は e^- をうばう
$\boxed{Cl_2 \text{は} Cl^- \text{になりやすい}}$

$2I^- \longrightarrow I_2 + \boxed{2e^-}$ …② ◀ I^- は e^- をうばわれる

①+②，両辺に $2K^+$ を加えて，

$Cl_2 + 2KI \longrightarrow 2KCl + I_2$

の反応が起こる。

第3部 化学と人間生活
CHEMISTRY AND HUMAN LIFE

09 ▶ P.200
人間生活の中の化学

P.233 ◀ **10**
化学の発展と実験における基本操作

第09章 人間生活の中の化学

1 物質を構成する成分 ▼ANSWER

■1 地殻を構成する元素をその存在比が大きい順に並べると，1 ，ケイ素，アルミニウム，鉄，カルシウムとなる。 （広島市立大）

(1) 酸素 O

〈解説〉地殻（地球表層部の厚さ5～60kmの岩石層）を構成する元素は，O > Si > Al > Fe >…の順になる。「お(O)し(Si)ある(Al)て(Fe)」と覚えよう。

■2 人体の構成成分のうち，約70％が水であり，約15％が 1 である。 （広島大）

(1) タンパク質

■3 生体を構成する元素のうち炭素，水素，1 ，窒素の4元素だけで細胞の質量の95％を占めている。 （岡山大）

(1) 酸素 O

〈解説〉ほとんどが水分 H_2O であることから考える。

■4 地殻中に存在する元素の割合を質量％の単位で表した場合に，酸素に次いで割合の大きい元素は 1 である。 1 の単体は，集積回路などの半導体材料に用いられている。生体内に存在する元素の割合を質量％の単位で表した場合に，酸素に次いで割合の大きい元素は 2 である。 （明治大）

(1) ケイ素 Si
(2) 炭素 C

〈解説〉元素の存在比（質量％）

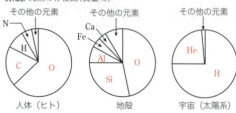

人体（ヒト）の7割は水分からなる。

1 物質を構成する成分

□**5**
★★★
海水を蒸発させたときに残る固体物質は，主として
[1 ★★★] である。
(センター)

〈解説〉海水の組成(質量%)：水 96.5% > NaCl 3% > $MgCl_2$ 0.4% > …

(1) 塩化ナトリウム
NaCl

□**6**
★★
食物に含まれている成分は，[1 ★★]，[2 ★★]，
[3 ★★] (順不同) の 3 つに大別され三大栄養素とよば
れている。
(昭和薬科大)

(1) 糖類(炭水化物)
(2) タンパク質
(3) 脂質[∞油脂]

□**7**
★★★
地球の大気は水蒸気を除くと主成分（体積%）として
[1 ★★★] が78.1%，[2 ★★★] が20.9%含まれており，そ
の他に [3 ★★] が 0.93%，[4 ★★] が 0.040%，ネオン
が 0.0018%，ヘリウムが 0.00052%含まれている。
[3 ★★] やヘリウム，ネオンなど 18 族の元素を総称
して [5 ★★★] と呼ぶ。
(関西学院大)

(1) 窒素 N_2
(2) 酸素 O_2
(3) アルゴン Ar
(4) 二酸化炭素
CO_2
(5) 貴ガス

□**8**
★★
液化した空気を [1 ★★] することによって，窒素と酸
素が別々に取り出されている。
(センター)

(1) 分留(分別蒸留)

□**9**
★★★
空気の成分である酸素に紫外線があたると，[1 ★★★]
ができる。
(センター)

〈解説〉$3O_2 \xrightarrow{\text{紫外線または放電}} 2O_3$

(1) オゾン O_3

□**10**
★★★
二酸化炭素は，無色・無臭の気体であり，空気より
[1 ★★★]。
(センター)

〈解説〉空気の平均分子量(約)29 (➡フ(2)ク(9)と覚える)
二酸化炭素 CO_2 の分子量 44

(1) 重い

□**11**
★
大気中の二酸化炭素は，地表から放射される [1 ★]
を吸収する。
(センター)

(1) 赤外線

□**12**
★★
植物は太陽光の一部を吸収して [1 ★★] と水からデ
ンプンなどの有機物を合成する。この植物で行われる
はたらきを一般に [2 ★★] という。[2 ★★] は複雑な
機構を持つ複数の反応が組み合わさって行われている
が，単純化すると [1 ★★] と水から糖を作り出してい
ると考えることができる。
(関西学院大)

(1) 二酸化炭素
CO_2
(2) 光合成

□**13**
★★
[1 ★★] は沸点が非常に低いために，超伝導物質の冷
却剤に使われている。
(センター)

(1) ヘリウム He

09

人間生活の中の化学 1 物質を構成する成分

201

【第3部】化学と人間生活　09　人間生活の中の化学

□**14** ___1★★___ は空気より軽く不燃性の気体であり，飛行船
★★　の浮揚ガスとして用いられている。
　　　　　　　　　　　　　　　　　　　　　　　（広島大）

(1) ヘリウム He

□**15** ___1★★___ は貴ガスの中では大気中に最も多く含まれ，
★★　白熱電球に封入されている。
　　　　　　　　　　　　　　　　　　　　　　（センター）

(1) アルゴン Ar

□**16** ___1★★___ は貴ガスの中では原子量が2番目に小さく，
★★　広告用の表示機器に用いられている。
　　　　　　　　　　　　　　　　　　　　　　（センター）

(1) ネオン Ne

〈解説〉貴ガスの原子量：He < Ne < Ar <…

□**17** 天然に産出する石油は，___1★★___ とよばれ，その主成
★★　分は炭化水素である。
　　　　　　　　　　　　　　　　　　　　　　（センター）

(1) 原油

〈解説〉炭化水素は，炭素 C と水素 H だけからなる。

□**18** 石油の主成分は種々の ___1★★___ であり，硫黄化合物な
★★　ども含まれている。
　　　　　　　　　　　　　　　　　　　　　　（センター）

(1) 炭化水素

□**19** 天然ガスの主成分は ___1★★★___ であり，都市ガスとして
★★★　用いられている。
　　　　　　　　　　　　　　　　　　　　　　（センター）

(1) メタン CH_4

□**20** ___1★___ は，陸上植物が堆積し，変化したものである。
★　　　　　　　　　　　　　　　　　　　　　　（センター）

(1) 石炭

□**21** 輸送手段として空中を移動するには飛行機，陸上を移
★★　動するには自動車，水上を移動するには船舶があるが，
　　それぞれ利用する燃料が異なっている。旅客機には
　　ジェット燃料，自動車にはガソリン，そして大型船舶
　　には重油が主に用いられている。これらの燃料はいず
　　れも原油から，沸点の差を利用する ___1★★___ という分
　　離技術を利用して得られている。
　　　　　　　　　　　　　　　　　　　　　（名古屋工業大）

(1) 分留(分別蒸留)

□**22** 石油（原油）を熱分解・分留（蒸留）すると，沸点の低
★★　い順に，ガス分，ナフサ，___1★___，軽油，___2★___ が
　　得られる。ガス分の中にはプロパン C_3H_8 やブタン
　　C_4H_{10} などがあり，これを加圧・冷却したものが
　　___3★★___ である。___1★___ は暖房用燃料やジェット燃
　　料などに用いられ，___2★___ からは，重油や潤滑油な
　　ども得られる。
　　　　　　　　　　　　　　　　　　　　　　（センター）

(1) 灯油
(2) 残油
　　[別残渣油]
(3) 液化石油ガス
　　(LPG)

202

1 物質を構成する成分

□23 石油の低沸点成分であるナフサは粗製ガソリンともよばれ，[1★]が低いため改質(リホーミング)により[1★]の高いものに変えられる。ナフサより沸点の高い成分である灯油は溶剤や家庭の暖房用燃料に，軽油は[2★]用燃料に用いられる。さらに，残油は船舶用燃料や[3★]などの原料になる。　（センター）

〈解説〉オクタン価が高いほど，より効率的な燃焼が実現する。

(1) オクタン価
(2) ディーゼルエンジン
(3) アスファルト

□24 ナフサのオクタン価を高めるために，[1★★]する。
（センター）

(1) 改質(リホーミング)

□25 次の空欄にあてはまる適切な語句を答えよ。

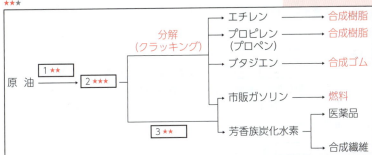

（センター）

(1) 分留(分別蒸留)
(2) ナフサ[®粗製ガソリン]
(3) 改質(リホーミング)

□26 メタンを主成分とする[1★★★]は都市ガスとして使われており，プロパンを多く含む[2★★]は容器に詰めて配送されるものが多い。プロパンは空気よりも[3★]ので床の上にたまりやすく，爆発を引きおこす危険性が高い。メタンとプロパンでは，炭素原子数の[4★★]プロパンの方が，同温・同圧・同体積で比較すると，発熱量が大きい。　（センター）

〈解説〉液化天然ガス(LNG)：天然ガス(主成分メタン CH_4)を低温で加圧，液化したもの。都市ガスなどに使われる。
液化石油ガス(LPG)：プロパン C_3H_8，ブタン C_4H_{10} などを常温で加圧，液化したもの。使い捨てライターなどに使われる。

(1) 天然ガス[®液化天然ガス(LNG)]
(2) 液化石油ガス(LPG)
(3) 重い
(4) 多い

【第3部】化学と人間生活　09　人間生活の中の化学

2 金属とその利用

▼ ANSWER

□1 人類はその歴史とともに種々の金属を利用してきた。
★★★　まず，|1★★★| とスズとの合金が低い温度で加工できるため，装飾品などとして使われた。ついで，高温での製錬が可能になるとともに，農具や刃物として |2★★★| が利用されるようになった。19世紀末には，酸素との結合力が大きい |3★★★| の製錬も可能になり，その軽さのため現在では広く利用されている。

（センター）

(1) 銅 Cu
(2) 鉄 Fe
(3) アルミニウム Al

□2 粗金属から純粋な金属を取り出す操作を |1★★| という。
★★

（センター）

(1) 精錬（せいれん）

□3 銅，|1★★|，|2★★|（(1)(2)順不同）を成分として含む黄銅鉱を，|3★★|，|4★★|（(3)(4)順不同）とともに溶鉱炉で加熱した後，転炉に移して高温で空気を吹き込むと，粗銅が得られる。
★★

（センター）

〈解説〉黄銅鉱（主成分 $CuFeS_2$），粗銅（純度99％程度）

(1) 鉄（てつ）Fe
(2) 硫黄（いおう）S
(3) 石灰石（せっかいせき）$CaCO_3$
(4) ケイ砂（しゃ）SiO_2

発展 □4 粗銅を |1★★★| 極として硫酸銅(II)水溶液の電気分解を行うことで，純度の高い銅が得られる。この電気分解の過程で，不純物の一部は銅とともに |1★★★| 極から溶け出るが，銅よりも |2★★| が大きい不純物はイオンとして水溶液中に残り，銅だけが |3★★| 極に析出する。一方，銅よりも |2★★| が小さい不純物は |1★★★| 極の下に沈殿する。
★★★

（広島大）

〈解説〉銅よりイオン化傾向の小さい金属（Ag や Au など）は，陽極の下に陽極泥としてたまる。

(1) 陽（よう）
(2) イオン化傾向（かけいこう）
(3) 陰（いん）

□5 |1★★★| は赤みを帯びた柔らかい金属で電気伝導率が大きいので電線として利用され，|2★★| が大きいので調理器具や熱交換器などに用いられる。
★★★

（金沢大）

〈解説〉電気伝導度の順：Ag＞Cu＞Au＞Al＞…

(1) 銅（どう）Cu
(2) 熱伝導率（ねつでんどうりつ）
［⑩熱の伝導性（でんどうせい）］

□6 銅は，風雨にさらされると，|1★★| とよばれるさびを生じる。
★★

（センター）

(1) 緑青（ろくしょう）

2 金属とその利用

7 ★ Cuを主な成分とする10円硬貨は、空気中に長時間さらされると、表面に緑青という緑色の化合物 $CuCO_3 \cdot Cu(OH)_2$ が生成することがある。空気に含まれる物質のうち、この緑青の生成に必要なもの3つすべてを分子式で書け。 [1 ★] , [2 ★] , [3 ★] （順不同） （東北大）

(1) O_2
(2) CO_2
(3) H_2O

8 ★★ 銅は亜鉛との合金にすることで適度な硬さを示すようになる。この合金は、5円硬貨や金管楽器などに使われており、[1 ★★] とよばれている。 （静岡大）

(1) 黄銅（おうどう）
[@真ちゅう（しん）]

9 ★★ 青銅は、銅と [1 ★★] の合金であり、さびにくく、美術品や鐘（かね）などに用いられる。 （センター）

〈解説〉青銅はブロンズともいう。

(1) スズ Sn

10 ★★ 白銅は、[1 ★★] と [2 ★★] （順不同）の合金で、変質しにくく、硬貨や装飾品などに用いられる。 （富山県立大）

〈解説〉硬貨（50円, 100円）に利用。

(1) 銅 Cu
(2) ニッケル Ni

11 ★ 銀は原子番号47の軟らかい銀白色の遷移金属である。古くから貴金属として用いられているが、貴金属の中では反応性が高く、火山ガスに含まれる硫化水素と触れると、[1 ★] を生じ、表面が黒ずんでしまう。 （東京電機大）

(1) 硫化銀 Ag_2S

12 ★★ 銀は銅と共に11族に属する遷移金属である。銀の単体は、同族の [1 ★★] に次ぐ展性や延性を示し、電気や熱の伝導性は金属中で最大である。 （名城大）

(1) 金 Au

13 ★★ 鉄鉱石として使用される赤鉄鉱や磁鉄鉱の主成分は、[1 ★★] である。 （センター）

〈解説〉赤鉄鉱（主成分 Fe_2O_3）, 磁鉄鉱（主成分 Fe_3O_4）。

(1) 酸化鉄

14 ★★★ 鉄と [1 ★★] の化合物を主成分とする赤鉄鉱を、コークスや [2 ★★★] とともに溶鉱炉に入れ、加熱すると、銑鉄（せんてつ）が得られる。 （センター）

〈解説〉コークスC：石炭を蒸し焼きしたもの。

(1) 酸素 O
(2) 石灰石 $CaCO_3$

09 人間生活の中の化学 2 金属とその利用

【第3部】化学と人間生活　09　人間生活の中の化学

□ **15**
★★★
溶鉱炉内では，鉄鉱石の主成分である鉄の酸化物が，コークスから生じる ☐ 1 ★★★ によって ☐ 2 ★★★ される。溶鉱炉から取り出した鉄は ☐ 3 ★★★ とよばれ，4%程度の炭素や不純物を含んでいるので，転炉に移して酸素を吹き込み，不純物や余分の炭素を除いて ☐ 4 ★★★ とする。

(センター)

(1) 一酸化炭素 CO

(2) 還元

(3) 銑鉄

(4) 鋼

□ **16**
★★★
銑鉄は約4%の炭素を含んでいる。これを転炉に移して ☐ 1 ★★★ を吹き込むと，大部分の炭素が除かれ，鋼となる。

(センター)

(1) 酸素 O_2

□ **17**
★★
銑鉄は，炭素を含み，硬くてもろい欠点があるが，融点が低いので ☐ 1 ★★ として使用されている。(センター)

(1) 鋳物

□ **18**
★★★
☐ 1 ★★★ は，銑鉄の炭素の量を少なくして弾力や強さを増加させたもので，建物，船舶，自動車などの基本材料として使用される。

(センター)

(1) 鋼

□ **19**
★★
鉄は，☐ 1 ★ 空気中に長時間放置しても腐食しない。また，空気を除いた水中に放置しても腐食しないが，☐ 2 ★★ を吹き込むと腐食が始まる。この結果から，鉄が腐食するには，☐ 2 ★★ と ☐ 3 ★★ が同時に必要であることがわかる。

(センター)

(1) 乾いた

(2) 酸素 O_2

(3) 水 H_2O

□ **20**
★★★
ステンレス鋼は，鉄に ☐ 1 ★★★ や ☐ 2 ★★★ (順不同)などを加えた合金で，さびにくく，台所用品などに用いられる。

(富山県立大)

(1) クロム Cr

(2) ニッケル Ni

□ **21**
★★★
☐ 1 ★★★ とよばれる合金は，☐ 2 ★★ を主成分として，☐ 3 ★★ やニッケルなどを混合したものであり，☐ 3 ★★ の酸化物の被膜が表面を保護するため，酸化や腐食が起こりにくい。

(福岡大)

〈解説〉Cr が酸化され，Cr_2O_3 が形成されることで不動態となる。

(1) ステンレス鋼

(2) 鉄 Fe

(3) クロム Cr

□ **22**
★★
金属の腐食を防ぐために，表面に他の金属を ☐ 1 ★★ することがある。

(センター)

(1) めっき

2 金属とその利用

□**23** 鋼板にスズをめっきしたものを $\boxed{1 \text{★★★}}$, 亜鉛をめっ
★★★ きしたものを $\boxed{2 \text{★★★}}$ という。金属のイオン化傾向の
大小を利用し, $\boxed{3 \text{★★★}}$ は缶詰の内壁のような傷がつ
きにくいところに, $\boxed{4 \text{★★★}}$ は屋外の建材など傷がつ
きやすいところに使われている。　　　　　　　(東北大)

〈解説〉鋼板(こうはん):Fe のこと。

(1) ブリキ
(2) トタン
(3) ブリキ
(4) トタン

□**24** 鉄よりイオン化傾向が大きい $\boxed{1 \text{★★★}}$ を鉄の表面に
★★★ めっきすると, 酸素や水は $\boxed{1 \text{★★★}}$ と優先的に化学反
応をおこすため, 鉄とは化学反応をおこしにくい。

　　　　　　　　　　　　　　　　　　　　　　(センター)

〈解説〉トタンは傷がつき, 鉄 Fe が露出してもイオン化傾向が大き
い亜鉛 Zn が酸化されるので, 鉄板に比べさびにくい。

(1) 亜鉛(あえん) Zn

□**25** はんだには, $\boxed{1 \text{★★}}$ を主な成分とする低融点の合金
★★ が多く用いられる。　　　　　　　　　　　　　(東北大)

〈解説〉(無鉛)はんだ:Sn − Ag − Cu など。以前は, Sn と Pb の
合金だったが, その毒性のために Pb は使われなくなった。

(1) スズ Sn

□**26** アルミニウムの製錬(精錬)には大量の $\boxed{1 \text{★★}}$ が使
★★ われる。　　　　　　　　　　　　　　　　　(センター)

(1) 電力(でんりょく)[他電気]

□**27** アルミニウムの原料となる鉱石は, $\boxed{1 \text{★★★}}$ である。
★★★ 　　　　　　　　　　　　　　　　　　　　　(センター)

(1) ボーキサイト
$Al_2O_3 \cdot nH_2O$

□**28** アルミニウムの鉱石であるボーキサイトを水酸化ナト
★★★ リウムで処理したのち, 熱分解して純粋な $\boxed{1 \text{★★★}}$ を
得る。　　　　　　　　　　　　　　　　　　(センター)

(1) 酸化(さんか)アルミニ
ウム Al_2O_3
[他アルミナ]

発展 □**29** 酸化アルミニウムは融点が高いので, $\boxed{1 \text{★★}}$ ととも
★★ に融解して製錬(精錬)する。　　　　　　　　(センター)

(1) 氷晶石(ひょうしょうせき)
Na_3AlF_6

発展 □**30** アルミニウムの単体は, 鉱石の $\boxed{1 \text{★★★}}$ から得られる
★★ 酸化アルミニウムを溶融塩電解して製造される。酸化
アルミニウムは融点が約 2000℃ と高いが, $\boxed{2 \text{★}}$
を混ぜると約 1000℃ で融解する。この融解塩に炭素を
電極として電流を通じると, アルミニウムは $\boxed{3 \text{★★}}$
極に析出する。　　　　　　　　　　　　　　　(岐阜大)

〈解説〉陰極でアルミニウムが得られる。⊖ $Al^{3+} + 3e^- \longrightarrow Al$

(1) ボーキサイト
$Al_2O_3 \cdot nH_2O$
(2) 氷晶石(ひょうしょうせき)
Na_3AlF_6
(3) 陰(いん)

09
人間生活の中の化学
2 金属とその利用

207

【第3部】化学と人間生活　09　人間生活の中の化学

31 アルミニウムの密度は鉄の密度よりも ⎡1★★⎦ い。　(センター)

(1) 小さ

〈解説〉Al，1族や2族の金属は密度 4.0g/cm³ 以下の軽金属。

32 鉄やアルミニウムが濃硝酸に溶けにくいのは，表面が ⎡1★★★⎦ となるからである。　(センター)

(1) 不動態

〈解説〉手(Fe)に(Ni)ある(Al)は濃硝酸 HNO₃ には表面にち密な酸化被膜ができてほとんど溶けない。

33 アルミニウムを水や薬品に強くするために，うわぐすりを用いて ⎡1★⎦ 製品をつくる。　(センター)

(1) ほうろう

〈解説〉金属の表面にうわぐすりを焼きつけたものをいう。台所用品や浴槽に使われる。

34 アルミニウムの表面のように，金属表面が薄い酸化物の被膜でおおわれ，腐食されにくくなった状態を ⎡1★★★⎦ という。　(センター)

(1) 不動態

35 アルミニウムの耐食性を増すために，⎡1★★⎦ に加工する。　(センター)

(1) アルマイト

〈解説〉電気分解を利用して酸化アルミニウム Al₂O₃ の薄膜をつくる。

36 宝石として知られるサファイアの主成分は，⎡1★★⎦ である。　(センター)

(1) 酸化アルミニウム Al₂O₃

〈解説〉サファイア（青色）：主成分 Al₂O₃ に微量の TiO₂ など。
　　　 ルビー（紅色）：主成分 Al₂O₃ に微量の Cr₂O₃ など。

37 軽量で丈夫なために航空機の機体などに用いられるジュラルミンは ⎡1★★⎦ を主成分とした合金である。　(東北大)

(1) アルミニウム Al

〈解説〉ジュラルミン：Al － Cu － Mg － Mn の軽合金
　　　　　　　　　約95％ 約4％

38 アルミニウムに少量の銅，マグネシウム，マンガンを加えた ⎡1★★★⎦ とよばれる合金は，軽くて強度が大きいため飛行機の機体などに用いられている。　(立教大)

(1) ジュラルミン

2 金属とその利用

□**39** 窒化アルミニウム AlN は熱伝導性の良い**ファインセラミックス**として知られ，窒化ガリウム（組成式：［ 1 ★ ］）ならびに窒化インジウム InN は**半導体**として青色や白色の**発光ダイオード**などに利用される。

(東北大)

(1) GaN

□**40** 金属元素の中で最も原子量が小さい［ 1 ★★ ］は，電池の原料としての需要が増している。 (明治大)

(1) **リチウム Li**

□**41** 金は天然に［ 1 ★★ ］で産出するため，数千年前にはすでに使用されていた。 (センター)

(1) **単体**（たんたい）

□**42** ［ 1 ★ ］は，軽くて強いので，めがねフレームや飛行機などに使われている。 (センター)

(1) **チタン Ti**

□**43** **クロム**と**ニッケル**の合金である［ 1 ★ ］は，電気抵抗が**大きく**，電熱器などの**発熱体**に使われる。 (センター)

(1) **ニクロム**

□**44** Ni と Ti の合金には，変形させても熱を加えると元の形に戻る［ 1 ★★ ］合金として応用されるものがある。

(東北大)

(1) **形状記憶**（けいじょうきおく）

□**45** 金属の中で最も融点が高い［ 1 ★ ］は，**電球のフィラメント**として用いられるほか，炭素を含む合金は**切削工具**などに用いられる。 (金沢大)

(1) **タングステン W**

□**46** 水銀は多くの金属をよく溶かし，［ 1 ★ ］と呼ばれる合金をつくる。 (東京都市大)

(1) **アマルガム**

□**47** レアメタルであるニオブとチタンからなる合金は，ある温度以下で電気抵抗が**ほぼ 0** になる現象を示す。この現象を［ 1 ★ ］という。 (筑波大)

(1) **超伝導**（ちょうでんどう）

□**48** Ti の酸化物である**酸化チタン(IV) TiO_2** は，白色顔料やペンキ材料として製品化されているほか，**光（紫外線）**が当たると有機化合物を分解する［ 1 ★ ］としても利用されている。 (徳島大)

(1) **光触媒**（ひかりしょくばい）

09
人間生活の中の化学

2 金属とその利用

209

【第3部】化学と人間生活　09　人間生活の中の化学

3　セラミックス　　　　　▼ANSWER

□**1** 酸化物を主成分とするセラミックスには，| 1 ★★★ |，| 2 ★★★ |，| 3 ★★★ |（順不同）などがある。　（センター）

(1) ガラス
(2) 陶磁器
(3) セメント

□**2** 一般的なガラスは，二酸化ケイ素と炭酸ナトリウムと石灰石の混合物を融解してつくる。このようなガラスは，| 1 ★★ |とよばれ，一定の融点を示さない。そのため，加熱すると次第に軟化するので，成型や加工が容易にできる。　（名古屋市立大）

(1) ソーダ石灰ガラス［_{（略）}ソーダガラス］

□**3** ガラスは，決まった| 1 ★★ |をもたない。　（センター）

(1) 融点

□**4** ガラスの| 1 ★ |には，金属酸化物などが用いられる。　（センター）
〈解説〉酸化鉄(II)FeO により青緑色に，酸化クロム(III)Cr_2O_3 により緑色に着色される。

(1) 着色

□**5** ガラス（ソーダ石灰ガラス）は，| 1 ★★ |，| 2 ★★ |，| 3 ★★ |（順不同）を混ぜて融解させてつくる。（センター）
〈解説〉フッ化水素 HF の水溶液であるフッ化水素酸はガラスの主成分である二酸化ケイ素 SiO_2 を溶かす。

(1) ケイ砂［_{（略）}二酸化ケイ素 SiO_2］
(2) 炭酸ナトリウム Na_2CO_3
(3) 石灰石［_{（略）}炭酸カルシウム $CaCO_3$］

□**6** | 1 ★ |ガラスは，二酸化ケイ素を主成分とするケイ砂にホウ砂などを加えてつくられる。急な温度変化に強く，また耐薬品性があることから，実験用器具などとして使用されている。　（千葉工業大）
〈解説〉ホウ砂 $Na_2B_4O_7 \cdot 10H_2O$

(1) ホウケイ酸

□**7** | 1 ★ |ガラスは，光を屈折させやすく，鉛が放射線を吸収しやすいことから，光学レンズやX 線の遮蔽窓として使用されている。　（千葉工業大）
〈解説〉ソーダ石灰ガラスに酸化鉛(II)PbO を加えてつくる。

(1) 鉛

□**8** 石英ガラスは，| 1 ★★ |からできている。　（センター）
〈解説〉石英ガラスで光ファイバーをつくる。

(1) 二酸化ケイ素 SiO_2

210

3 セラミックス

□ **9** 陶磁器は， 1★★ や石英などの原料を水で練って成
★★　形したものを，高温で加熱してつくられる。 （センター）

〈解説〉良質の粘土を陶土という。

(1) 粘土 [類陶土]

□ **10** 土器や陶器は，粘土と水を練り混ぜ，窯で焼いてつく
★　る。土器をつくるときは 1★ い温度で焼き，陶器
　は 2★ い温度で焼く。 （センター）

(1) 低
(2) 高

□ **11** 土器，磁器，陶器のうち，一般に焼成温度が最も高く，
★　機械的強度が最も優れているものは 1★ である。
　 （千葉工業大）

(1) 磁器

□ **12** 石灰石，粘土，セッコウからつくられ，水との反応に
★　より硬化する結合剤を 1★ といい，建築材料とし
　て広く使用されている。 （千葉工業大）

(1) （ポルトランド）
セメント

□ **13** ポルトランドセメントは，カルシウムを主成分とす
★★　る 1★★ をケイ砂（ケイ石）や粘土とともに回転炉
　で加熱した後， 2★★ を加えて製造される。 （センター）

〈解説〉ポルトランドセメントは，単にセメントともいう。

(1) 石灰石 [類炭酸カ
ルシウム $CaCO_3$]
(2) セッコウ
$CaSO_4 \cdot 2H_2O$

□ **14** ポルトランドセメントに砂や砂利を加え，水で練ると，
★　 1★ しながら固化してコンクリートになる。コン
　クリートを浸した水は， 2★ 性を示す。 （センター）

(1) 発熱
(2) 塩基（アルカリ）

□ **15** コンクリートは，圧縮に 1★ いが引っ張りには
★　 2★ い。 （センター）

〈解説〉逆の性質をもつ鉄で補強したものが鉄筋コンクリート。

(1) 強
(2) 弱

□ **16** コンクリートは， 1★ に侵されやすい。 （センター）
★
〈解説〉塩基性を示すため。

(1) 酸

□ **17** 人工骨や人工歯には，ある種の 1★ セラミックス
★　が使われている。 （センター）

〈解説〉特別な性能をもつ新しいセラミックスのこと。

(1) ファイン
[類ニュー]

□ **18** 酸化アルミニウムなどの高純度の原料を用いて，組成
★　や構造などを精密に制御して焼き固めたものを，
　 1★ という。 （千葉工業大）

(1) ファインセラ
ミックス
[類ニューセラ
ミックス]

09
人間生活の中の化学

3 セラミックス

211

4 プラスチック ▼ANSWER

1 高分子化合物は1種類または数種類の比較的小さな分子(単量体)が数百以上 1★★★ 結合でつながってできた分子(重合体)であり，その分子量は約1万以上である。そのうち主に 2★★★ 原子を骨格とするものとして，セルロース，3★★ ，デンプンなどの天然高分子化合物とプラスチックに代表される合成高分子化合物がある。合成高分子化合物はその性質や用途によって，合成樹脂，合成繊維，4★ などに分類される。
(東京医科大)

(1) 共有
(2) 炭素 C
(3) タンパク質
(4) 合成ゴム

2 プラスチックは，その原料となる 1★★ を多数つなぎ合わせてつくられる高分子化合物である。(センター)

〈解説〉原料となる小さな分子を単量体(モノマー)といい，得られる高分子を重合体(ポリマー)という。

(1) 単量体
 (モノマー)

3 高分子化合物は原料となる 1★★ を 2★★ させて得られる。2★★ には，末端から1つ1つ 1★★ が付加反応していく 3★★★ と，水などの小さな分子がとれて結合していく 4★★★ などがある。
(名古屋工業大)

(1) 単量体
 (モノマー)
(2) 重合
(3) 付加重合
(4) 縮合重合

〈解説〉単量体のつなぎ合わせ方

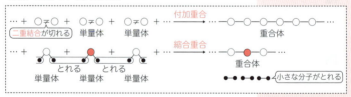

4 プラスチック

□**4** プラスチック（合成樹脂）は，私たちの生活になくては
★★★　ならないものとして，広く利用されている。プラスチッ
クは熱を加えると軟らかくなり，冷やすと硬くなる性
質の　1★★★　樹脂と，熱を加えることにより硬くなる
性質の　2★★★　樹脂に分類される。また，プラスチッ
クの一般的な特徴として，(a)密度が小さいため，金属
や陶磁器などに比べて軽い，(b)電気を通し　3★★★　，
(c)フィルムなどさまざまな形に成形できる，(d)酸や塩
基にも比較的侵されにくい，(e)酸化されにくく，腐敗
しにくい，などがある。
　　　　　　　　　　　　　　　　　　　（名古屋工業大）

(1) 熱可塑性
(2) 熱硬化性
(3) にくい

□**5** 　1★★　樹脂は，耐熱性は低いが，成形は容易である。
★★　その例として，ポリエチレンとポリ塩化ビニルがある。
　　　　　　　　　　　　　　　　　　　（センター）

(1) 熱可塑性

〈解説〉ポリエチレン(PE) $\pmb{+}CH_2-CH_2\pmb{\fr}_n$ やポリ塩化ビニル (PVC)
$\pmb{+}CH_2-CH\pmb{\fr}$ のように鎖状構造をもつものが熱可塑性になる。
　　　　$\overset{|}{Cl}$ $\rule{0pt}{1em}_n$

09

□**6** ポリエチレンは，エチレンの　1★★★　重合によってつ
★★★　くられる。　　　　　　　　　　　　　（センター）

(1) 付加

〈解説〉

　　　エチレン　　　エチレン　　　　　　　ポリエチレン(PE)

□**7** 　1★★★　は　2★★★　同士の反応によって得られ，製法
★★★　の違いにより密度が異なるものがつくられる。低密度
のものは透明で軟らかく，ポリ袋などに使用される。
　　　　　　　　　　　　　　　　　　　（慶應義塾大）

(1) ポリエチレン
　　$\pmb{+}CH_2-CH_2\pmb{\fr}_n$
(2) エチレン
　　$CH_2=CH_2$

〈解説〉高密度のものはポリバケツなどに使用される。

□**8** ポリエチレンは，　1★★★　と　2★★★　（順不同）からな
★★★　る高分子化合物である。　　　　　　　（センター）

(1) 炭素 C
(2) 水素 H

〈解説〉ポリエチレン(PE) $\pmb{+}CH_2-CH_2\pmb{\fr}_n$

□**9** ポリエチレンは燃焼すると　1★　を発生し，焼却用
★　の炉を損傷することがある。　　　　　　（センター）

(1) (高)熱

213

【第3部】化学と人間生活　09　人間生活の中の化学

10 1 重合においては,成長中のポリマーに二重結合や三重結合をもつモノマーが継ぎたされるだけなので,出発物質に含まれているすべての原子が生成物のポリマーに組み入れられる。このタイプの代表的なポリマーのうち最も単純な構造をもつ 2 には非常に広い用途がある。軽量,耐水性などの特徴をもち,スーパーマーケットなどでいわゆるレジ袋として利用されている。 3 は難燃性,耐薬品性という特徴があり,水まわり配管用パイプや建材などに利用されている。このポリマーは分子内に塩素原子を含むので焼却すると大気中に塩化水素(HCl)ガスなどの有毒ガスを発生する。
(熊本大)

(1) 付加
(2) ポリエチレン
$-(CH_2-CH_2)_n-$
(3) ポリ塩化ビニル
$$\left[\begin{array}{c}CH_2-CH\\|\\Cl\end{array}\right]_n$$

11 ポリ塩化ビニルは, 1 の付加重合によってつくられる。
(センター)

〈解説〉
$n\ \begin{array}{c}H\\H\end{array}C=C\begin{array}{c}H\\Cl\end{array}\ \xrightarrow{付加重合}\ \left[\begin{array}{cc}H&H\\|&|\\-C-C-\\|&|\\H&Cl\end{array}\right]_n$
塩化ビニル　　　　ポリ塩化ビニル(PVC)

(1) 塩化ビニル
$CH_2=CH$
　　　|
　　　Cl

12 ポリ塩化ビニルを焼却すると 1 などの有毒物質が発生するので,注意が必要である。
(センター)

(1) 塩化水素 HCl

13 炎の中で熱した 1 線の先をポリ塩化ビニルの小片にふれ,再び炎の中に入れると 1 の炎色反応(青緑色)が観察される。
(センター)

〈解説〉フッ素F以外のハロゲン元素を含む有機化合物で観察される。

(1) 銅 Cu

14 高分子化合物 1 は,付加重合でつくられ,透明性が高く,耐光性に優れている。光ファイバー,板材料,風防ガラスなどに用いられる。
(京都府立大)

(1) メタクリル樹脂
[⑩アクリル樹脂,ポリメタクリル酸メチル]
$$\left[\begin{array}{c}\ \ \ \ \ \ \ \ CH_3\\|\\CH_2-C\\|\\COOCH_3\end{array}\right]_n$$

214

4 プラスチック

□15 発泡プラスチックは，| 1 ★★ | を用いているものが多く，断熱性が高い。　(センター)

〈解説〉ポリスチレン(PS)は，スチレン $CH_2=CH$ からつくられる。

(1) ポリスチレン
$+CH_2-CH+_n$（ベンゼン環付き）

□16 ポリスチレンは，スチレンの | 1 ★★ | 重合によってつくられる。　(センター)

〈解説〉 $nCH_2=CH$ (スチレン) —付加重合→ $+CH_2-CH+_n$ ポリスチレン(PS)

(1) 付加

□17 ポリスチレンは， | 1 ★★ | 環を含む高分子化合物である。　(センター)

〈解説〉 $+CH_2-CH+_n$ ポリスチレン の ベンゼン の部分

(1) ベンゼン

□18 | 1 ★★ | は，プロピレンの付加重合によってつくられる。　(センター)

〈解説〉 $nCH_2=CH-CH_3$ プロピレン —付加重合→ $+CH_2-CH(CH_3)+_n$ ポリプロピレン(PP)

(1) ポリプロピレン
$+CH_2-CH(CH_3)+_n$

□19 | 1 ★ | は，耐熱性があるので，フライパンの表面加工に用いられる。　(センター)

〈解説〉ポリテトラフルオロエチレン(PTFE)（テフロン） $+CF_2-CF_2+_n$

(1) フッ素樹脂 [⑩ポリテトラフルオロエチレン(テフロン)]

□20 $nHO-(CH_2)_2-OH + nHOOC-\text{（ベンゼン環）}-COOH$
エチレングリコール　　テレフタル酸

—| 1 ★★★ | 重合→ $+O-(CH_2)_2-O-C(=O)-\text{（ベンゼン環）}-C(=O)+_n + 2nH_2O$
ポリエチレンテレフタラート(PET)
　(岐阜大)

(1) 縮合

09 人間生活の中の化学　4 プラスチック

215

【第3部】化学と人間生活　09　人間生活の中の化学

応用 □21 ポリエステルは分子内にエステル結合を繰り返しもつ高分子化合物である。代表的なポリエステルであるポリエチレンテレフタラート(PET)は，二価アルコール［1★★］と二価カルボン酸［2★★］との［3★★★］重合によってつくられる。PETは［4★★★］性をもち，加熱・冷却により成型加工品をつくることができる。しかも，PETは軽量で強度が高いことから，飲料容器(PETボトル)や繊維として現代生活に欠かせないものとなっている。しかし，PETはその化学的安定性のため自然界ではほとんど分解されることはなく，さらに燃焼性が悪いことから衣類・カーペットなどに再生されている。　　　　　　　　　　　　　　　　（法政大）

〈解説〉エステル結合は $-\overset{O}{\underset{\|}{C}}-O-$，アルコールはヒドロキシ基 $-OH$ をもち，カルボン酸はカルボキシ基 $-COOH$ をもつ。

(1) エチレングリコール
  CH_2-CH_2
  $|\ \ \ \ \ \ \ \ |$
  $OH\ \ \ OH$
(2) テレフタル酸
  $HOOC-\bigcirc-COOH$
(3) 縮合
(4) 熱可塑

□22 フェノール樹脂と尿素（ユリア）樹脂は，ともに［1★★］性樹脂である。　　　　　　　　　　（センター）

(1) 熱硬化

□23 20世紀の初め，フェノールとホルムアルデヒドとを原料とする最初の合成樹脂［1★★］が発明された。　（センター）

〈解説〉フェノール $\bigcirc\!\!-\!OH$，ホルムアルデヒド $H-\overset{O}{\underset{\|}{C}}-H$

(1) フェノール樹脂
  ［別 ベークライト］

□24 フェノール樹脂は，フェノールと［1★］を加熱することにより合成される。　　　　　　　　　　（センター）

(1) ホルムアルデヒド HCHO

□25 熱硬化性樹脂である［1★★］は，食器や家具に用いられる。　　　　　　　　　　　　　　　　（センター）

〈解説〉フェノール樹脂は，電気部品などに用いられる。

(1) 尿素樹脂
  （ユリア樹脂）

□26 尿素（ユリア）樹脂は，炭素，水素，酸素，［1★］からなる高分子化合物である。　　　　　　　　（センター）

〈解説〉尿素 $(NH_2)_2CO$ とホルムアルデヒド HCHO からつくられる。

(1) 窒素 N

□27 土に埋めると微生物によって分解される［1★★］性プラスチックが開発されている。　　　　　　（センター）

〈解説〉ポリ乳酸などがある。
$\left[-O-CH-\overset{O}{\underset{\|}{C}}-\right]_n$ で CH_3 が CH に結合

(1) 生分解

5 繊維

▼ ANSWER

□1 衣料として用いられる繊維には，天然繊維と化学繊維
★★★ がある。天然繊維は，木綿，麻などの □1★★ 繊維と，
羊毛，絹のような □2★★ 繊維の2つに分類される。
化学繊維は，セルロースなどの天然繊維を一度溶媒に
溶解させ，紡糸した □3★★★ 繊維，天然繊維を化学的
に処理し，置換基を結合させ，繊維状にした □4★★★
繊維，石油などを原料にして得られる高分子化合物を
繊維状にした □5★★★ 繊維などに分類される。

(金沢大)

〈解説〉再生繊維は，レーヨンともいう。

(1) 植物
(2) 動物
(3) 再生
(4) 半合成
(5) 合成

応用 □2 天然繊維は植物繊維と動物繊維に分類される。植物繊
★★ 維である木綿の主成分は □1★★ である。動物繊維の
例として，羊毛と絹があげられる。羊毛は □2★ と
よばれるタンパク質からできている。絹はカイコのま
ゆ糸からつくられる。まゆ糸は □3★ と □4★ と
いう2種類のタンパク質からなる。まゆ糸の □4★
を熱水などで溶かすことにより絹糸が得られる。

(香川大)

(1) セルロース
  $(C_6H_{10}O_5)_n$
(2) ケラチン
(3) フィブロイン
(4) セリシン

□3 木綿，麻などの植物繊維は，細長い □1★★ 分子の絡
★★ み合ったものであり，吸水性に優れている。(センター)
〈解説〉天然繊維には，植物繊維や動物繊維がある。

(1) セルロース
  $(C_6H_{10}O_5)_n$

□4 □1★★ の主成分はセルロースである。これは，多数
★★ の □2★★ が互いに結合した構造をもつ高分子であ
る。

(センター)

〈解説〉$nC_6H_{12}O_6 \longrightarrow (C_6H_{10}O_5)_n$
     グルコース　　　セルロース

(1) 木綿
(2) グルコース
  $C_6H_{12}O_6$
  (ブドウ糖)

□5 綿を構成する元素は，主に □1★★ ，□2★★ ，
★★ □3★★ (順不同)である。(センター)

(1) 炭素 C
(2) 水素 H
(3) 酸素 O

217

【第3部】化学と人間生活　09　人間生活の中の化学

応用 □**6** 木綿の吸湿性がよいのは，| 1 ★★ |基を多く含むため
★★　　　である。 　　　　　　　　　　　　　　　　　（センター）

〈解説〉−OH が極性をもつため，極性分子である水を引きつけやすい。

(1) ヒドロキシ
　　−OH

□**7** 木綿は，しわになり| 1 ★ |，洗濯すると縮み| 2 ★ |。
★　　　　　　　　　　　　　　　　　　　　　　　　（センター）

(1) やすく
(2) やすい

□**8** 水溶液が| 1 ★★★ |性の合成洗剤は，| 2 ★★ |に弱い羊
★★★　毛や絹の衣類の洗濯に適している。 　　　　　　（センター）

〈解説〉羊毛や絹は動物繊維。

(1) 中
(2) 塩基(アルカリ)

□**9** 絹，羊毛の主成分は| 1 ★★ |である。これは，種々
★★　の| 2 ★★ |が次々と結合してできた高分子である。
　　　　　　　　　　　　　　　　　　　　　　　　（センター）

(1) タンパク質
(2) (α-)アミノ酸

応用 □**10** 絹はカイコのまゆから得られ，主成分は| 1 ★ |とよ
★　　　ばれるタンパク質である。 　　　　　　　　　（センター）

〈解説〉絹は特有のつやをもつ。

(1) フィブロイン

□**11** 絹を構成する元素は，主に| 1 ★★ |，| 2 ★★ |，
★★　| 3 ★★ |，| 4 ★★ |（順不同）である。 　　（センター）

(1) 炭素 C
(2) 水素 H
(3) 酸素 O
(4) 窒素 N

応用 □**12** 羊毛の主成分は，| 1 ★ |とよばれるタンパク質であ
★　　　る。 　　　　　　　　　　　　　　　　　　　（センター）

〈解説〉羊毛は，吸湿性に富み，すり切れやすい。

(1) ケラチン

□**13** | 1 ★★ |は，木材（パルプ）などのセルロースを溶解
★★　した後，繊維として再生したものである。 　　（センター）

(1) 再生繊維
　　[例レーヨン]

応用 □**14** 合成繊維のうち，ナイロン，ポリエステル，アクリル
★★★　繊維は他に比べて格段に生産量が多いので，三大合成
繊維とよばれている。ナイロンの代表的なものに，ナ
イロン 66 がある。ナイロン 66 はアジピン酸と
| 1 ★★★ |から得られる。ポリエステルの主なものに，テ
レフタル酸と| 2 ★★★ |からつくられるポリエチレン
テレフタラートがある。アクリル繊維は| 3 ★★ |の付
加重合によりつくられる。 　　　　　　　　　　（富山大）

(1) ヘキサメチレ
　　ンジアミン
$H_2N-(CH_2)_6-NH_2$
(2) エチレングリ
　　コール
$HO-(CH_2)_2-OH$
(3) アクリロニト
　　リル
$CH_2=CH-CN$

218

5 繊維

☐**15** ★★★ 　 1 ★★★ 　は，動物性繊維をまねてつくられた最初の合成繊維である。 　　　　　　　　　　　　　　　（センター）

〈解説〉カロザース（アメリカ）によって，最初の合成ゴムとともに開発された。

(1)ナイロン 66
（6,6-ナイロン）

☐**16** ★★★ 　ナイロンは 1 ★★★ 　繊維である。 　　　　（センター）

(1)合成（ごうせい）

応用 ☐**17** ★★ 　ナイロンは，主な結合の一つとして 1 ★★ 　結合を含んでいる。 　　　　　　　　　　　　　　　（センター）

(1)アミド
　$\begin{matrix} & O & H \\ & \| & \| \\ -C & - & N- \end{matrix}$

☐**18** ★★★ 　ヘキサメチレンジアミンとアジピン酸の縮合重合によってつくられる 1 ★★★ 　とよばれる合成繊維は，絹に近い感触と光沢がある。 　　　　　　　　（秋田大）

(1)ナイロン 66
（6,6-ナイロン）

☐**19** ★★ 　アメリカ人のカロザースが 1935 年に発明したナイロン 66 は 1 ★★ 　（$HOOC-(CH_2)_4-COOH$）と 2 ★★ 　（$H_2N-(CH_2)_6-NH_2$）が 3 ★★ 　重合してできる 4 ★★ 　系合成繊維である。工業的には原料である 1 ★★ 　と 2 ★★ 　の混合物を加熱して製造する。 　　　　　　　　　　（札幌医科大）

(1)アジピン酸（さん）
(2)ヘキサメチレンジアミン
(3)縮合（しゅくごう）
(4)ポリアミド

☐**20** ★ 　ナイロンは，天然繊維と比べて吸湿性が 1 ★ 　い。 　　　　　　　　　　　　　　　（センター）

(1)低（ひく）

☐**21** ★★ 　 1 ★★ 　系合成繊維の一つにポリエチレンテレフタラート（PET）がある。PET は，エチレングリコールとテレフタル酸の 2 ★★ 　重合により合成される。PET は，合成繊維のほかに，ペットボトルの原料として大量に利用されている。 　　　（岩手大）

(1)ポリエステル
(2)縮合（しゅくごう）

☐**22** ★★ 　ポリエステルを構成する元素は，主に 1 ★★ 　， 2 ★★ 　， 3 ★★ 　（順不同）である。 　　（センター）

(1)炭素（たんそ）C
(2)水素（すいそ）H
(3)酸素（さんそ）O

☐**23** ★★ 　ポリエチレンテレフタラート（PET）は， 1 ★★ 　重合でつくられたポリエステルの一種である。 　　（センター）

〈解説〉ポリエステルは，エステル結合 $\begin{matrix} & O \\ & \| \\ -C & -O- \end{matrix}$ をもつ。

(1)縮合（しゅくごう）

09
人間生活の中の化学 **5** 繊維（せんい）

219

【第3部】化学と人間生活　09　人間生活の中の化学

□24 ポリエチレンテレフタラートは，$\boxed{1\ \star\star}$ とテレフタル酸を，$\boxed{2\ \star\star}$ させて得られる $\boxed{3\ \star\star}$ である。

(センター)

〈解説〉エチレングリコール HO−(CH$_2$)$_2$−OH

テレフタル酸 HOOC−◯−COOH

(1) エチレングリコール
HO−(CH$_2$)$_2$−OH
(2) 縮合重合
(3) ポリエステル

応用 □25 ポリビニルアルコールをホルムアルデヒド水溶液（ホルマリン）で処理すると，一部のヒドロキシ基−OH が反応して−O−CH$_2$−O−結合を形成し，合成繊維 $\boxed{1\ \star\star}$ ができる。これは初の国産合成繊維である。

(法政大)

(1) ビニロン

〈解説〉

$$\left[\begin{array}{c}H\ H\\|\ \ |\\-C-C-\\|\ \ |\\H\ OH\end{array}\right]_n \xrightarrow{紡糸}\ \text{ホルマリンによるアセタール化}$$

ポリビニルアルコール

$$\cdots-CH_2-\underset{OH}{CH}-\cdots-CH_2-\underset{\underset{CH_2}{O}\ \ \ \ \ O}{CH}-CH_2-CH-\cdots$$

ビニロン
（全体の構造の一部を示す。実際には無秩序に並んでいる。）

□26 繊維では，綿，羊毛，絹などの天然繊維に似た性質をもつ合成繊維が合成高分子化合物からつくられている。例えば，セーターや毛布などに用いられる $\boxed{1\ \star\star}$ 繊維は柔軟で軽く，肌触りも羊毛に近く保温性がある。この合成繊維を高温で焼成すると，強度や弾性に優れた炭素繊維が得られる。

(秋田大)

(1) アクリル

□27 アクリル繊維はアクリロニトリルを $\boxed{1\ \star\star}$ 重合させたポリアクリロニトリルからつくられた繊維であり，その構造式は $\left[\begin{array}{c}CH_2-CH\\ \ \ \ \ \ \ \ \ \ |\\ \ \ \ \ \ \ \ \ \ CN\end{array}\right]_n$ と表される。 (九州工業大)

(1) 付加

6 化学肥料／洗剤／環境問題／リサイクル　▼ANSWER

1 植物の成長に必須な元素は 16 種類ある。これらのうち，窒素・リン・カリウムを [1★★★] といい，植物を作物として収穫する場合には，これらの元素を肥料の形で補う必要がある。窒素・リン・カリウムを補うため，それらを単一成分として含む肥料をそれぞれ，窒素肥料，リン酸（リン）肥料，カリウム（カリ）肥料という。
(広島大)

(1) 肥料の三要素

2 窒素と [1★★★] および [2★★★] は肥料の三要素とよばれ，土壌の植物が生育するために欠かせない必須元素である。これらの元素は土壌中で不足しがちになるため，農業では肥料として補充されている。一方，海水中には [2★★★] が豊富に存在しているため，一般的に海洋の植物にとって [2★★★] が不足することはない。
(東京海洋大)

(1) リン P
(2) カリウム K

3 およそ 100 年前までは，窒素肥料の原料は [1★★] または石炭乾留の際に生じるアンモニアだけであったが，1906 年，ハーバー・ボッシュ法により窒素ガスと [2★★★] ガスからアンモニアの化学合成が成功したことで様相が一変した。このアンモニアを原料に [3★★★] と反応させて尿素が，オストワルト法によりアンモニアを酸化して [4★★★] が合成され，窒素肥料として使われている。また，[4★★★] は当時ノーベルの発明したダイナマイトの材料としても使われた。
(金沢大)

(1) チリ硝石 [㊙硝酸ナトリウム $NaNO_3$]
(2) 水素 H_2
(3) 二酸化炭素 CO_2
(4) 硝酸 HNO_3

4 尿素は，工業的には，アンモニアと二酸化炭素を反応させてつくられ，[1★] 肥料として用いられる。
(センター)

〈解説〉$2NH_3 + CO_2 \longrightarrow (NH_2)_2CO + H_2O$
　　　　　　　　　　　　　　尿素

(1) 窒素 [㊙化学]

5 セッケンは，動植物の [1★★] からつくられている。
(センター)

(1) 油脂

□6 セッケンは，[1★★★] を示す長い炭化水素基と [2★★★] を示す原子団（$-COO^-Na^+$）から構成されている。

(関西大)

(1) 疎水性
  [⑩親油性]
(2) 親水性

〈解説〉セッケン分子 R−COONa

□7 セッケンを水に溶かすと，水と空気との境界にあるセッケン分子は，その [1★★★] の部分を上側（空気側）にして並ぶ。

(関西大)

(1) 疎水性[⑩親油性，疎水基，親油基]

応用 □8 セッケンは高級 [1★★★] のナトリウム塩で，油脂からつくられ，古くから洗濯などに使われてきた。分子中に親水性の部分と [2★★] の部分を有することから，水にも油にも溶けやすく，水と油をなじませるはたらきをする。セッケン水の表面で，セッケン分子は図の(a)のように配列する。このため水の表面張力を著しく小さくする。このようなはたらきをする物質を [3★★] 剤という。一定濃度以上のセッケン水では，図の(b)のようにセッケン分子は [2★★] の部分を内側に，親水性の部分を外側に向けた [4★★] をつくる。

(富山県立大)

(1) 脂肪酸
(2) 疎水性
  [⑩親油性]
(3) 界面活性
(4) ミセル

〈解説〉脂肪酸は R−COOH と書く。

6 化学肥料／洗剤／環境問題／リサイクル

9 セッケンは，| 1 ★★★ |と水酸化ナトリウムを反応させてつくられる脂肪酸の塩である。 （センター）

(1) 油脂

〈解説〉油脂＋水酸化ナトリウム $\xrightarrow{加熱}$ グリセリン＋脂肪酸の塩（セッケン）
脂肪酸は，カルボキシ基－COOH を1個もつ。

応用 10 セッケンが水中である濃度以上になるとコロイド溶液をつくる。このとき生じるコロイド粒子を| 1 ★★ |という。この溶液に油を加えてよく振り混ぜると，セッケン分子は油滴のまわりを囲み，油滴は微粒子となって分散する。この現象を| 2 ★★★ |という。 （関西大）

(1) ミセル
(2) 乳化

〈解説〉

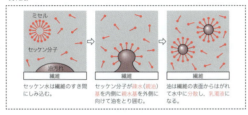

セッケン水は繊維のすき間にしみ込む。　セッケン分子が疎水（親油）基を内側に，親水基を外側に向けて油をとり囲む。　油は繊維の表面からはがれて水中に分散し，乳濁液になる。

11 セッケンは，水に溶かすと弱| 1 ★★★ |性を示すので，絹や羊毛の洗濯には適さない。 （センター）

(1) 塩基（アルカリ）

〈解説〉セッケン R－COONa は，弱酸と強塩基を中和することによってできると考えられる塩なので，その水溶液は弱塩基性を示す。

$$R-COO^- + H_2O \rightleftarrows R-COOH + \underline{OH^-}_{弱塩基性}$$

そのため，絹や羊毛などのアルカリに弱い動物繊維の洗濯に使うことが難しい。

12 セッケンを| 1 ★★★ |中で使用すると，洗浄力は著しく低下する。その原因は，セッケンの| 2 ★★★ |部分が| 3 ★★★ |などと結びついて水に不溶な化合物をつくるためである。 （センター）

(1) 硬水［⑩ 海水］
(2) 親水性
(3) カルシウムイオン Ca^{2+} ［⑩ マグネシウムイオン Mg^{2+}］

〈解説〉セッケンは，Ca^{2+} や Mg^{2+} を多く含む水（硬水）や海水では洗浄力が低下する。

$$2R-COO^- + Ca^{2+} \longrightarrow (R-COO)_2Ca \downarrow$$

$$2R-COO^- + Mg^{2+} \longrightarrow (R-COO)_2Mg \downarrow$$

223

【第3部】化学と人間生活　09　人間生活の中の化学

□13 ★★★　 1 ★★★ の代わりに石油などを原料としてつくられるスルホン酸塩は 2 ★★★ として用いられている。

（センター）

(1) 油脂
(2) 合成洗剤

〈解説〉合成洗剤の例

アルコール系合成洗剤　　　　　　石油系合成洗剤

$$C_{12}H_{25}-OSO_3{}^-Na^+ \qquad C_nH_{2n+1}\!-\!\!\bigcirc\!\!-SO_3{}^-Na^+$$

疎水基　親水基　　　　　　　疎水基　親水基
（親油基）　　　　　　　　　　（親油基）
硫酸ドデシルナトリウム　　　アルキルベンゼン
　　　　　　　　　　　　　　スルホン酸ナトリウム

スルホ基−SO₃H をもつものをスルホン酸という。

応用 □14 ★　合成洗剤には，洗浄効果を高める 1 ★ が含まれている。

（センター）

(1) (洗浄)補助剤
　[⑩ビルダー]

応用 □15 ★★★　石油から合成した界面活性剤であるアルキルベンゼンスルホン酸ナトリウムは，その水溶液は 1 ★★★ を示す。これは，硬水において沈殿を生じない。　（岡山大）

(1) 中性

〈解説〉合成洗剤である $C_{12}H_{25}-O-SO_3{}^-Na^+$ やアルキルベンゼンスルホン酸ナトリウム $C_nH_{2n+1}\!-\!\!\bigcirc\!\!-SO_3{}^-Na^+$は，いずれも強酸と強塩基を中和することによってできると考えられる塩なので，その水溶液はセッケン水と異なり中性を示す。そのため，絹や羊毛の洗濯にも使える。
また，カルシウム塩やマグネシウム塩が沈殿しないので，これらの合成洗剤は硬水中でも泡立ち，使うことができる。

□16 ★　水が入れ替わりにくい内湾や湖などに窒素やリンの化合物が多量に流入すると 1 ★ がおこり，植物プランクトンが異常繁殖して水質が悪化することがある。

（センター）

(1) 富栄養化

□17 ★　 1 ★ は，植物プランクトンが異常に増殖し，水面が変色して見える現象である。

（センター）

(1) 赤潮

□18 ★★　浄水場においては， 1 ★★ やオゾンを用いて水を殺菌している。

（センター）

(1) 塩素 Cl_2

応用 □19 ★★　塩素を中心原子としたオキソ酸のうち，塩素と結合した酸素の数が最も少ない 1 ★★ は一般に漂白剤の主成分として使われている。

（慶應義塾大）

(1) 次亜塩素酸
　 HClO

224

6 化学肥料／洗剤／環境問題／リサイクル

□**20** 水の汚れを表す尺度として COD（化学的酸素要求量）
★★ がある。これは主として，水の中の ⎡ 1 ★★ ⎤ による汚
れの程度を示すものである。 〈センター〉

〈解説〉Chemical Oxygen Demand（COD）は，水中の有機物を化学
的に酸化するのに必要な酸素の量を表す。

(1) 有機物［⑩有機
化合物］

□**21** 都市部の生活排水は，下水処理場で活性汚泥法により
★★ 処理された後，河川や海に放流されている。活性汚泥
法とは，浄化槽に大量の ⎡ 1 ★ ⎤ を送り込み，排水中
の ⎡ 2 ★★ ⎤ を泥の中の ⎡ 3 ★ ⎤ によって分解する方
法である。 〈センター〉

(1) 空気
［⑩酸素 O_2］
(2) 有機物［⑩有機
化合物］
(3) 微生物

□**22** ⎡ 1 ★★★ ⎤ によって土壌が酸性化し，森林に大規模な被
★★★ 害が生じている。 〈センター〉

(1) 酸性雨

□**23** 石油や石炭を燃やしたときに排出される煙の中には，
★★★ 窒素酸化物や硫黄酸化物が含まれる。これらの酸化物
は大気中で化学変化し，⎡ 1 ★★★ ⎤ や ⎡ 2 ★★★ ⎤（順不同）
になる。それらが溶け込むと，雨水の pH の値は
⎡ 3 ★★ ⎤ なる。このように，大気中に排出された窒素
酸化物や硫黄酸化物は，酸性雨の原因となる。〈センター〉

〈解説〉pH が 5.6 以下の雨を酸性雨という。

(1) 硝酸 HNO_3
［⑩亜硝酸
HNO_2］
(2) 硫酸 H_2SO_4
［⑩亜硫酸
H_2SO_3］
(3) 小さく

□**24** ⎡ 1 ★★ ⎤ は大気の約 8 割を占める気体である。一般的
★★ には不活性なガスであるが，高温で酸素と反応するこ
とで，⎡ 2 ★★ ⎤ や ⎡ 3 ★★ ⎤ などの ⎡ 4 ★ ⎤ が生成す
る。例えば，瞬間的に高温条件となる自動車のエンジ
ン内部では ⎡ 1 ★★ ⎤ は酸素と反応して ⎡ 2 ★★ ⎤ が生
成する。大気中に排出された ⎡ 2 ★★ ⎤ は空気中の酸素
とただちに反応して ⎡ 3 ★★ ⎤ が生成する。生成した
⎡ 3 ★★ ⎤ は最終的に雨水などに溶け，酸性雨の原因と
なる ⎡ 5 ★★ ⎤ となる。 〈名古屋工業大〉

(1) 窒素 N_2
(2) 一酸化窒素
NO
(3) 二酸化窒素
NO_2
(4)（窒素）酸化物
(5) 硝酸 HNO_3

□**25** 化石燃料を高温で大量に燃やす際に生成する窒素酸化
★ 物は，⎡ 1 ★ ⎤ スモッグの原因の一つになる。〈センター〉

(1) 光化学

09

人間生活の中の化学

6 化学肥料／洗剤／環境問題／リサイクル

225

【第3部】化学と人間生活　**09**　人間生活の中の化学

□26
★★
上空では太陽からの　1★★　をオゾン層が吸収し，生物に有害な　1★★　を防御している。オゾンには強い　2★★　があるため，私たちの日常生活において，殺菌，消臭，上下水道の浄化などで使用されている。

(名古屋市立大)

(1) 紫外線（しがいせん）
(2) 酸化力（さんかりょく）
　　[酸化作用（さんかさよう）]

□27
★★★
　1★★★　は，南極の上空で観測されている。(センター)

〈解説〉オゾン層におけるオゾン O_3 濃度の少ない部分をいう。

(1) オゾンホール

□28
★★★
大気圏に存在するオゾン層は，太陽光に含まれる有害な紫外線を吸収し，地上の生態系を保護している。このオゾン層が冷蔵庫やエアコンの冷媒などに使用されてきた　1★★★　類により破壊されることが知られている。

(名古屋市立大)

〈解説〉フロンは，安定で発火性の低い化合物である。

(1) フロン

□29
★★
フロンは，　1★★　，　2★★　，　3★★　(順不同)からなる化合物である。

(センター)

〈解説〉フロンの例：CCl_2F_2，CCl_3F

(1) 炭素（たんそ） C
(2) 塩素（えんそ） Cl
(3) フッ素（そ） F

□30
★
フロンの分解によってできる　1★　原子は，多数のオゾン分子を分解するので，オゾン層の破壊をもたらす。

(センター)

(1) 塩素（えんそ） Cl

□31
★★★
冷蔵庫などに用いられてきたフロンはオゾン層を破壊する。また，フロンは　1★★★　の原因にもなることが知られている。

(センター)

(1) 温室効果（おんしつこうか）[(地球）温暖化（ちきゅうおんだんか）]

□32
★★★
化石燃料の燃焼にともない発生する二酸化炭素は，地表から放射される　1★★★　を吸収するので，気温を　2★★　させる作用をもつ。このような現象は　3★★★　とよばれている。

(センター)

〈解説〉二酸化炭素 CO_2 のほかに，メタン CH_4，フロンなども地球温暖化の原因となると考えられている。

(1) 赤外線（せきがいせん）
(2) 上昇（じょうしょう）
(3) 温室効果（おんしつこうか）

6 化学肥料／洗剤／環境問題／リサイクル

33 メタンは水田や沼などでメタン細菌によって生産され，大気中にわずかに含まれており，[1 ★]線を吸収し，地表から放射された熱を地表に戻して暖めるため，強力な[2 ★★]として作用し，その作用は同じ濃度の二酸化炭素と比べて強い。 (同志社大)

(1) 赤外
(2) 温室効果ガス

34 大気中に含まれる[1 ★★]の濃度は年々増加しており，温室効果ガスとして地球温暖化の原因のひとつと考えられている。[1 ★★]は水に溶けると炭酸を生じる。 (関西学院大)

(1) 二酸化炭素 CO_2

35 空き缶，空きビン，古紙の回収・再利用は，貴重な資源やエネルギーの節約になる。例えば[1 ★★★]は，それを鉱石から取り出すときに膨大な量の電力を必要とすることから，「電気の缶詰」とよばれている。したがって，[1 ★★★]のリサイクルは，電力の節約にもなり，発電に使用される石油や石炭などの[2 ★★]の節約にもなる。そして，地球温暖化の原因ともなる[3 ★★★]の発生を減らすことができる。また，古紙のリサイクルは，紙の原料である[4 ★]の節約になり，自然破壊の防止につながる。 (センター)

(1) アルミニウム Al
(2) 化石燃料
(3) 二酸化炭素 CO_2
(4) 木材 [⑩パルプ]

36 ア〜ウに描かれている矢印は，[1 ★]できることを示しており，イの容器をウの容器から選別するには[2 ★]が用いられる。

(1) リサイクル
(2) 磁石 [⑩電磁石]

(センター)

〈解説〉スチールは鉄の合金で，磁石にくっつくが，アルミニウムは磁石にはくっつかない。

【第3部】化学と人間生活　09　人間生活の中の化学

□**37** 廃プラスチックの処理が大きな社会問題となっている
★　　　が，その解決策の一つとして，光や $\boxed{1 ★}$ によって
　　　分解されるプラスチックの開発が進められている。

(センター)

〈解説〉生分解性プラスチック：土中の微生物によって分解（生分
解）される。

(1) 微生物

応用 □**38** 現在では，合成高分子化合物の製品には法律で識別
★　　　マークが付けられ，使用後には回収されてリサイクル
　　　が行われている。リサイクルの方法には，融かしても
　　　う一度製品として用いる $\boxed{1 ★}$ リサイクルや，単量
　　　体や分子量の小さな化合物まで分解して再び原料とし
　　　て利用する $\boxed{2 ★}$ リサイクルなどがある。　(群馬大)

(1) マテリアル
(2) ケミカル

応用 □**39** 現在，大量に利用されている PET ボトルは，分別回
★　　　収後，融解して，そのまま樹脂や繊維に加工されてリ
　　　サイクルされている。PET ボトルでおこなわれている
　　　リサイクルは $\boxed{1 ★}$ とよばれている。　　(秋田大)

(1) マテリアルリ
　　サイクル

応用 □**40** 高分子を化学反応により単量体などの分子量の小さな
★　　　化合物へと分解し，化学工業の原料などに用いること
　　　を，$\boxed{1 ★}$ リサイクルという。ナイロン6の $\boxed{1 ★}$
　　　リサイクルは実際に行われている。　　　　(富山大)

(1) ケミカル

応用 □**41** 現代における「化学」は，人々の暮らしを豊かにするだ
★　　　けではなく，環境保全の役割も担っている。こうした
　　　「人体や環境への負荷を最小限にすることを目指した
　　　化学」は一般に $\boxed{1 ★}$ とも呼ばれている。

(東京海洋大)

(1) グリーンケミ
　　ストリー [⑩グ
　　リーンサス
　　ティナブルケ
　　ミストリー]

228

7 現代社会を支える化学技術　　▼ANSWER

□1 高純度の [1 ★★★] は，[2 ★★] エネルギーを [3 ★★]
★★★ エネルギーに変換するための太陽電池に使用されている。　　　　　　　　　　　　　　　　（センター）

(1) ケイ素 Si
(2) 光
(3) 電気

□2 高純度で透明度の高い石英ガラスは，高速通信用
★★ [1 ★★] として使用されている。　　（センター）

(1) 光ファイバー

〈解説〉水晶を融解させた石英ガラス SiO_2 からつくる。

□3 アクリル繊維を不活性ガス中において高温で炭化して
★★ 得られる繊維は [1 ★★] と呼ばれ，軽量で強度や弾性
に優れており，航空機の機体やテニスのラケットなど
に利用される。　　　　　　　　　　　　　（秋田大）

(1) 炭素繊維
　（カーボンファ
　イバー）

〈解説〉炭素を主成分とする繊維。

□4 [1 ★] は，透明で，耐衝撃性に優れているため，CD
★ や DVD などに用いられている。　　　（センター）

(1) ポリカーボネ
　ート（樹脂）

□5 [1 ★★] 樹脂は，大量の水を吸収するので，乳幼児の
★★ おむつなどに用いられている。　　　（センター）

(1) 高吸水性

〈解説〉$\left[\begin{array}{c} CH_2-CH \\ \quad\quad | \\ \quad\quad COONa \end{array} \right]_n$ 　ポリアクリル酸ナトリウム　など

□6 [1 ★] 吸蔵合金は，[1 ★] を大量に吸収するので，
★ クリーンエネルギー源である [1 ★] の貯蔵材として
用いられている。　　　　　　　　　　　（センター）

(1) 水素

〈解説〉高圧ボンベに貯蔵するより安全に貯蔵できる。

□7 変形しても，温度を変えると元の形に戻る新素材とし
★ て，形状記憶 [1 ★] や形状記憶樹脂がある。
　　　　　　　　　　　　　　　　　　　　（センター）

(1) 合金

〈解説〉眼鏡のフレームなどに利用される。

□8 超伝導体は，低温にすると電気抵抗が [1 ★] するの
★ で，強力な電磁石として用いられている。　（センター）

(1) 低下（減少）

〈解説〉極低温で電気抵抗が 0 になる。

09

人間生活の中の化学 6 化学肥料／洗剤／環境問題／リサイクル ～ 7 現代社会を支える化学技術

8 染料／食品／食品の保存／医薬品 ▼ANSWER

□1 白色光をあてると特定の波長の光を吸収して色を示す化合物を ｜1★｜ という。このような化合物のうち，繊維と結合して容易には取れないような ｜1★｜ は，染料として用いられる。　　　　　　　　　　（岡山大）

(1) 色素

□2 ｜1★｜ 染料は，植物，動物，鉱物に含まれる色素を，染色に利用したものである。　　　　　　　　　　（センター）

(1) 天然

□3 工業的に用いられる染料の大部分は，｜1★｜ 染料である。　　　　　　　　　　（センター）

(1) 合成

応用 □4 天然染料の一つにアイからとれる ｜1★★｜ がある。これは青色に発色し，｜2★｜ の染色によく用いられている。また，人工的に初めて製造された合成染料は ｜3★｜ とよばれ，絹を赤紫に染める。その後，多くの種類の合成染料がつくられるようになった。その代表的なものは ｜4★★｜ 染料で，分子内に−N＝N−結合をもつ。　　　　　　　　　　（センター）

〈解説〉−N＝N−をアゾ基という。

(1) インジゴ
(2) (木)綿
(3) モーブ
(4) アゾ

応用 □5 染色の様子を模式図で示したとき，媒染染料を用いる染色の模式図は ｜1★｜，建染め染料を用いる染色の模式図は ｜2★｜ となる。

(1) ②
(2) ①

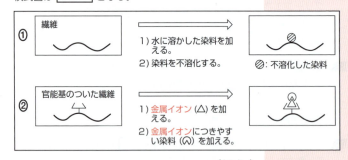

（センター）

〈解説〉インジゴは建染め染料として利用される。

8 染料／食品／食品の保存／医薬品

□ **6** **1★★** は，主として穀物に含まれていてエネルギー
★★ 源となる。　　　　　　　　　　　　　　　（センター）

〈解説〉糖類（炭水化物），タンパク質，脂質（油脂）は三大栄養素と
よばれる。

(1) デンプン
〔⑩糖類，炭水化物〕

□ **7** 食品に含まれるタンパク質には，ヒトが体内で合成で
★★ きない **1★★** を構成成分として含むものがある。
　　　　　　　　　　　　　　　　　　　　　（センター）

(1) (α-)アミノ酸
〔⑩必須アミノ酸〕

□ **8** **1★★** は，タンパク質であり，特定の栄養素に作用
★★ して分解反応の速さを変化させる。　　　　（センター）

(1) (消化) 酵素

□ **9** **1★★** 栄養素に含まれるビタミンや無機塩類は，か
★★ らだの機能を調節するはたらきがある。　　（センター）

(1) 五大

〈解説〉五大栄養素
　　　　糖類（炭水化物），タンパク質，脂質（油脂），ビタミン，無機塩類
　　　　 ‾‾‾‾‾‾‾‾‾‾‾‾‾‾‾‾‾‾‾‾‾‾‾‾‾‾‾‾
　　　　　　　　三大栄養素

□ **10** タンパク質は，酵素のはたらきによって，多種類の
★★ **1★★** に分解される。　　　　　　　　　　（センター）

(1) (α-)アミノ酸

□ **11** 食品の腐敗を防ぐ手段として，加熱殺菌後の密封，冷
★ 凍保存，乾燥，塩漬けが一般的に行われている。また，
食品の変質を防ぐため，空気，光，熱， **1★** を食
品から遮断している。空気中の酸素による酸化を防ぐ
ために， **2★** の封入，脱酸素剤および真空パック
の利用が行われている。　　　　　　　　　（センター）

(1) 水分
(2) 窒素 N_2

□ **12** アスコルビン酸は， **1★★** 作用を示すため，例えば，
★★ お茶などの清涼飲料水に **2★★** 防止剤として加え
られている。アスコルビン酸は，ヒトの生存・生育に
必要な栄養素で， **3★★** とよばれている。　（金沢大）

(1) 還元
(2) 酸化
(3) ビタミン C

□ **13** 医療に用いられる薬を医薬品といい，病気の **1★**
★ ・治療・予防に用いられる。医薬品が体内で様々な変
化を引きおこすことを **2★** 作用という。　（福井大）

(1) 診断
(2) 薬理

□ **14** 炭酸水素ナトリウムは，胃酸過多に対する **1★★** 作
★★ 用があり，胃炎や胃潰瘍等の治療に使用される。また，
水酸化マグネシウムにも同様の作用がある。　（金沢大）

〈解説〉$HCO_3^- + H^+ \longrightarrow H_2O + CO_2$ が起こる。

(1) 制酸

09
人間生活の中の化学
8
染料／食品／食品の保存／医薬品

231

【第3部】化学と人間生活　09　人間生活の中の化学

応用 □15
医薬品は，病気の診断・治療・予防に用いられ，ヒトや動物の健康を守る化学物質である。昔は経験に基づいて，薬効が強い天然の植物体や動物体をそのまま，または乾燥など簡単な加工を施したものを，| 1 ★ | として利用していた。今日使用されている医薬品には，病原菌など病気の原因になるものに直接作用する化学療法薬や，病気の原因に直接作用することなく病気の症状や苦痛を軽減させる | 2 ★ | 薬がある。

その一つである | 3 ★★ | は，一般的にアスピリンとよばれている。古くからヤナギの樹皮や小枝の抽出物には | 4 ★★ | 作用があることが知られており，この抽出物に含まれるサリシンに由来する | 5 ★★ | の強い | 6 ★ | を小さくすることを目的として，| 3 ★★ | は開発された。アスピリンは100年以上 | 4 ★★ | 剤および抗炎症剤として用いられている。
(岩手大)

(1) 生薬
(2) 対症療法
(3) アセチルサリチル酸

(4) 解熱(鎮痛)
(5) サリチル酸

(6) 副作用

応用 □16
| 1 ★★ | は，アオカビから発見された最初の抗生物質である。| 1 ★★ | は，細菌がもつ細胞壁の合成を阻害して効果を示すので，細胞壁をもたないヒトには影響が少ない。したがって，| 1 ★★ | は細菌に対して強い | 2 ★ | を示すといえる。抗生物質は細菌の感染症の治療に多大な貢献を果たしてきたが，細菌の中には突然変異などにより抗生物質が効かない | 3 ★ | が出現するという問題が生じている。
(岡山大)

(1) ペニシリン
(2) 毒性
(3) 耐性菌

応用 □17
うがい薬に用いられる | 1 ★★ | は褐色に着色しており，ハロゲンを含んでいる。70～80%水溶液で手指や傷口の消毒に用いられる | 2 ★★ | は，細菌に浸透して効果を示す。| 3 ★★ | は3%水溶液のものが使われ，傷口の消毒に用いられる。フェノール類に分類される | 4 ★★ | は，皮膚を痛めるフェノールに代わるものとして手指の消毒に用いられるが，特有の強い臭いがある。
(新潟大)

(1) ヨウ素水溶液 [例ヨウ化カリウム水溶液]
(2) エタノール C₂H₅OH
(3) 過酸化水素 H₂O₂ [例オキシドール]
(4) クレゾール

【第3部】

第10章
化学の発展と実験における基本操作

1 化学史

▼ ANSWER

□**1** ★
　[1★]の考え方は誤っていたが，[1★]が行われていた時代に物質や物質の変化を取り扱う技術が進歩した。
(センター)

(1) 錬金術

□**2** ★★★
　18世紀後半になると，精密な実験が行われるようになり，化学反応の前後で質量の総和が変わらないという[1★★★]の法則や，同じ化合物の成分元素の質量比が，つねに一定であるという[2★★★]の法則が発見された。
　19世紀初頭，[3★★★]は，これらの法則を説明するために，すべての物質は，分割することのできない粒子，すなわち[4★★★]からなると考えた。　(センター)

(1) 質量保存
(2) 定比例
(3) ドルトン
(4) 原子

〈解説〉1774年　ラボアジエ(フランス)質量保存の法則
→ 1799年　プルースト(フランス)定比例の法則
→ 1803年　ドルトン(イギリス)原子説，倍数比例の法則
→ 1808年　ゲーリュサック(フランス)気体反応の法則
→ 1811年　アボガドロ(イタリア)分子説，アボガドロの法則

□**3** ★★★
　18世紀末にフランスのラボアジエは，密閉容器と天秤を用いて物質の燃焼について詳しく調べた。その結果「化学変化の前後において，物質の質量の総和は変化しない」ことを見出し，これを[1★★★]の法則とした。
(金沢大)

(1) 質量保存

□**4** ★★★
　プルーストは，天然の炭酸銅と，実験室で合成した炭酸銅の成分の質量比が一定であることから，「化合物中の成分元素の質量比は，常に一定である」とし，これを[1★★★]の法則と唱えた。
(金沢大)

(1) 定比例

〈解説〉例えば二酸化炭素の中の炭素と酸素の質量比は，二酸化炭素のつくり方によらず炭素：酸素＝3：8で常に一定である。

【第3部】化学と人間生活　**10**　化学の発展と実験における基本操作

5 「炭素 12g に化合する酸素の量は，一酸化炭素ができるときは 16g，二酸化炭素ができるときは 32g である。」この法則を 1 という。 (明治大)

〈解説〉16g：32g ＝ 1：2 という簡単な整数比となっている。ドルトンが唱えた。

(1) 倍数比例の法則

6 1 は，すべての物質は，小さな分割できない粒子(原子)からできているという 2 を発表した。 (センター)

(1) ドルトン
(2) 原子説

7 19世紀に入るとすぐに，イギリスのドルトンは「同じ二種類の元素からなる異なった化合物 A と B において，一方の元素の一定質量に化合するもう一方の元素の質量比は，簡単な整数比になる」という 1 の法則を提唱した。また，ドルトンはこれらの法則を理解するために，「物質は，それ以上に分割できない粒子によって構成され，化合物はその粒子が一定の個数ずつ結合したものである」とした。この考え方は，ドルトンの 2 説とよばれた。 (金沢大)

(1) 倍数比例
(2) 原子

8 フランスのゲーリュサックは気体どうしの反応を詳しく調べることで，「気体どうしの反応や，反応によって気体が生成するとき，それら気体の体積の間には簡単な整数比が成り立つ」という 1 の法則を発見した。 (金沢大)

(1) 気体反応

9 気体反応の法則は，ドルトンの 1 説と矛盾する実験結果を含んでおり，物質の構成に関する新たな問題が提起された。この論争中に，イタリアのアボガドロは，いくつかの粒子が結合し一つの単位となる考え方を導入し，「気体は同温・同圧のとき，同体積中に同数の 2 が含まれている」と提唱した。この考え方は，アボガドロの 2 説とよばれ，化学における多くの基本法則を理解する上での礎となった。 (金沢大)

(1) 原子
(2) 分子

1 化学史

□10 同温・同圧のもとで,同体積のすべての気体は,同数の ①★★★ を含む。この法則を ②★★★ とよぶ。
(センター)

(1) 分子
(2) アボガドロの法則

〈解説〉アボガドロは,分子説を唱え,アボガドロの法則を発表した。この法則によって,気体反応の法則と原子説の矛盾が解消された。

□11 一酸化窒素の生成反応では,窒素1体積と酸素1体積から一酸化窒素2体積ができる。この化学変化をドルトンの ①★★★ で考えると,図1のように,半分の窒素原子と半分の酸素原子が結びついていることになり,①★★★ に反する。次にアボガドロの ②★★★ で考えると,図2のようになる。窒素と酸素をそれぞれ2個の ③★★★ が結びついた ④★★★ と考え,一酸化窒素も窒素 ③★★★ と酸素 ③★★★ が1個ずつ結びついた ④★★★ と考えると,うまく説明できる。

(1) 原子説
(2) 分子説
(3) 原子
(4) 分子

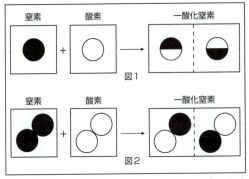

(センター)

〈解説〉図1では原子を分割してしまっている。

応用 □12 ①★ は,動物の尿の成分である尿素を,生物体の関与なしに合成できることを示した。
(センター)

(1) ウェーラー

応用 □13 ①★ による赤紫色染料モーブの合成以来,天然染料の多くが合成染料にとって代わられている。
(センター)

(1) パーキン

応用 □ **14** ☆ 　 **1 ★** は，ベンゼン分子の構造として，六角形の環状構造を提案した。 　　　　　　　　　　　　　　　(センター)

〈解説〉ベンゼン C_6H_6 は，⬡ または ◯ と書くことが多い。

(1) ケクレ

応用 □ **15** ☆ 　 **1 ★** が開発したアンモニアソーダ法により合成される炭酸ナトリウムは，セッケンやガラスの原料として大量に使用されている。 　　　　(センター)

〈解説〉炭酸ナトリウム Na_2CO_3 は，セッケンやガラスの原料として使用される。

(1) ソルベー

□ **16** ★★★ 　19世紀の半ばに60種ほどの元素が知られるようになり，これらの元素を分類しようという試みがなされた。 **1 ★★★** は，元素を化学的性質と **2 ★★★** との関係に注目して分類した。そして，元素を **2 ★★★** の順序に並べると，性質の似た元素が周期的に現れること，すなわち元素の周期律を見い出した。

現在の周期表は118種の元素を原子核の中の **3 ★★★** の数の順に並べたものである。 　　　　(センター)

(1) メンデレーエフ
(2) 原子量
(3) 陽子

応用 □ **17** ☆ 　 **1 ★** は，脚気の予防に有効な成分として，ビタミン B_1 （オリザニン）を発見した。 　　　(センター)

(1) 鈴木梅太郎

□ **18** ★★ 　 **1 ★★** と **2 ★★** （順不同）は，水素と窒素から直接アンモニアを合成する方法を発明した。 (センター)

〈解説〉ハーバー・ボッシュ法 　$N_2 + 3H_2 \xrightarrow{Fe} 2NH_3$

(1) ハーバー
(2) ボッシュ

□ **19** ★★ 　フレミングは，アオカビの研究から抗生物質である **1 ★★** を発見した。 　　　　　(センター)

(1) ペニシリン

□ **20** ★★ 　1930年代に **1 ★★** は，「2種類の単純な分子を交互に結合して，鎖状構造を形成させる」という着想から，最初の合成繊維であるナイロンを発明した。 (センター)

(1) カロザース

応用 □ **21** ★★ 　チーグラーが発見した **1 ★★** によって，高密度ポリエチレンが合成できるようになった。 　　　(センター)

〈解説〉$\left[CH_2-CH_2 \right]_n$
　　　ポリエチレン

(1) 触媒

2 実験の基本操作 ▼ANSWER

1 操作1 図のガスバーナーの調節ねじA，Bがともに閉まっていることを確認し，ガスの元栓を開ける。
操作2 ガスバーナーの燃焼口に火を近づけて，調節ねじ 1★★ を矢印の方向に少し回して点火する。
操作3 調節ねじ 2★★ を矢印の方向に回して炎を大きくする。
操作4 調節ねじ 2★★ を押さえ，調節ねじ 3★★ を矢印の方向に回して炎が青くなるよう調節する。
操作5 使用後，調節ねじA，Bを閉め，元栓を閉じる。

(1) B
(2) B
(3) A

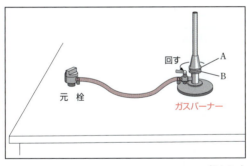

(センター)

〈解説〉Aは空気調節ねじ，Bはガス調節ねじ。

2 塩化ナトリウム水溶液を 1★★★ に入れて，液面の最も 2★ いところに目の高さを合わせて目盛りをよみとった。

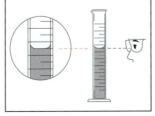

(センター)

(1) メスシリンダー
(2) 低

□3 実験を行うときは，| 1 ★ |をかける。 (センター)

(1) 保護めがね

□4 強い酸やアルカリが手についたときは，必ずすぐに大量の| 1 ★ |で洗い流す。 (センター)

(1) 水 [⑩水道水]

□5 薬品のにおいをかぐときは，容器の□に鼻を直接近づけ| 1 ★ |。 (センター)

(1) ない

□6 液体を注ぐとき，試薬びんのラベルが| 1 ★ |になるようにして注ぐ。 (センター)

(1) 上

□7 | 1 ★★ |は，水にふれると激しく発熱するので，うすめるときには水に少しずつ加え，よくかき混ぜる。 (センター)

(1) (濃)硫酸 H_2SO_4

応用 **□8** 濃硫酸の水への| 1 ★★ |熱は極めて大きいので，濃硫酸に水を注ぐと容器から硫酸が飛び散る危険がある。そこで濃硫酸を薄めるときには，水に濃硫酸を少しずつ加えていく必要がある。 (弘前大)

(1) 溶解

□9 ジエチルエーテルは，| 1 ★ |しやすいので，火気のないところで使用する。使用後は，びんのふたをしっかり閉めて保管する。 (センター)

(1) 引火

□10 重金属イオンを含む水溶液は，流しに捨てずに| 1 ★ |に集める。 (センター)

(1) 廃液だめ

□11 黄リンは空気中で| 1 ★★★ |することがあるので，| 2 ★★★ |に保存する。 (センター)

(1) (自然)発火
(2) 水中

□12 濃硝酸は| 1 ★★★ |によって分解するので，| 2 ★★★ |に入れて保存する。 (センター)

(1) 光
(2) 褐色びん

□13 水酸化ナトリウムは，| 1 ★★★ |するため，| 2 ★ |して保存する。 (センター)

(1) 潮解
(2) 密閉

□14 | 1 ★★ |の水溶液はガラスの主成分と反応するため，通常はポリエチレンの容器に保存される。 (岩手大)

(1) フッ化水素 HF

〈解説〉この水溶液は，フッ化水素酸とよばれる。

特別付録

索引
INDEX

この索引には,本書の「正解(赤文字)」として掲載された「化学基礎の用語」がアルファベット順・五十音順に整理されています。選択問題の場合は,正解の選択肢に含まれている用語が掲載されています。ただし,化学用語ではない正解〔数字や日常用語〕や化学反応式,構造式は掲載していません。
用語の右側にある数字はページ数です。

索引 (INDEX)

A

Ag ⋯⋯⋯⋯⋯⋯ 80,87
Ag_2S ⋯⋯⋯⋯⋯⋯ 205
Al ⋯ 49,191,204,208,227
Al_2O_3 ⋯⋯ 41,207,208
$Al_2O_3 \cdot nH_2O$ ⋯⋯ 194,207
Al^{3+} ⋯⋯⋯⋯⋯⋯ 39
$AlK(SO_4)_2 \cdot 12H_2O$ ⋯ 86
Ar ⋯⋯⋯ 16,29,38,50,
93,201,202
As ⋯⋯⋯⋯⋯⋯⋯ 89
Au ⋯⋯⋯⋯ 87,197,205

B

B ⋯⋯⋯⋯⋯⋯⋯⋯ 37
Ba ⋯⋯⋯⋯⋯ 20,83,85
Br^- ⋯⋯⋯⋯⋯⋯⋯ 92
Br^- ⋯⋯⋯⋯⋯⋯⋯ 41
Br_2 ⋯⋯⋯⋯⋯⋯⋯ 14

C

C ⋯⋯ 14,21,80,98,192,
194,200,212,213,
217,218,219,226
^{12}C ⋯⋯⋯⋯⋯⋯⋯ 98
C_2H_5OH ⋯⋯⋯⋯⋯ 232
$(C_6H_{10}O_5)_n$ ⋯⋯⋯⋯ 217
$C_6H_{12}O_6$ ⋯⋯⋯⋯⋯ 217
Ca ⋯⋯⋯⋯⋯⋯⋯ 21
Ca^{2+} ⋯⋯⋯⋯⋯⋯ 223
$CaCO_3$ ⋯⋯ 20,84,204,205,
210,211
$Ca(HCO_3)_2$ ⋯⋯⋯⋯⋯ 84
CaO ⋯⋯⋯⋯⋯⋯ 84,192
$Ca(OH)_2$ ⋯⋯⋯⋯⋯⋯ 84
$CaSO_4 \cdot \frac{1}{2}H_2O$ ⋯⋯⋯ 84
$CaSO_4 \cdot 2H_2O$ ⋯⋯ 84,211
CH ⋯⋯⋯⋯⋯⋯⋯ 66
CH_3COO^- ⋯⋯⋯⋯⋯ 138
CH_3COOH ⋯⋯⋯ 138,145
CH_4 ⋯⋯⋯⋯⋯ 101,202
Cl ⋯⋯⋯⋯⋯⋯ 21,226
Cl^- ⋯⋯⋯⋯⋯⋯ 148,189

Cl_2 ⋯⋯ 182,184,190,224
CO ⋯⋯ 88,191,195,206
CO_2 ⋯ 52,83,88,145,195,
201,205,221,227
Cr ⋯⋯⋯⋯⋯⋯ 192,206
Cs ⋯⋯⋯⋯⋯⋯⋯ 82
Cu ⋯⋯ 75,162,168,169,
170,197,204,205,214
Cu^{2+} ⋯⋯⋯ 148,170,171
Cu_2O ⋯⋯⋯⋯⋯ 87,148
CuO ⋯⋯⋯⋯⋯⋯⋯ 87
$CuSO_4$ ⋯⋯⋯ 139,170,171

F

F ⋯⋯⋯ 65,66,92,226
F^- ⋯⋯⋯⋯⋯⋯⋯ 39
F_2 ⋯⋯⋯⋯⋯⋯⋯ 198
Fe ⋯ 163,197,204,206
Fe_2O_3 ⋯⋯⋯ 191,192,193
Fe_3O_4 ⋯⋯⋯⋯ 191,193
$Fe(OH)_2$ ⋯⋯⋯⋯⋯ 193
$Fe(OH)_3$ ⋯⋯⋯⋯⋯ 193

G

GaN ⋯⋯⋯⋯⋯⋯⋯ 209

H

H ⋯⋯⋯ 21,70,213,217,
218,219,
H^+ ⋯ 122,126,127,134,174
H_2 ⋯ 82,83,157,163,164,
168,169,175,176,184,
190,193,221
H_2O ⋯⋯ 55,56,123,126,
139,174,175,205,206
H_2O_2 ⋯⋯⋯⋯⋯⋯ 232
H_2S ⋯⋯⋯ 70,92,145,153
H_2Se ⋯⋯⋯⋯⋯⋯ 70
H_2SO_3 ⋯⋯⋯⋯⋯⋯ 225
H_2SO_4 ⋯ 90,172,225,238
H_2Te ⋯⋯⋯⋯⋯⋯ 70
H_3O^+ ⋯⋯⋯ 60,118,139
HCHO ⋯⋯⋯⋯⋯⋯ 216
HCl ⋯ 90,146,165,214

HClO ⋯⋯⋯⋯ 93,155,224
He ⋯ 14,28,46,68,201,202
HF ⋯⋯⋯⋯⋯ 66,146,238
Hg ⋯⋯⋯⋯⋯⋯⋯ 14,75
HNO_2 ⋯⋯⋯⋯⋯⋯ 225
HNO_3 ⋯ 146,165,221,225

I

I ⋯⋯⋯⋯⋯⋯⋯⋯ 92
I_2 ⋯⋯⋯⋯⋯⋯⋯ 198

K

K ⋯⋯⋯⋯ 37,46,82,221
K^+ ⋯⋯⋯⋯⋯⋯⋯ 82
$K_3[Fe(CN)_6]$ ⋯⋯⋯⋯ 193
$K_4[Fe(CN)_6]$ ⋯⋯⋯⋯ 193
KI ⋯⋯⋯⋯⋯⋯⋯ 155
KOH ⋯⋯⋯⋯⋯⋯ 177
Kr ⋯⋯⋯⋯⋯⋯⋯ 93
KSCN ⋯⋯⋯⋯⋯⋯ 193

L

Li ⋯⋯⋯⋯⋯ 37,82,209
Li^+ ⋯⋯⋯⋯⋯⋯ 41,82

M

Mg ⋯⋯⋯⋯⋯⋯ 20,83
Mg^{2+} ⋯⋯⋯⋯⋯ 39,223
$Mg^{2+}O^{2-}$ ⋯⋯⋯⋯⋯ 43
MgO ⋯⋯⋯⋯⋯⋯ 157
Mn^{2+} ⋯⋯⋯⋯⋯⋯ 154
MnO_2 ⋯⋯⋯ 154,176,177
MnO_4^- ⋯⋯⋯⋯⋯⋯ 152

N

N ⋯⋯⋯⋯ 34,216,218
$^{14}_{7}N$ ⋯⋯⋯⋯⋯⋯ 33,34
N_2 ⋯⋯⋯ 16,201,225,231
N_2O_4 ⋯⋯⋯⋯⋯⋯ 90
Na ⋯⋯⋯⋯⋯ 37,82,184
Na^+ ⋯⋯⋯⋯ 39,82,189
Na_2CO_3 ⋯⋯ 83,190,210
Na_3AlF_6 ⋯⋯⋯⋯ 194,207
NaBr ⋯⋯⋯⋯⋯⋯ 42

NaCl	42,43,189,190,201
NaF	42
NaI	42
$NaNO_3$	221
Ne	38,39,41,50, 51,93,202
$(NH_2)_2CO$	90
NH_3	139,145
NH_4^+	60
NH_4Cl	61
Ni	205,206
NO	165,225
NO_2	165,225

O

O	14,21,58,70,106, 200,205,217,218,219
O_2	16,88,92,93,156, 175,184,186,192, 201,205,206,225
O^{2-}	39
O_3	91,201
OH	66
OH^-	39,122,126,127, 134,138,189

P

P	221
Pb	86,172,173,197
PbO_2	172,173
$PbSO_4$	172,174

S

S	153,157,204
S^{2-}	39
Si	14,85,200,229
SiO_2	204,210
Sn	86,87,205,207
SO_2	92,145,157,165
SO_4^{2-}	112,173

T

Ti	209

W

W	209

Z

Zn	49,87,163,170, 177,207
Zn^{2+}	163,165
$ZnSO_4$	165,170,171

あ

	PAGE ▼
アイソトープ	30,32,33
亜鉛	49,87,170,176, 177,207
亜鉛イオン	163,165
亜鉛板	170
青色LED	86
青色発光ダイオード	86
赤潮	224
アクリル樹脂	214
アクリル繊維	220
アクリロニトリル	218
アジピン酸	56,219
亜硝酸	225
アスファルト	203
アセチルサリチル酸	232
アゾ染料	230
アボガドロ定数	99
アボガドロの法則	235
アマルガム	209
アミド結合	56,219
アモルファス	25,42
亜硫酸	225
アルカリ	218
アルカリ金属	46,48
アルカリ性	83,122, 140,211
アルカリ土類金属	48,83
アルキル基	106
アルゴン	16,38,50,93, 201,202
(α-)アミノ酸	218,231
アルマイト	85,208
アルミナ	207
アルミニウム	49,191, 204,208,227
アレニウス	118
アンモニア	67,95,145
アンモニウムイオン	60

い

硫黄	157,204
イオン	38,123

241

索引（INDEX）

イオン化傾向 …… 87,162,
163,167,171,195,204
イオン結合 … 40,42,61,71
イオン結晶 …… 41,42,80
一次電池 ……… 167,169
一酸化炭素 …… 88,191,
195,206
一酸化窒素 …… 165,225
鋳物 ………………… 206
陰イオン … 38,47,64,138
引火 ………………… 238
陰極 …… 180,190,196,
204,207
インジゴ …………… 230
陰性 …………… 65,151

う

ウェーラー ………… 235

え

液化石油ガス（LPG）
……………… 202,203
液化天然ガス（LNG）… 203
液体 ………… 24,25,198
エステル結合 ………… 55
エタノール ………… 232
エチル基 …………… 106
エチレン …………… 213
エチレングリコール … 55,
216,218,220
M殻 ………… 35,36,38
L殻 …………… 35,36
塩 ……………………… 61
塩化アンモニウム …… 61
塩化水素 ……… 67,90,
146,214
塩化ナトリウム（水溶液）
……… 42,189,190,201
塩化ビニル …………… 214
塩化物イオン …… 148,189
塩基 …………… 118,218
塩基性 …… 83,119,122,
140,211
塩基性酸化物 …… 118,119

炎色反応 ……………… 84
延性 …………… 74,165
塩素 …………… 21,182,184,
190,224,226
塩の加水分解 …… 138,139

お

王水 ………………… 165
黄銅 ………………… 205
黄銅鉱 ……………… 196
黄リン ………………… 15
オキシドール ………… 232
オキソ酸 …………… 119
オキソニウムイオン … 60,118
オクタン価 ………… 203
オゾン …………… 91,201
オゾンホール ………… 226
折れ線形 …… 52,66,67
温室効果 …………… 226
温室効果ガス ……… 227
温度 …………… 23,121

か   PAGE ▼

カーボンファイバー … 229
外圧 …………………… 26
改質 ………………… 203
海水 ………………… 223
界面活性剤 ………… 222
化学エネルギー …… 167
化学肥料 …………… 221
拡散 …………………… 22
化合物 ………………… 14
過酸化水素 ………… 232
価数 …………… 38,64,120
化石燃料 …………… 227
褐色びん …………… 238
価電子 … 36,50,74,82,83
ガラス ……………… 210
ガラス棒 …………… 108
カラムクロマトグラフィー
……………………… 18
カリウム ……… 37,46,221
カルシウムイオン …… 223
カロザース ………… 236

還元 …… 147,148,149,153,
170,176,191,206
還元剤 ……… 148,150,152,
154,155,178
還元作用 ……… 163,231
還元反応 …… 168,169,173,
174,175,180
乾電池 ……………… 176

き

気液平衡 ……………… 24
貴ガス … 36,38,46,48,49,
50,51,68,201
気体 ………… 24,25,198
気体反応の法則 …… 234
起電力 …… 167,168,171
吸着力 ………………… 18
（強）アルカリ性 ……… 84
強塩基 …… 121,139,140
（強）塩基性 …………… 84
凝固 …………………… 22
強酸 ………………… 121
凝縮 …………… 22,24
強電解質 …………… 105
共有結合 … 15,50,51,55,
56,57,58,60,61,66,
71,72,88,91,212
共有結合の結晶 57,58,80
共有電子対 …… 51,65,67
極性 …………… 65,70,72
極性分子 ………… 65,71
（希）硫酸 …………… 172
金 ……… 87,197,205
銀 ……………… 80,87
金属結合 ……………… 74
金属元素 ……………… 49

く

空気 ………………… 225
クーロン力 …… 40,42,45,
69,80
グラファイト ……… 15,88
グラムg ……………… 99
グリーンケミストリー … 228

グリーンサスティナブルケ
ミストリー ……… 228
グルコース ……… 217
クレゾール ……… 232
クロマトグラフィー … 18
クロム ……… 192,206

け

ケイ砂 ……… 204,210
形状記憶合金 … 209,229
ケイ素 … 14,85,200,229
K殻 ……… 35
ケクレ ……… 236
結晶 ……… 42
結晶格子 ……… 43
結晶水 ……… 83
解熱(鎮痛)剤 ……… 232
解熱(鎮痛)作用 ……… 232
ケミカルリサイクル … 228
ケラチン ……… 217,218
減極剤 ……… 169
原子 ……… 233,235
原子価 ……… 51
原子核 ……… 28,29,39
原子説 ……… 234,235
原子番号 ……… 28,30,48
原子量 ……… 48,94,236
元素 ……… 14
原油 ……… 202

こ

鋼 ……… 87,192,206
光化学スモッグ ……… 225
高吸水性樹脂 ……… 229
光合成 ……… 201
硬水 ……… 223
合成高分子 ……… 54
合成ゴム ……… 212
合成繊維 ……… 217,219
合成洗剤 ……… 224
合成染料 ……… 230
(高)熱 ……… 213
高密度ポリエチレン … 55
コークス ……… 192

氷 ……… 25
黒鉛 ……… 15,88
固体 … 22,24,25,198
五大栄養素 ……… 231
コニカルビーカー ……… 132
ゴム状硫黄 ……… 15,91
孤立電子対 ……… 51,60,61,
62,63,67
混合物 ……… 16,17

さ   PAGE ▼

最外殻 ……… 45
最外殻電子 … 29,50,82,83
再結晶(法) ……… 19
再生繊維 ……… 217,218
錯イオン ……… 61,62
酢酸 ……… 140,145
サリチル酸 ……… 232
酸 ……… 118,211
酸化 … 147,148,149,157,
162,163,170,174,177,178
酸化アルミニウム … 207,208
酸化カルシウム … 84,192
三角すい形 … 53,61,67
酸化剤 … 148,152,153,
154,155,163,176
酸化作用 ……… 92,226
酸化数 ……… 149
酸化鉄 ……… 205
酸化鉄(Ⅲ) … 191,192,193
酸化銅(Ⅰ) ……… 87,148
酸化銅(Ⅱ) ……… 87
酸化鉛(Ⅳ) ……… 172,173
酸化反応 … 168,173,174,
175,180
酸化被膜 ……… 164
酸化防止剤 ……… 231
酸化マグネシウム ……… 157
酸化マンガン(Ⅳ) ……… 154,
176,177
酸化力 ……… 93,226
残渣油 ……… 202
三重結合 ……… 51
酸性 … 119,122,139,140

酸性雨 ……… 225
酸性塩 ……… 140
酸性酸化物 ……… 118,119
酸素 … 14,16,58,70,88,92,
93,106,156,175,184,
186,192,200,201,205,
206,217,218,219,225
三態 ……… 22
残油 ……… 202

し

次亜塩素酸 … 93,155,224
紫外線 … 15,92,226
磁器 ……… 211
色素 ……… 230
式量 ……… 94,99
四酸化三鉄 … 191,193
四酸化二窒素 ……… 90
脂質 ……… 201
指示薬 ……… 134
磁石 ……… 227
(自然)発火 ……… 238
質量数 ……… 28,29
質量保存の法則 ……… 233
脂肪酸 ……… 222
弱アルカリ性 … 140,223
弱塩基 ……… 121
弱塩基性 … 140,223
弱酸 ……… 140
弱酸性 ……… 140
弱電解質 ……… 105
斜方硫黄 ……… 15
臭化ナトリウム ……… 42
臭化物イオン ……… 41
周期 ……… 48
周期律 ……… 81
重合 ……… 212
重合体 ……… 54,55
重合度 ……… 54
臭素 ……… 14,92
充電 ……… 168,172
自由電子 ……… 74,75,80
縮合 ……… 55

243

索引 (INDEX)

縮合重合‥ 54,55,56,212,
　　　　215,216,219,220
ジュラルミン‥‥‥ 85,208
純物質‥‥‥‥14,16,17
昇華‥‥‥‥ 17,18,22,72
(消化)酵素‥‥‥‥‥231
蒸気圧‥‥‥‥‥ 23,26
蒸気圧曲線‥‥‥‥‥25
硝酸‥‥‥146,221,225
硝酸ナトリウム‥‥‥221
消石灰‥‥‥‥‥‥119
状態変化‥‥‥‥‥‥22
蒸発‥‥18,22,23,24,26
蒸発熱‥‥‥‥‥‥‥23
上方置換‥‥‥‥‥‥90
生薬‥‥‥‥‥‥232
蒸留(法)‥‥‥‥18,19
触媒‥‥‥‥‥‥‥236
植物繊維‥‥‥‥‥217
シリカゲル‥‥‥‥‥89
親水基‥‥‥‥‥‥106
親水性‥‥‥‥ 222,223
診断‥‥‥‥‥‥‥231
真ちゅう‥‥‥‥‥205
親油基‥‥‥‥ 106,222
親油性‥‥‥‥‥‥222

す

水銀‥‥‥‥‥‥14,75
水酸化カリウム‥‥ 140,177
水酸化カルシウム‥ 84,119
水酸化鉄(II)‥‥‥193
水酸化鉄(III)‥‥‥193
水酸化物‥‥‥‥‥‥83
水酸化物イオン‥ 122,126,
　　　　127,134,189
水蒸気‥‥‥‥‥‥‥25
水素‥ 21,35,70,82,83,157,
　　163,164,168,169,175,
　　176,184,190,193,213,
　　217,218,219,221,229
水素イオン‥‥‥ 122,126,
　　　　127,134,174
水素イオン指数‥‥‥122

水素吸蔵合金‥‥‥229
水素結合‥‥ 68,69,70,71,
　　　　72,73,80
水中‥‥‥‥‥ 91,238
水道水‥‥‥‥‥‥238
水分‥‥‥‥‥‥‥231
水和‥‥‥‥‥‥‥106
水和水‥‥‥‥‥‥83
スズ‥‥ 86,87,205,207
鈴木梅太郎‥‥‥‥236
ステンレス鋼‥‥‥206
スラグ‥‥‥‥‥‥192

せ

正塩‥‥‥‥‥ 138,140
正極‥ 167,168,172,173,
　　174,175,177,178,179
制酸作用‥‥‥‥‥231
正四面体(形)‥‥ 57,58,61,
　　　　62,72,89
精製‥‥‥‥‥‥‥17
生成物‥‥‥‥‥‥111
生石灰‥‥‥‥‥ 84,192
静電気力‥‥ 40,42,45,69,80
正八面体(形)‥‥‥‥63
生分解性プラスチック‥216
正方形‥‥‥‥‥‥‥62
精錬‥‥‥‥‥‥‥204
正六角形‥‥‥‥‥‥58
赤外線‥‥‥ 201,226,227
石炭‥‥‥‥‥‥‥202
赤鉄鉱‥‥‥‥‥‥192
石油‥‥‥‥‥‥‥83
赤リン‥‥‥‥‥‥‥15
セシウム‥‥‥‥‥‥82
セ氏温度‥‥‥‥‥‥27
石灰水‥‥‥‥‥‥‥84
石灰石‥204,205,210,211
セッコウ‥‥‥‥ 84,211
絶対温度‥‥‥‥‥‥27
絶対零度‥‥‥‥‥‥27
セメント‥‥‥‥‥210
セリシン‥‥‥‥‥217
セルシウス温度‥‥‥27

セルロース‥‥‥‥217
セレン化水素‥‥‥‥70
遷移元素‥‥‥‥ 37,48,49
(洗浄)補助剤‥‥‥‥224
銑鉄‥‥‥‥ 87,192,206

そ

相対質量(の平均)‥‥‥94
ソーダガラス‥‥‥210
ソーダ石灰ガラス‥‥210
疎水基‥‥‥‥‥ 106,222
疎水性‥‥‥‥‥‥222
組成‥‥‥‥‥‥‥53
粗製ガソリン‥‥‥203
組成式‥‥‥‥‥‥53
粗銅‥‥‥‥‥‥‥196
ソルベー‥‥‥‥‥236

た　　　　　　PAGE ▼

(第一)イオン化エネルギー
　　　　45,46,65,80,82
大気圧‥‥‥‥‥‥‥26
対症療法薬‥‥‥‥232
体心立方格子‥‥‥ 76,78
耐性菌‥‥‥‥‥‥232
大電流‥‥‥‥‥‥177
ダイヤモンド‥‥ 15,57,88
太陽電池‥‥‥‥‥‥58
多原子イオン‥‥‥‥38
多原子分子‥‥‥‥‥52
ダニエル電池
　　　　169,170,171
単位格子‥‥‥‥‥‥43
炭化水素‥‥‥‥‥202
炭化水素基‥‥‥‥106
タングステン‥‥‥209
単原子イオン‥‥‥‥38
単原子分子‥‥‥‥ 52,93
炭酸カルシウム‥‥ 20,84,
　　　　210,211
炭酸水素カルシウム‥‥84
炭酸ナトリウム‥ 83,190,210
単斜硫黄‥‥‥‥ 15,91
炭水化物‥‥‥‥ 201,231

炭素 … 14,21,192,194,200, 213,217,218,219,226
炭素原子 … 80,98,212
炭素繊維 … 229
単体 … 14,162,209
タンパク質 … 200,201, 212,218
単量体 … 54,212

ち

チオシアン酸カリウム … 193
地球温暖化 … 88,226
蓄電池 … 172,178,179
チタン … 209
窒素 … 16,201,216,218, 225,231
(窒素)酸化物 … 225
窒素肥料 … 221
着色 … 210
抽出 … 17
中性 … 28,41,122,139, 218,224
中性子 … 28,29,30,33
中和滴定 … 127
潮解 … 83,190,238
超伝導 … 209
超臨界状態 … 25
超臨界流体 … 25
直線形 … 63,66,67
チリ硝石 … 221

て

ディーゼルエンジン … 203
定比例の法則 … 14,233
低密度ポリエチレン … 55
滴定曲線 … 134
鉄 … 197,204,206
テルミット法 … 85
テルル化水素 … 70
テレフタル酸 … 216
電荷 … 70,151
電解液 … 168,177,179
電解質 … 41,105,168
電解精錬 … 196,197

電気 … 207
電気陰性度 … 64,65,66, 69,70,80,151
電気エネルギー … 167,229
電気の伝導性 … 58
電気分解 … 180
(典型)金属 … 86
典型元素 … 48,49,86
電子 … 28,29,30,39,147, 167,171,174,180
電子殻 … 28,35,36,74
電子式 … 50
電磁石 … 227
電子親和力 … 47,65
電磁波 … 32
電子配置 … 35,65
展性 … 74,75,165
天然ガス … 203
天然高分子 … 54
天然染料 … 230
デンプン … 231
電離 … 41,105,138
電離度 … 120,138
電力 … 207

と

銅 … 75,162,169,197, 204,205,214
銅(Ⅱ)イオン … 148,170,171
同位体 … 30,32,33,34
陶磁器 … 210
銅樹 … 162
銅線 … 214
同族元素 … 36,48,49
同素体 … 15,57,58,59, 88,91,92
陶土 … 211
銅(板) … 168,170
動物繊維 … 217
灯油 … 83,202
糖類 … 201,231
毒性 … 232
トタン … 166,207
ドライアイス … 25

ドルトン … 233,234

な

ナイロン66 … 219
ナトリウム … 37,184
ナトリウムイオン … 189
ナトリウムフェノキシド … 140
ナフサ … 16,203
鉛 … 86,172,173,197
鉛ガラス … 210

に

ニクロム … 209
二原子分子 … 52,92
二酸化硫黄 … 92,145, 157,165
二酸化ケイ素 … 210
二酸化炭素 … 83,88,145, 195,201,221,227
二酸化窒素 … 165,225
二次電池 … 167,172,178,179
ニッケル … 205,206
乳化 … 223
ニューセラミックス … 211
尿素 … 90
尿素樹脂 … 216

ね

ネオン … 35,38,39,41, 50,51,93,202
熱 … 74
熱運動 … 22,23,24,26,27
熱可塑性 … 216
熱可塑性樹脂 … 213
熱硬化性樹脂 … 213,216
熱伝導率 … 204
熱の伝導性 … 58,204
年代 … 32
粘土 … 211
燃料電池 … 174

の

濃塩酸 … 165
濃硝酸 … 165

245

索引 (INDEX)

濃硫酸 ……………… 90,238

は PAGE ▼

パーキン ……………… 235
ハーバー ……………… 236
ハーバー・ボッシュ法(ハーバー法) …………… 90
配位結合 …… 60,61,62,63
配位子 ………………… 62
配位数 ………………… 78
廃液だめ ……………… 238
倍数比例の法則 ……… 234
白煙 …………………… 61
白金線 ………………… 20
発熱 …………………… 211
発熱反応 ……………… 174
バリウム …………… 20,83,85
パルプ ………………… 227
ハロゲン(元素) …… 48,72,92
半金属 ………………… 88
半減期 ………………… 34
半合成繊維 …………… 217
半導体 …………… 58,86,88
反応物 ………………… 111

ひ

pH試験紙 …………… 134
pH指示薬 …………… 134
光 …………………… 90,238
光エネルギー ……… 229
光触媒 ……………… 209
光ファイバー ……… 89,229
非共有電子対 … 51,60,61, 62,63,67
非金属性 ……………… 65
非晶質 …………… 25,42
微生物 …………… 225,228
ヒ素 …………………… 89
ビタミンC …………… 231
必須アミノ酸 ……… 231
非電解質 ……………… 105
ヒドロキシ基 …… 106,218
ビニロン ……………… 220

ビュレット … 132,133,137, 142,158
標準状態 ……………… 100
氷晶石 …………… 194,207
肥料の三要素 ……… 221
ビルダー ……………… 224

ふ

負の電荷 ……………… 106
ファインセラミックス … 211
ファンデルワールス力 …………… 68,70,71,72,80
V字形 …………… 52,67
フィブロイン …… 217,218
風解 …………………… 83
富栄養化 ……………… 224
フェノール樹脂 ……… 216
フェノールフタレイン …… 136,137,141,142,143
付加 …………………… 55
付加重合 …… 54,55,212, 213,214,215,220
付加重合体 …………… 55
負極 … 167,168,171,172,173, 174,175,176,177,178,179
複塩 …………………… 138
副作用 ………………… 232
不対電子 ……………… 51
フッ化水素 …… 146,238
フッ化ナトリウム …… 42
物質量 ………………… 98
フッ素 … 65,66,92,198,226
フッ素樹脂 ………… 215
沸点 …………… 19,23
沸騰 …………………… 26
物理変化 ……………… 22
不動態 …… 164,193,208
ブドウ糖 ……………… 217
フラーレン …………… 15
ブリキ …………… 166,207
ブレンステッド ……… 118
フロン …………… 15,226
分極 …………… 169,176
分子 …… 52,53,234,235

分子間力 … 22,70,71,72,80
分子結晶 …………… 71,80
分子式 ………………… 53
分子説 …………… 234,235
分子量 …… 70,94,99,100
分別蒸留 … 18,201,202,203
分離 …………… 16,17
分留 …… 18,201,202,203

へ

閉殻 …………………… 36
平均分子量 …………… 101
平衡状態 ……………… 24
ベークライト ………… 216
β線 …………………… 30
ヘキサシアニド鉄(II)酸イオン · 63
ヘキサシアニド鉄(II)酸カリウム …………… 193
ヘキサシアニド鉄(III)酸カリウム …………… 193
ヘキサメチレンジアミン …………… 56,218,219
ペニシリン …… 232,236
ヘモグロビン ……… 88
ヘリウム …… 14,28,35,46, 68,201,202
変色域 ………………… 134
ベンゼン環 …………… 215

ほ

ホウケイ酸ガラス ……… 210
放射性 ………………… 86
放射性同位体 ……… 32,33
放射線 …………… 30,32
放射能 ………………… 32
ホウ素 ………………… 37
放電 …………… 167,168,172
ほうろう ……………… 208
(飽和)蒸気圧 ……… 24
飽和溶液 ……………… 19
ボーキサイト …… 194,207
ホールピペット … 132,133, 137,142,158
保護めがね ………… 238

ボッシュ	236
ポリアミド	219
ポリエステル	56,219,220
ポリエチレン	213,214
ポリ塩化ビニル	55,214
ポリカーボネート(樹脂)	229
ポリスチレン	215
ポリテトラフルオロエチレン (テフロン)	215
ポリプロピレン	215
ポリマー	54,55
ポリメタクリル酸メチル	214
(ポルトランド)セメント	211
ホルムアルデヒド	216

ま PAGE ▼

マイナスの電荷	106
マグネシウム	20,35,83
マグネシウムイオン	223
マテリアルリサイクル	228
マンガン(II)イオン	154
マンガン(乾)電池	176

み

見かけの分子量	101
水(分子)	25,55,56,67,123, 126,174,175,206,238
水ガラス	89
水のイオン積	122
ミセル	222,223
密度	72
密閉	238
ミョウバン	86

む

無機高分子化合物	54
無極性分子	65
(無声)放電	15
無定形	25
無定形固体	42

め

メスシリンダー	237

メスフラスコ	108,132,133
メタクリル樹脂	214
メタン	14,101,202
メチルオレンジ	137,141, 142,143
メチルレッド	141,142,143
めっき	206
綿	230
メンデレーエフ	48,236

も

モーブ	230
木材	227
モノマー	54,212
木綿	217,230

や PAGE ▼

焼きセッコウ	84
薬理作用	231

ゆ

融解	22,23,40,41
融解塩電解	82,84,194
融解熱	23
有機化合物	225
有機高分子化合物	54
有機物	225
融点	23,210
油脂	201,221,223,224
ユリア樹脂	216

よ

陽イオン	38,45,64,138, 162,196
溶解	40,105
溶解熱	238
ヨウ化カリウム水溶液	155,232
ヨウ化ナトリウム	42
陽極	180,196,204
陽極泥	196,197
陽子	28,29,30,33,45,236
溶質	105
ヨウ素	92,198

ヨウ素水溶液	232
ヨウ素ヨウ化カリウム水溶液	155
溶媒	105
溶融塩電解	82,84,194

ら PAGE ▼

ラジオアイソトープ	32,33

り

リサイクル	227
リチウム	35,37,82,209
リチウムイオン	41
リチウムイオン電池	179
リホーミング	203
硫化銀	205
硫化水素	70,92,145
硫酸	225
硫酸亜鉛	165,170,171
硫酸イオン	173
硫酸銅(II)	170,171
硫酸鉛(II)	172,174
両性元素	49,86
両性酸化物	119
リン	221

る

ルビー	85

れ

レーヨン	218
錬金術	233

ろ

ろうと	108
ろ過	17
緑青	204
6,6-ナイロン	219
六方最密構造	76,78
六方最密充填	76,78

大学受験 一問一答シリーズ
化学基礎 一問一答【完全版】2nd edition

発行日：2021年8月30日　初版発行

著　者：**橋爪健作**
発行者：**永瀬昭幸**
発行所：**株式会社ナガセ**
〒180-0003　東京都武蔵野市吉祥寺南町1-29-2
出版事業部（東進ブックス）
TEL：0422-70-7456 ／ FAX：0422-70-7457
www.toshin.com/books/（東進WEB書店）
（本書を含む東進ブックスの最新情報は，東進WEB書店をご覧ください）

編集担当：**中島亜佐子**

編集主幹：伊奈裕貴
制作協力：澤田ほむら・戸枝達紀・村山恵理子・山田未来・笠原彩叶
カバーデザイン：LIGHTNING
本文デザイン：東進ブックス編集部
本文イラスト：新谷圭子・大木誓子
DTP・印刷・製本：シナノ印刷株式会社

※本書を無断で複写・複製・転載することを禁じます。
※落丁・乱丁本は東進WEB書店 <books@toshin.com> にお問い合わせください。新本におとりかえいたします。但し，古書店等で本書を入手されている場合は，おとりかえできません。なお，赤シート・しおり等のおとりかえはご容赦ください。

© HASHIZUME Kensaku 2021　Printed in Japan
ISBN978-4-89085-872-9　C7343

東進ブックス

編集部より

この本を読み終えた君に オススメの3冊!

共通テスト、国公立・私立大すべての入試に対応。大学入試に「出る」計算問題・用語問題がこの1冊に!

「有名大合格」が目標!思考過程の見える丁寧な解説の問題集。問題を解きながら重要事項をマスターできる。

「難関大合格」が目標!難関私大・難関国公立大入試で問われるレベルの良問を掲載。化学を完全制覇!

体験授業

この本を書いた講師の授業を受けてみませんか?

東進では有名実力講師陣の授業を無料で体験できる『体験授業』を行っています。「わかる」授業、「完璧に」理解できるシステム、そして最後まで「頑張れる」雰囲気を実際に体験してください。

※1講座(90分×1回)を受講できます。
※お電話でご予約ください。
※連絡先は付録7ページをご覧ください。
※お友達同士でも受講できます。

橋爪健作先生の主な担当講座 ※2021年度

「スタンダード化学」など

東進の合格の秘訣が次ページに

合格の秘訣 1 全国屈指の実力講師陣

東進の実力講師陣
数多くのベストセラー参考書を執筆!!

東進ハイスクール・東進衛星予備校では、そうそうたる講師陣が君を熱く指導する!

本気で実力をつけたいと思うなら、やはり根本から理解させてくれる一流講師の授業を受けることが大切です。東進の講師は、日本全国から選りすぐられた大学受験のプロフェッショナル。何万人もの受験生を志望校合格へ導いてきたエキスパート達です。

英語

日本を代表する英語の伝道師。ベストセラーも多数。
安河内 哲也 先生 [英語]

予備校界のカリスマ。抱腹絶倒の名講義を見逃すな。
今井 宏 先生 [英語]

「スーパー速読法」で難解な長文問題の速読即解を可能にする「予備校界の達人」!
渡辺 勝彦 先生 [英語]

雑誌「TIME」やベストセラーの翻訳も手掛け、英語界でその名を馳せる実力講師。
宮崎 尊 先生 [英語]

情熱あふれる授業で、知らず知らずのうちに英語が得意教科に!
大岩 秀樹 先生 [英語]

国際的な英語資格(CELTA)に、全世界の上位5%(Pass A)で合格した世界基準の英語講師。
武藤 一也 先生 [英語]

数学

数学を本質から理解できる本格派講義の完成度は群を抜く。
志田 晶 先生 [数学]

「ワカル」を「デキル」に変える新しい数学は、君の思考力を刺激し、数学のイメージを覆す!
松田 聡平 先生 [数学]

短期間で数学力を徹底的に養成、知識を統一・体系化する!
沖田 一希 先生 [数学]

WEBで体験

東進ドットコムで授業を体験できます！
実力講師陣の詳しい紹介や、各教科の学習アドバイスも読めます。
www.toshin.com/teacher/

国語

東大・難関大志望者から絶大なる信頼を得る本質の指導を追究。
栗原 隆 先生 [古文]

ビジュアル解説で古文を簡単明快に解き明かす実力講師。
富井 健二 先生 [古文]

縦横無尽な知識に裏打ちされた立体的な授業に、グングン引き込まれる！
三羽 邦美 先生 [古文・漢文]

幅広い教養と明解な具体例を駆使した緩急自在の講義。漢文が身近になる！
寺師 貴憲 先生 [漢文]

文章で自分を表現できれば、受験も人生も成功できますよ。「笑顔と努力」で合格を！
石関 直子 先生 [小論文]

理科

丁寧で色彩豊かな板書と詳しい講義で生徒を惹きつける。
宮内 舞子 先生 [物理]

化学現象の基本を疑い化学全体を見通す"伝説の講義"
鎌田 真彰 先生 [化学]

全国の受験生が絶賛するその授業は、わかりやすさそのもの！
田部 眞哉 先生 [生物]

地歴公民

入試頻出事項に的を絞った「表解板書」は圧倒的な信頼を得る。
金谷 俊一郎 先生 [日本史]

つねに生徒と同じ目線に立って、入試問題に対する的確な思考法を教えてくれる。
井之上 勇 先生 [日本史]

"受験世界史に荒巻あり"といわれる超実力人気講師。
荒巻 豊志 先生 [世界史]

世界史を「暗記」科目だなんて言わせない。正しく理解すれば必ず伸びることを一緒に体感しよう。
加藤 和樹 先生 [世界史]

わかりやすい図解と統計の説明に定評。
山岡 信幸 先生 [地理]

政治と経済のメカニズムを論理的に解明しながら、入試頻出ポイントを明確に示す。
清水 雅博 先生 [公民]

合格の秘訣 2 革新的な学習システム

東進には、第一志望合格に必要なすべての要素を満たし、抜群の合格実績を生み出す学習システムがあります。

映像による授業を駆使した最先端の勉強法

高速学習

一人ひとりの
レベル・目標にぴったりの授業

東進はすべての授業を映像化しています。その数およそ1万種類。これらの授業を個別に受講できるので、一人ひとりのレベル・目標に合った学習が可能です。1.5倍速受講ができるほか自宅のパソコンからも受講できるので、今までにない効率的な学習が実現します。

1年分の授業を
最短2週間から1カ月で受講

従来の予備校は、毎週1回の授業。一方、東進の高速学習なら毎日受講することができます。だから、1年分の授業も最短2週間から1カ月程度で修了可能。先取り学習や苦手科目の克服、勉強と部活との両立も実現できます。

現役合格者の声

東京大学 理科一類
佐藤 洋太くん
東京都立 三田高校卒

東進の映像による授業は1.5倍速で再生できるため効率がよく、自分のペースで学習を進めることができました。また、自宅で授業が受けられるなど、東進のシステムはとても相性が良かったです。

先取りカリキュラム（数学の例）

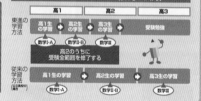

目標まで一歩ずつ確実に

スモールステップ・
パーフェクトマスター

自分にぴったりのレベルから学べる
習ったことを確実に身につける

高校入門から超東大までの12段階から自分に合ったレベルを選ぶことが可能です。「簡単すぎる」「難しすぎる」といったことがなく、志望校へ最短距離で進みます。授業後すぐに確認テストを行い内容が身についたかを確認し、合格したら次の授業に進むので、わからない部分を残すことはありません。短期集中で徹底理解をくり返し、学力を高めます。

現役合格者の声

慶應義塾大学 法学部
赤井 英美さん
神奈川県 私立 山手学院高校卒

高1の4月に東進に入学しました。自分に必要な教科や苦手な教科を満遍なく学習できる環境がとても良かったです。授業の後にある「確認テスト」は内容が洗練されていて、自分で勉強するよりも、効率よく復習できました。

パーフェクトマスターのしくみ

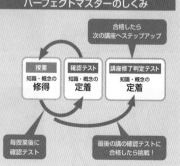

付録 3

東進ハイスクール 在宅受講コースへ

東進で勉強したいが、近くに校舎がない君は…

「遠くて東進の校舎に通えない……」。そんな君も大丈夫！ 在宅受講コースなら自宅のパソコンを使って勉強できます。ご希望の方には、在宅受講コースのパンフレットをお送りいたします。お電話にてご連絡ください。学習・進路相談も随時可能です。　**0120-531-104**

徹底的に学力の土台を固める
高速マスター基礎力養成講座

　高速マスター基礎力養成講座は「知識」と「トレーニング」の両面から、効率的に短期間で基礎学力を徹底的に身につけるための講座です。英単語をはじめとして、数学や国語の基礎項目も効率よく学習できます。インターネットを介してオンラインで利用できるため、校舎だけでなく、自宅のパソコンやスマートフォンアプリで学習することも可能です。

現役合格者の声

早稲田大学 政治経済学部
小林 隼人くん
埼玉県立 所沢北高校卒

　受験では英語がポイントとなることが多いと思います。英語が不安な人には「高速マスター基礎力養成講座」がぴったりです。頻出の英単語や英熟語をスキマ時間などを使って手軽に固めることができました。

東進公式スマートフォンアプリ
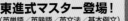
東進式マスター登場！
（英単語／英熟語／英文法／基本例文）

スマートフォンアプリでスキマ時間も徹底活用！

1）スモールステップ・パーフェクトマスター！
頻出度（重要度）の高い英単語から始め、1つのSTEP（計100語）を完全修得すると次のSTAGEに進めるようになります。

2）自分の英単語力が一目でわかる！
トップ画面に「修得語数・修得率」をメーター表示。
自分が今何語修得しているのか、どこを優先的に学習すべきなのか一目でわかります。

3）「覚えていない単語」だけを集中攻略できる！
未修得の単語、または「My単語（自分でチェック登録した単語）」だけをテストする設定が可能です。
すでに覚えている単語を何度も学習するような無駄を省き、効率良く単語力を高めることができます。

「共通テスト対応英単語1800」2021年共通テストカバー率99.8%！

君の合格力を徹底的に高める
志望校対策

　第一志望校突破のために、志望校対策にどこよりもこだわり、合格力を徹底的に極める質・量ともに抜群の学習システムを提供します。従来からの「過去問演習講座」に加え、AIを活用した「志望校別単元ジャンル演習講座」が開講。東進が持つ大学受験に関するビッグデータをもとに、個別対応の演習プログラムを実現しました。限られた時間の中で、君の得点力を最大化します。

現役合格者の声

山形大学 医学部医学科
二宮 佐和さん
愛媛県 私立 済美平成中等教育学校卒

　東進の「過去問演習講座」は非常に役に立ちました。夏のうちに二次試験の過去問を10年分解くことで、今の自分と最終目標までの距離を正確に把握することができました。大学別の対策が充実しているのが良かったです。

大学受験に必須の演習
過去問演習講座

1. 最大10年分の徹底演習
2. 厳正な採点、添削指導
3. 5日以内のスピード返却
4. 再添削指導で着実に得点力強化
5. 実力講師陣による解説授業

東進×AIでかつてない志望校対策
志望校別単元ジャンル演習講座

過去問演習講座の実施状況や、東進模試の結果など、東進で活用したすべての学習履歴をAIが総合的に分析。学習の優先順位をつけ、志望校別に「必勝必達演習セット」として十分な演習問題を提供します。問題は東進が分析した、大学入試問題の膨大なデータベースから提供されます。苦手を克服し、一人ひとりに最適な志望校対策を実現する日本初の学習システムです。

志望校合格に向けた最後の切り札
第一志望校対策演習講座

第一志望校の総合演習に特化し、大学が求める解答力を身につけていきます。対応大学は校舎にお問い合わせください。

合格の秘訣3 東進模試

申込受付中
※お問い合わせ先は付録7ページをご覧ください。

学力を伸ばす模試

■ 本番を想定した「厳正実施」
統一実施日の「厳正実施」で、実際の入試と同じレベル・形式・試験範囲の「本番レベル」模試。相対評価に加え、絶対評価で学力の伸びを具体的な点数で把握できます。

■ 12大学のべ31回の「大学別模試」の実施
予備校界随一のラインアップで志望校に特化した"学力の精密検査"として活用できます(同日体験受験を含む)。

■ 単元・ジャンル別の学力分析
対策すべき単元・ジャンルを一覧で明示。学習の優先順位がつけられます。

■ 中5日で成績表返却
WEBでは最短で3日で成績を確認できます。
※マーク型の模試のみ

■ 合格指導解説授業
模試受験後に合格指導解説授業を実施。重要ポイントが手に取るようにわかります。

東進模試 ラインアップ 2021年度

共通テスト本番レベル模試 年4回
受験生 高2生 高1生 ※高1は難関大志望者

高校レベル記述模試 年2回
高2生 高1生

全国統一高校生テスト ●問題は学年別 年2回
高3生 高2生 高1生

全国統一中学生テスト ●問題は学年別 年2回
中3生 中2生 中1生

早慶上理・難関国公立大模試 年5回 共通テスト本番レベル模試との総合評価※
受験生

全国有名国公私大模試 年5回 共通テスト本番レベル模試との総合評価※
受験生

東大本番レベル模試 年2回
受験生

※ 最終回が共通テスト後の受験となる模試は、共通テスト自己採点との総合評価となります。
※ 2021年度に実施予定の模試は、今後の状況により変更する場合があります。最新の情報はホームページでご確認ください。

京大本番レベル模試 年4回
受験生

北大本番レベル模試 年2回
受験生

東北大本番レベル模試 年2回
受験生

名大本番レベル模試 年3回
受験生

阪大本番レベル模試 年3回
受験生

九大本番レベル模試 年3回
受験生

東工大本番レベル模試 年2回
受験生

（共通テスト本番レベル模試との総合評価※）

一橋大本番レベル模試 年2回
受験生

千葉大本番レベル模試 年1回
受験生

神戸大本番レベル模試 年1回
受験生

広島大本番レベル模試 年1回
受験生

大学合格基礎力判定テスト 年4回
受験生 高2生 高1生

共通テスト同日体験受験 年1回
高2生 高1生

東大入試同日体験受験 年1回
高2生 高1生 ※高1は意欲ある東大志望者

東北大入試同日体験受験 年1回
高2生 高1生 ※高1は意欲ある東北大志望者

名大入試同日体験受験 年1回
高2生 高1生 ※高1は意欲ある名大志望者

医学部82大学判定テスト 年2回
受験生

中学学力判定テスト 年4回
中2生 中1生

東進へのお問い合わせ・資料請求は
東進ドットコム www.toshin.com
もしくは下記のフリーコールへ！

ハッキリ言って合格実績が自慢です！大学受験なら、

東進ハイスクール　　0120-104-555（トーシン ゴーゴーゴー）

●東京都

[中央地区]
市ヶ谷校	0120-104-205
新宿エルタワー校	0120-104-121
★新宿校大学受験本科	0120-104-020
高田馬場校	0120-104-770
人形町校	0120-104-075

[城北地区]
赤羽校	0120-104-293
本郷三丁目校	0120-104-068
茗荷谷校	0120-738-104

[城東地区]
綾瀬校	0120-104-762
金町校	0120-452-104
亀戸校	0120-104-889
★北千住校	0120-693-104
錦糸町校	0120-104-249
豊洲校	0120-104-282
西新井校	0120-266-104
西葛西校	0120-289-104
船堀校	0120-104-201
門前仲町校	0120-104-016

[城西地区]
池袋校	0120-104-062
大泉学園校	0120-104-862
荻窪校	0120-687-104
高円寺校	0120-104-627
石神井校	0120-104-159
巣鴨校	0120-104-780
成増校	0120-028-104
練馬校	0120-104-643

[城南地区]
大井町校	0120-575-104
蒲田校	0120-265-104
五反田校	0120-672-104
三軒茶屋校	0120-104-739
渋谷駅西口校	0120-389-104
下北沢校	0120-104-672
自由が丘校	0120-964-104
成城学園前駅北口校	0120-104-616
千歳烏山校	0120-104-331
千歳船橋校	0120-104-825
都立大学駅前校	0120-275-104
中目黒校	0120-104-261
二子玉川校	0120-104-959

[東京都下]
吉祥寺校	0120-104-775
国立校	0120-104-599
国分寺校	0120-622-104
立川駅北口校	0120-104-662
田無校	0120-104-272
調布校	0120-104-305
八王子校	0120-896-104
東久留米校	0120-565-104
府中校	0120-104-676
★町田校	0120-104-507
三鷹校	0120-104-149
武蔵小金井校	0120-480-104
武蔵境校	0120-104-769

●神奈川県
青葉台校	0120-104-947
厚木校	0120-104-716
川崎校	0120-226-104
湘南台東口校	0120-104-706
新百合ヶ丘校	0120-104-182
センター南駅前校	0120-104-722
たまプラーザ校	0120-104-445
鶴見校	0120-876-104
登戸校	0120-104-157
平塚校	0120-104-742
藤沢校	0120-104-549
武蔵小杉校	0120-165-104
★横浜校	0120-104-473

●埼玉県
浦和校	0120-104-561
大宮校	0120-104-858
春日部校	0120-104-508
川口校	0120-917-104
川越校	0120-104-538
小手指校	0120-104-759
志木校	0120-104-202
せんげん台校	0120-104-388
草加校	0120-104-690
所沢校	0120-104-594
★南浦和校	0120-104-573
与野校	0120-104-755

●千葉県
我孫子校	0120-104-253
市川駅前校	0120-104-381
稲毛海岸校	0120-104-575
海浜幕張校	0120-104-926
★柏校	0120-104-353
北習志野校	0120-344-104
新浦安校	0120-556-104
新松戸校	0120-104-354
千葉校	0120-104-564
★津田沼校	0120-104-724
成田駅前校	0120-104-346
船橋校	0120-104-514
松戸校	0120-104-257
南柏校	0120-104-439
八千代台校	0120-104-863

●茨城県
つくば校	0120-403-104
取手校	0120-104-328

●静岡県
★静岡校	0120-104-585

●長野県
★長野校	0120-104-586

●奈良県
★奈良校	0120-104-597

★は高卒本科（高卒生）設置校
※は高卒生専用校舎

※変更の可能性があります。
最新情報はウェブサイトで確認できます。

全国約1,000校、10万人の高校生が通う、

東進衛星予備校　　0120-104-531（トーシン ゴーサイン）

ここでしか見られない受験と教育の最新情報が満載！

東進ドットコム　　www.toshin.com

大学案内
最新の入試に対応した大学情報をまとめて掲載。偏差値ランキングもこちらから！

大学入試過去問データベース
君が目指す大学の過去問を素早く検索できる！2021年入試の過去問も閲覧可能！

東進TV
東進のYouTube公式チャンネル「東進TV」。日本全国の学生レポーターがお送りする大学・学部紹介は必見！

東進WEB書店
ベストセラー参考書から、夢膨らむ人生の参考書まで、君の学びをバックアップ！

付録 7　　※2021年4月現在

元素の周期表

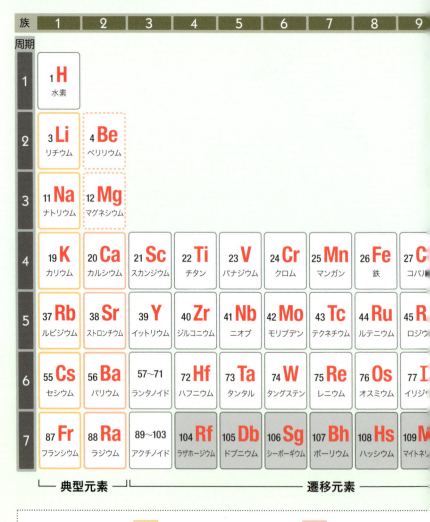

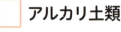